U0285547

《中等职业学校食品类专业"十一五"规划教材》编委会

顾　问　李元瑞　詹耀勇

主　任　高愿军

副主任　吴　坤　张文正　张中义　赵　良　吴祖兴　张春晖

委　员　高愿军　吴　坤　张文正　张中义　赵　良　吴祖兴

　　　　张春晖　刘延奇　申晓琳　孟宏昌　严佩峰　祝美云

　　　　刘新有　高　晗　魏新军　张　露　隋继学　张军合

　　　　崔惠玲　路建峰　南海娟　司俊玲　赵秋波　樊振江

《罐头食品加工技术》编写人员

主　　编　赵　良

副主编　晁　文　陈春刚

参编人员　路建峰　李建芳　李云波

中等职业学校食品类专业"十一五"规划教材

罐头食品加工技术

河南省漯河市食品工业学校组织编写

赵 良 主编

晁 文 陈春刚 副主编

化学工业出版社

·北京·

本书是《中等职业学校食品类专业"十一五"规划教材》中的一个分册。

全书简要介绍了罐头食品容器的种类和生产工艺，罐头食品的检查检验方法及有关质量标准。详细介绍了罐头加工的基本原理，以及市场前景较好的肉类、禽类、水产类、水果类、蔬菜类和其他类罐头食品的具体生产工艺。根据读者对象的要求，对理论性较强的内容不做深层次论述，书中附有大量图表、复习题和实验指导，以便学生或其他读者能更好地学习掌握本书内容。

本书可作为中等职业学校食品类专业的教材，也可供从事罐头食品生产的工程技术人员、业务人员学习参考。

图书在版编目(CIP)数据

罐头食品加工技术/赵良主编. —北京：化学
工业出版社，2007.7（2020.1重印）

中等职业学校食品类专业"十一五"规划教材
ISBN 978-7-122-00609-7

Ⅰ. 罐⋯　Ⅱ. 赵⋯　Ⅲ. 罐头食品-食品加工
Ⅳ. TS294

中国版本图书馆 CIP 数据核字（2007）第 082790 号

责任编辑：陈　蕾　侯玉周　　　　　文字编辑：王新辉
责任校对：吴　静　　　　　　　　　装帧设计：郑小红

出版发行：化学工业出版社（北京市东城区青年湖南街 13 号　邮政编码 100011）
印　　刷：北京京华铭诚工贸有限公司
装　　订：三河市振勇印装有限公司
720mm×1000mm　1/16　印张 14¼　字数 279 千字　2020 年 1 月北京第 1 版第 4 次印刷

购书咨询：010-64518888　　　　　　售后服务：010-64518899
网　　址：http://www.cip.com.cn
凡购买本书，如有缺损质量问题，本社销售中心负责调换。

定　价：32.00 元　　　　　　　　　　　　　　　　版权所有　违者必究

序

　　食品工业是关系国计民生的重要工业，也是一个国家、一个民族经济社会发展水平和人民生活质量的重要标志。经过改革开放 20 多年的快速发展，我国食品工业已成为国民经济的重要产业，在经济社会发展中具有举足轻重的地位和作用。

　　现代食品工业是建立在对食品原料、半成品、制成品的化学、物理、生物特性深刻认识的基础上，利用现代先进技术和装备进行加工和制造的现代工业。建设和发展现代食品工业，需要一批具有扎实基础理论和创新能力的研发者，更需要一大批具有良好素质和实践技能的从业者。顺应我国经济社会发展的需求，国务院做出了大力发展职业教育的决定，办好职业教育已成为政府和有识之士的共同愿望及责任。

　　河南省漯河市食品工业学校自 1997 年成立以来，紧紧围绕漯河市建设中国食品名城的战略目标，贴近市场办学、实行定向培养、开展"订单教育"，为区域经济发展培养了一批批实用技能型人才。在多年的办学实践中学校及教师深感一套实用教材的重要性，鉴于此，由学校牵头并组织相关院校一批基础知识厚实、实践能力强的教师编写了这套《中等职业学校食品类专业"十一五"规划教材》。基于适应产业发展，提升培养技能型人才的能力；工学结合、重在技能培养，提高职业教育服务就业的能力；适应企业需求、服务一线，增强职业教育服务企业的技术提升及技术创新能力的共识，经过编者的辛勤努力，此套教材将付梓出版。该套教材的内容反映了食品工业新技术、新工艺、新设备、新产品，并着力突出实用技能教育的特色，兼具科学性、先进性、适用性、实用性，是一套中职食品类专业的好教材，也是食品类专业广大从业人员及院校师生的良师益友。期望该套教材在推进我国食品类专业教育的事业上发挥积极有益的作用。

食品工程学教授、博士生导师　李元瑞

2007 年 4 月

前　言

罐头加工作为一种保藏食品的有效方法，经过 200 多年的发展，已由最初完全手工操作发展到今日的自动化生产的现代工业。在我国，罐头工业在出口创汇、调节市场供应、提高人民生活水平等方面起着重要的作用。近年来，罐头工业在经历了重重困难后已悄然复苏，罐头的总产量、出口量和内销量每年均以 10％以上的速度递增，市场前景十分广阔。

为适应食品加工技术的发展，满足中等职业学校食品类专业教学的需要，河南省漯河市食品工业学校组织编写了这本《罐头食品加工技术》中职教材。本教材概括介绍了罐头食品容器，详细介绍了罐头食品加工的基本原理、各类罐头食品生产工艺等内容，简要介绍罐头食品的检查检验方法、质量标准。而且书中附有大量图表、复习题和实验指导，以便学生或其他读者能更好地学习掌握本书内容。

编者编写本书的目的在于使读者对罐头食品生产有一个比较全面的了解，力求体现以下几个特点。

1. 系统全面　系统全面地介绍罐头食品加工的基本原理、基本方法、加工工艺等各方面内容。

2. 简明扼要　根据读者对象，简明扼要地介绍罐头产品检验方法和标准，对罐藏原理中理论性较强的内容不做深层次展开。

3. 实用性强　对实用性强的生产工艺、产品配方、操作要点、生产中易出现的问题和实验等实际生产技术进行了详细介绍。

本书可供中等职业学校食品类专业师生学习使用。本书也适用于罐头食品生产企业的工程技术人员、业务人员学习参考。

本书由河南科技学院赵良主编，负责制订编写大纲和各章节的统稿，郑州轻工业学院晁文、河南科技学院陈春刚副主编。河南科技学院路建峰、李云波及信阳农业专科学校李建芳等参加了部分章节的编写工作。全书共九章：第一、三章赵良编写，第二章及附录晁文编写，第四章路建峰编写，第五、六章李建芳编写，第七章第一节及第九章陈春刚编写，第七章第二节及第八章李云波编写。

由于编者水平有限、时间短促，不足之处在所难免，恳请读者和专家批评指正。

编者

2007 年 3 月

目　　录

第一章 绪 论

一、罐头食品的概念

罐头食品就是将原料经过处理后装入一定的容器中，经排气、密封、杀菌而达到长期储藏目的的一种食品。

罐头食品具有以下优点：调节农副产品季节性和地区性差别；卫生安全、食用方便；风味独特；高温处理使食品中的骨骼和纤维素易于消化吸收；在室温条件下能够长期保存；便于携带和储运。罐头食品的不足之处是由于高温的作用使食品的色、香、味和营养成分遭到一定程度的破坏。

二、罐头食品的发展概况

早在 3000 多年前，我国古代劳动人民就用陶瓷罐作为容器来封藏食品。这在 6 世纪北魏贾思勰所著的《齐民要术》、7 世纪颜师古所著的《大业拾遗记》等书中均有详细记载。宋朝朱翼中所著的《北山酒经》（1117 年）也曾提到瓶装酒加药密封、煮沸，再静置在石灰上储存的方法。但这些还不是真正的罐头。

（一）罐头的发明与发展

1. 罐头的发明

在 18 世纪末，法国的拿破仑皇帝在带领军队远征时，军队携带的肉类、蔬菜和水果常常大批发臭、腐烂，造成严重短缺。于是，在 1795 年悬赏 12000 法郎征求军用食品的新鲜保存法。直到 1804 年，法国有个叫尼古拉·阿佩尔的面包师在整理物品时，发现一瓶放置了很长时间的果汁没有变质。他细心地察看着这瓶不寻常的果汁，终于找到了答案。原来这是一瓶经过煮沸又密封很好的果汁。看来食品用这种方法可以得到长期保存。于是他将一些食品装入广口瓶，在沸水中加热半小时以后，趁热将软木塞塞紧，并用蜡封口，果然可使食品长时间保鲜，罐头就这样被发明了。尼古拉·阿佩尔不仅得到了奖金，为拿破仑解决了大难题，还使世人都能尝到新鲜、美味的各种罐头食品，为长期储藏食品做出了贡献。他申请了专利，在巴黎建起了世界上第一家罐头厂。1810 年，英国的杜兰德将瓶子换成了手工制作的白铁盒，使这种保存食品的方法得到了进一步的改进和推广。

2. 罐头食品的保藏原理

在罐藏技术发明的半个世纪期间，还没有发现微生物，对保存的基本原理亦不太清楚。当时人们认为食品腐败的原因是氧化造成的，罐头是因为被加热时排除了氧气，因此能够长期储存。直到 1864 年，法国著名科学家巴斯德经过多次试验发现引起食品腐败的主要原因是微生物的生长繁殖，为罐藏方法找到了真正的科学依据，发明了"巴氏杀菌法"。

3. 罐头的杀菌方法

罐头的杀菌方法是不断发展的，刚开始用沸水杀菌需要 6h，后来用盐水（$CaCl_2$）杀菌，温度可达 115℃，大大地缩短了杀菌时间，罐头食品的品质也有了明显提高。后来又使用了高压杀菌，现在还有高温短时杀菌、超高温短时杀菌和无菌罐装工艺等。

4. 罐头的容器

罐藏容器从开始的玻璃瓶罐、手工制作的金属罐到后来的三片罐、二片罐及以铝合金为罐材的易拉罐，以及后来的纸质复合材料和蒸煮袋的出现，使罐藏容器品种更为新颖、多样、实用。

经过 200 年的发展，罐头生产技术也由最初完全手工操作演变到今日的机械化安全生产。目前，世界罐头年总产量已达 4000 多万吨，贸易量达 1000 多万吨。罐头种类繁多，用途广，有家庭食品小罐头、公共膳食罐头、开启方便的旅行罐头、各种疗效罐头和针对特殊需要的高空、高山、宇宙罐头，以及婴幼儿童营养罐头等。从空罐到实罐，从原料到产品几乎全都有专用的设备。

（二）我国的罐头工业

我国的罐头工业创始于 1906 年。上海泰丰食品公司是我国首家罐头厂，然后沿海各省先后建立了几十家罐头厂，但产量都很小。中国的民族罐头工业一直受到日本、美国的打压，到 1949 年，全国罐头年产量只有 400 多吨，罐头工业奄奄一息。新中国成立后，我国的罐头工业得到了飞速发展。近年来，罐头的总产量和出口量每年均以 10％～15％ 的速度递增，到 2005 年全国罐头总产量达到 360 多万吨，罐头生产企业多达 2000 多家。

目前，我国各类罐头已出口到 100 多个国家和地区，不少产品受到国外好评，并享有一定的声誉。其中蘑菇罐头占世界总产量的 40％，其他的有芦笋罐头、青刀豆罐头、竹笋罐头、清水马蹄罐头、番茄酱和肉类罐头，此外还有荔枝罐头、龙眼罐头、枇杷罐头等。仅 2005 年，我国各种罐头的出口量就达到了 217 万吨。

长期以来，我国罐头产业主要以满足外销市场为主，各生产企业对内销市场的关注程度不够，在出口不畅的情况下，全行业遇到前所未有的困难，中国罐头工业曾被一些经济界人士形容成"夕阳工业"。近几年来，随着人们生活、工作节奏的不断加快和消费水平的日益提高，国内的罐头食品消费已告别"奢侈品"的历史，将全面进入家庭消费，因此罐头产品在国内市场的消费量逐渐上升。目前，我国罐头内销市场出现较快的增长势头，肉类、鱼类、八宝粥、水果罐头等的国内销量已超过 150 万吨。

虽然我国的罐头工业有了很大的发展，但在罐头的产量、品种规格、包装装潢、产品质量、出口量、劳动生产效率和品牌等方面与国外先进国家相比还存在相当大的差距。目前，我国罐头行业正面临难得的发展机遇，近几年罐头出口量年年增长，伴随着消费者对罐头误解的逐步消除，国内市场也表现出较好的发展前景。我国加入世界贸易组织（WTO）后，罐头食品出口将享有多边无条件、稳定的最惠国待遇，可在国际市场上获得公平竞争的机会。我国罐头工业应把握有利机遇，转换经营机制，使企业真正走向国内和国外两个市场，使品种跟上市场变化的节奏，使产品质量与国际市场接轨，充分发挥我国罐头原料品种齐全和劳动力资源充足的优势，把我国的罐头工业做大做强。

21 世纪，我国罐头工业的前景将更为广阔。

第二章　食品罐藏容器

罐藏食品使用金属容器始于 1810 年，英国人杜兰德最早在英国获得了使用金属和玻璃容器包装食品的专利。该金属容器以薄铁板为材料，用焊锡焊接而成。它的缺点是粗笨、难封和劳动生产率低。

直到 1823 年才进一步发明了顶盖带孔罐。食品装入后，在顶盖小孔覆以小圆盖，在沸水中加热后立即焊封。

现在常见的广口镀锡铁罐即卫生罐直到 1903 年才出现。它以罐身的接缝焊接和罐身罐盖相互卷合的二重卷边为主要结构，罐盖沟内衬密封胶以保证卷边的密封性。罐内食品卫生质量则因其与焊锡接触面积减少而提高，故有"卫生罐"之称。它的出现改进了制罐工艺，迅速提高了劳动生产率。

罐藏容器现仍在不断地研究、改进和发展中，冲拔罐、易开罐、铝罐、镀铬铁罐及软罐头或高压杀菌复合薄膜袋正是近代罐藏容器发展所取得的成果，它推动了罐头工业的发展。

第一节　罐藏容器的性能和要求

为了使罐藏食品能够在容器中保存较长的时间，并且保持一定的色、香、味和营养价值，同时又适应工业化生产，这就对罐藏容器提出了一些要求。

1. 对人体无毒害

罐藏食品含有蛋白质、有机酸，还可能含有食盐等腐蚀性成分，罐藏容器的材料与食物直接接触，又要经较长时间的储存。所以它们之间不应发生化学反应，不能危害人体健康，不能影响食品风味。

2. 具有良好的密封性能

食品的腐败变质，往往是因为微生物的生长繁殖促使食品分解所致。如果容器密封性能不良，会使杀菌后的食品重新被微生物污染而造成腐败变质。

3. 具有良好的耐腐蚀性能

由于罐头食品含有机酸、蛋白质等有机物质以及某些人体所必需的无机盐类，这会对容器产生腐蚀。因此作为罐藏食品容器必须具备优异的抗腐蚀性能。

4. 适合工业化生产并具有一定的强度

随着罐头工业的不断发展，罐藏容器的需要量与日俱增，因此要求罐藏容器能适应工厂机械化和自动化生产，质量稳定，在生产中能够承受各种机械加工，材料资源丰富，成本低廉。

罐头食品除在国内销售外，还远销国外，罐头在运输过程中经常被搬运、装卸等，难免会受到一些震动和碰撞，这就要求容器同时还应具有一定的机械强度，不易变形，不易破损碎裂。此外，还要求罐藏容器体积小、重量轻、便于运输，并要求开启容易，便于食用。

按照容器材料的性质，常用的罐藏容器大致可分为金属罐和非金属罐两大类，金属罐中目前应用最多的是镀锡铁罐和经过涂料的涂料罐，此外，有铝罐和镀铬铁罐。非金属罐中使用较多的是玻璃罐。随着化学工业和塑料工业的发展，使用塑料复合膜制成的软罐头及塑料罐等也大量投入生产。软罐头的发展相当快，已有逐步取代部分金属罐的趋势。

第二节　常用的制罐材料

一、镀锡薄钢板

镀锡薄钢板（简称镀锡薄板或镀锡板，俗称马口铁）是指在薄钢板上镀锡制成的一种薄板。它表面上的镀锡层能够保持非常美观的金属光泽，可使钢基面免受腐蚀，即使微量的锡溶解在食品内，对人体也不会产生毒害作用。

锡呈稍带蓝色的银白色，在常温下有良好的延展性，在大气中不变色，但会形成氧化锡镀层，化学性质比较稳定。锡是很柔软的金属，所以在对镀锡薄板进行加工制罐时，镀锡层不会裂开，也不会脱落。锡能很容易镀到钢板上去，镀锡板也很容易进行罐内壁涂料和外壁印刷。镀锡板的主体用钢板制成，所以很坚固，在罐头运输、搬动和堆高时不易破损，比较安全，有利于保证质量。

镀锡板大部分用于制造食品罐藏容器，其次是糖果、饼干、粮油制品、茶叶等。此外，各种瓶盖和乳粉、炼乳罐头需用的镀锡板也较多。

（一）镀锡薄钢板的结构

镀锡薄钢板的结构可分为五层，如图 2-1 所示。其各部分的厚度、成分和性能特点见表 2-1。

（二）镀锡薄钢板的生产

将钢锭经过热轧、冷轧制成薄钢板，然后进行热浸镀锡或电镀锡即制成了镀锡薄钢板。其生产过程大致如下：钢锭→热轧→酸洗→冷轧→退火→调质平整→冷轧原板（或钢带卷）。

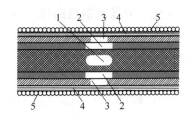

图 2-1　镀锡薄钢板结构

1—钢基板；2—锡铁合金层；3—锡层；
4—氧化膜；5—油膜

表 2-1 镀锡薄钢板各部分的厚度、成分和性能特点

结构名称	厚度		成分		性能特点
	热浸镀锡板	电镀锡板	热浸镀锡板	电镀锡板	
油膜	$20mg/m^2$	$2\sim5mg/m^2$	棕榈油	棉子油或癸二酸二辛酯	润滑和防锈
氧化膜	$10\sim15mg/m^2$	$5\sim10mg/m^2$	氧化亚锡	氧化亚锡 氧化锡 氧化铬及铬	防锈、防变色和防硫化
锡层	$22.4\sim44.8g/m^2$	$2.0\sim22.4g/m^2$	纯锡	纯锡	美观、易焊接、耐腐蚀且无毒
锡铁合金层	$5g/m^2$	$<1g/m^2$	锡铁合金结晶	锡铁合金结晶	耐腐蚀
钢基板	制罐用 $0.2\sim0.3mm$	制罐用 $0.2\sim0.3mm$	低碳钢	低碳钢	加工性好、强度高

电镀锡：钢带卷→电解去油→清洗→酸洗→清洗→电镀锡→软熔→钝化→清洗→烘干→涂油→电镀锡薄钢板（简称电镀锡薄板或电素铁）。

热浸镀锡：剪切原板→酸洗→溶剂处理→热熔锡浸镀（300～400℃）→轧辊挤锡→冷风冷却→湿式清洗→挤干→抛光→热浸镀锡薄钢板（简称热镀锡薄板或热浸铁）。

无论是电镀锡薄钢板或热浸镀锡薄钢板，镀锡层应尽可能完全覆盖原板（钢基）的表面，镀锡层越厚，镀锡层上存在的空隙就越少，就越不容易腐蚀。但是镀锡量加大，镀锡薄钢板的成本就会增高，所以要采用其他办法加强镀锡薄钢板的防腐性能。例如，在镀锡薄钢板上涂上防腐涂料。

镀锡薄钢板采用的钢板通常有如下几种。

L 型钢：杂质含量极少，用于要求耐腐蚀性特别优良的食品容器。

MR 型钢：杂质含量比 L 型钢稍多，用于一般的食品容器。

MC 型钢：它是在 MR 型钢中加磷而制成的钢种，用于对强度有要求而对腐蚀性要求不高的品种。

D 型钢：是铝镇静钢，使用于制作要求较高的深冲容器。

（三）镀锡薄钢板的技术条件

（1）尺寸 镀锡薄钢板的尺寸一直以 508mm×711mm 或 355.6mm×508mm 为贸易尺寸。为了节省用铁，可将镀锡薄钢板卷成一卷，在生产中按要求进行剪切。

（2）厚度 目前常用的镀锡薄钢板厚度有 0.15mm、0.20mm、0.23mm、0.25mm、0.28mm 等规格。

过去是用一个基箱的镀锡薄钢板重量来表示厚度，即"磅/基箱"，基箱是指尺寸为 10in×14in(1in＝0.0254m) 的镀锡薄钢板 112 张或 20in×28in 的镀锡薄

钢板 56 张。

这种英制厚度与国际计量单位的厚度对照关系为：55 磅/基箱＝0.15mm；70 磅/基箱＝0.20mm；80 磅/基箱＝0.23mm；90 磅/基箱＝0.25mm；100 磅/基箱＝0.28mm。

（3）镀锡量　镀锡量通常以单位面积的镀锡原板上的锡的重量表示，即 g/m^2。例如 E5.6 就是两面镀锡量都为 $5.6g/m^2$ 的等厚电镀锡薄钢板，D2.8/5.6 就是两面镀锡量分别为 $2.8g/m^2$ 和 $5.6g/m^2$ 差厚电镀锡薄钢板。

（4）调质度　调质度为镀锡薄钢板经机械加工或热处理后表示其硬度、抗拉强度、延伸性和加工性等程度的一个指标。调质度低的镀锡薄钢板较软，适合于制作深冲罐；而调质度高的镀锡薄钢板强度较高，适宜于制作大型高压容器。

调质度与镀锡薄钢板生产时使用的钢基成分、冷轧情况及退火、调质平整等工艺操作有关。调质度一般用洛氏表面硬度值表示。

（5）耐腐蚀性能　镀锡薄钢板必须具有一定的耐腐蚀性，能够承受食品介质的侵蚀，因此正确评价镀锡薄钢板的耐腐蚀性能极为重要，但目前还没有一个具体的指标能够全面说明这种性能的优劣，通常是测定它的铁溶出值、酸浸时滞值、合金-锡电偶值及锡晶粒度来综合评价镀锡薄钢板的抗腐蚀性能。

（6）表面缺陷　在镀锡薄钢板生产过程中，由于掌握不当可能产生凹坑、折角、缺角、边裂、气泡及溶剂斑点等缺陷，但这些缺陷都不允许存在。

二、涂料铁

涂料铁指表面经过涂料涂装处理的镀锡薄钢板，素铁指表面没有涂料的镀锡薄钢板。

1. 罐头涂料的目的

如前所述，单靠镀锡薄钢板本身，对以下食品还不能起到有效的防腐作用。

① 动物性食品　动物性食品蛋白质丰富，在高温杀菌过程中，蛋白质分解产生的硫化氢会与罐内壁的铁和锡发生反应，产生褐色硫化锡和黑色硫化铁（硫化斑），污染食品，严重时破坏容器。

② 酸性食品　酸性食品中的柠檬酸等会使铁罐内壁的锡铁溶解，放出氢气，发生氢胀罐，产生金属味，严重时破坏容器。

③ 含有花青素的水果罐头　如草莓、樱桃、杨梅，花青素是锡、氢的接受体，可加速罐内壁腐蚀，并使水果褪色。

④ 午餐肉等肉糜制品黏附在罐壁上不易倒出。

由于以上问题，在罐头容器内壁覆盖一层保护膜——涂料，把食品和罐壁锡层隔开，防止金属容器接触食品。

2. 对涂料的要求

由于食品直接与涂料罐接触，所以对罐头的涂料有较高的要求。

① 涂料膜应对人体无害。

② 无嗅、无味,不会使食品产生异味或变色。

③ 涂料膜必须致密,基本上无孔隙点,具有良好的抗腐蚀性能。

④ 可良好地附着在镀锡板表面,在制罐过程中能够经受强力的冲击、折叠、弯折等而不致损坏脱落,在高温杀菌时膜层不能变色或脱落并无有害物质溶出。

⑤ 涂料要使用方便。构成涂料的原料有以下几种:合成树脂、色素、增塑剂、稀释剂和其他辅助材料。

3. 罐头涂料的种类

目前还没有一种万能涂料可以满足各种食品的要求。各种涂料各有其适用性。目前常用的涂料有以下几种。

(1)抗硫涂料　主要用于肉、禽、水产等蛋白质含量高的罐头。这类涂料中的氧化锌能和硫反应成为白色硫化锌,消耗了硫化氢,因此不会产生硫化腐蚀。抗硫型涂料分一般性抗硫涂料和抗高硫涂料两类。

(2)抗酸涂料　主要用于酸度比较高的食品。抗酸涂料也有一般性抗酸和抗高酸涂料之分。

(3)防粘涂料　主要用于容易发生粘罐的食品如午餐肉罐头。这是一种加有低熔点合成蜡的涂料,加热杀菌时涂料脱落粘在肉表面,使食品容易倾倒出来,防粘涂料又称为脱膜涂料。

(4)冲拔罐用涂料　常用于制造二片罐,供装制鱼类罐头和肉类罐头。制冲拔罐时镀锡薄钢板必须涂上一层有一定弹性和韧性的涂料,以承受较强的冲拔力及避免锡面擦伤,这类涂料称为冲拔涂料。

(5)外壁涂料　是涂布于罐头外壁上的涂料。为了防止罐头氧化外壁而生锈,故常在罐外涂布外壁涂料。采用这种涂料可以直接将商标印刷在罐头的外壁上,不但能防止生锈,还可使外壁更加美观和光彩。

罐内壁涂料时,如果涂布不匀,出现露铁、露锡,则很容易发生局部集中腐蚀,甚至导致罐头穿孔。所以罐内壁涂料时必须保证涂膜没有缺陷,常需要二次涂料或补涂料,以保证涂料膜的完整性。

三、密封胶

为了保证罐头的密封性,铁罐和铝罐二重卷边处及玻璃罐罐盖处都必须充填密封胶。密封胶应无毒无害,并具有良好的可塑性、密封性、耐热性、抗水性和抗氧化性,还必须有良好的耐磨性和附着力。

目前常用的密封胶,按胶溶剂分类有水基密封胶和溶剂密封胶两大类。各种罐头使用的密封胶都有一定的要求。

四、镀铬薄钢板

又称镀铬板、无锡钢板。美国研究较早，产量较大，用来代替一部分镀锡薄钢板，可以节约大量的锡。镀铬薄钢板的结构如图 2-2 所示。镀铬薄钢板的厚度、成分和性能特点见表 2-2。

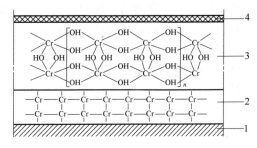

图 2-2　镀铬薄钢板断面图
1—钢基板；2—金属铬层；3—水合
氧化铬层；4—油膜

镀铬薄钢板的防腐性能不如镀锡薄钢板，但涂料后的防腐蚀性优于涂料镀锡薄钢板。镀铬薄钢板焊接困难，尚未广泛代替镀锡薄钢板，现主要采用熔接法和粘接法进行罐身连接，用于腐蚀性较小的啤酒罐、饮料罐，或内外涂料后制作罐底和罐盖。

表 2-2　镀铬薄钢板的厚度、成分和性能特点

结构名称	厚度	成分	性能特点
油膜	$4.9 \sim 9.5 mg/m^2$	癸二酸二辛酯	润滑和防锈
水合氧化铬层	$7.5 \sim 27 mg/m^2$	水合氧化铬	保护金属铬层，便于涂料和印铁；防止产生孔眼
金属铬层	$32.3 \sim 140 g/m^2$	金属铬	有一定耐腐蚀性，但比纯锡差
钢基板	制罐用 $0.2 \sim 0.3 mm$	低碳钢	加工性好、强度高

五、铝材

铝及铝合金薄板是纯铝或铝锰、铝镁按一定比例配合经过铸造、压延、退火制成的具有金属光泽、质量轻、能耐一定腐蚀的金属材料。由于铝材具有良好的延展性，故大量用于制造二片罐，特别是用于制造小型的冲底罐及易开罐等。铝材制作的容器，罐内壁需涂料后才能使用。

水果或番茄制品采用涂料铝罐包装，可延长保质期；玉米采用无涂料的铝罐包装，质量较好；肉类、水产类罐头用铝罐包装，具有较好的抗腐蚀性能，不会发生黑色硫化铁污染，但它能使某些色素漂白，例如虾由粉红色变成灰色，并产生类似硫化氢的气味，需加入棕榈酸或棕榈汁降低 pH 之后方可解决。

铝材除了制成铝罐外，也可制成铝质软管，用以装置番茄制品、果酱等。

第三节　罐藏容器的制造

目前罐头生产使用的金属容器主要有镀锡铁罐、涂料铁罐、铝质罐等。另外，还有玻璃罐、软罐容器及其他罐藏容器。

一、金属罐的罐型规格

金属容器按形状不同可以分为圆罐、方罐、椭圆形罐和马蹄形罐等。一般把除圆罐以外的空罐称为异形罐。我国罐型分类编号如表 2-3 所示，部分圆罐罐型规格如表 2-4 所示，部分方罐罐型规格如表 2-5 所示。

表 2-3　我国罐型分类编号

罐型分类	编　号	罐型分类	编　号
圆罐	按内径外高编排	椭圆形罐	500
冲底圆罐	200	冲底椭圆形罐	600
方罐	300	梯形罐	700
冲底方罐	400	马蹄形罐	800

表 2-4　部分圆罐罐型规格

罐　号	成品规格标准/mm			计算容积/cm³
	公称直径	内　径	外　高	
15267	153	153.3	267	4823.72
10124	105	105.1	124	1023.71
980	99	98.9	80	568.48
8160	83	83.3	160	839.27
7113	73	72.9	113	446.61
672	65	65.3	72	221.04
589	52	52.3	89	178.31

表 2-5　部分方罐罐型规格

罐　号	成品规格标准/mm						计算容积/cm³
	外长	外宽	外高	内长	内宽	内高	
301	103.0	91.0	113.0	100.0	88.0	107.0	941.60
302	144.5	100.5	49.0	141.5	97.5	43.0	593.24
303	144.5	100.5	38.0	141.5	97.5	32.0	441.48

二、镀锡薄钢板的选用

制造容器时镀锡薄钢板的选择，必须考虑内容物对容器的腐蚀情况。对于不同的内容物来说，镀锡薄钢板的选用有各自不同的要求，包括钢基、厚度、镀锡量、素铁或涂料铁等方面的要求。另外，还要考虑容器的强度要求。

（1）肉禽、水产类罐头内容物的蛋白质含量较高，容易产生硫化腐蚀现象，所以选用的镀锡薄钢板要求有较高的抗硫性能。

如清蒸肉类、白烧禽类及蟹、贝、虾类等罐头要求选用性能较好的抗硫涂料铁。

（2）番茄酱类食品内有机酸含量较多，pH值较低，对容器的腐蚀较大，所以需选用抗高酸腐蚀的涂料铁。杨梅等水果罐头内含有花青素等物质，对容器的腐蚀性也比较大，选用板材时也要考虑使用这一类的抗高酸涂料铁。

（3）有些罐头食品，只有在二价锡离子的作用下才能使内容物的色泽符合罐藏的要求，一般选用素铁。如蘑菇、龙眼、荔枝等水果罐头，在锡离子的作用下色泽光亮且不易变色。

（4）除了考虑内容物对容器内壁腐蚀外，还应考虑内容物对容器外壁的影响。

如肉类罐头由于有油脂，所以对容器外壁有一定的保护作用。而蘑菇、青豆等清水蔬菜类罐头，由于汤汁中含有盐水，对容器外壁的腐蚀会加剧。因此，从防止罐外生锈的角度来说，肉类罐头可以采用外壁镀锡量较低的差厚镀锡薄钢板，而清水蔬菜罐头的镀锡量应较高。此外，如果采取罐头外壁涂料作为彩印商标时，容器外壁可选用外壁镀锡量较低的差厚镀锡薄钢板。

（5）制造容器时，还必须考虑容器的强度。由于在罐头杀菌过程中罐内产生较大的压力，冷却后罐内又形成一定的真空，为了使容器的形状保持不变、密封良好，容器应具有一定的强度，这就要求镀锡薄钢板有一定的厚度。镀锡薄钢板厚度的选择必须根据罐型大小及产品杀菌条件加以考虑。

如罐号为15267的大型罐，罐身、罐盖所用镀锡薄钢板的厚度一般为0.28～0.30mm；而罐号为530的小型罐，其罐身所用镀锡薄钢板的厚度只需0.20mm。有的镀锡薄钢板罐，如罐号为1589的圆罐（适合装全鸡、全鸭），由于罐型和产品性质的要求，罐盖比罐身要相对厚一些，罐身镀锡薄钢板厚度为0.25mm，罐盖镀锡薄钢板厚度为0.28mm。

当然，在保证罐藏容器强度的要求下，镀锡薄钢板的厚度应尽量减薄，以降低板材耗用量。如适当提高板材调质度、罐身滚加强筋等，都可以增大强度、降低镀锡薄钢板厚度。

三、金属罐的制造

常见镀锡薄钢板罐是由罐身、罐盖、罐底三件组合而成（简称三片罐）。罐身由薄板两端相互搭接，再用电阻焊焊封制成。底和盖则用二重卷边法和罐身相互接合在一起，底盖盖沟处则涂有密封胶，以保证接合部位的密封性。若罐身是冲拔而成的，罐身和罐底合二为一，这样的罐头容器称为冲拔罐，也称两片罐。下面简单介绍一下空罐容器的制造过程。

（一）电阻焊接缝方罐的制造

接缝方罐是制造比较复杂的罐型，其他罐型与其有一定的差别，但基本生产工艺是相同的。

1. 工艺流程

罐身制造：镀锡薄钢板→裁剪→冲舌头→划线→进料→挠曲→成型→焊接→内外接缝补涂料→烘干→翻边。

罐盖制造：镀锡薄钢板→裁剪→冲盖→圆盖→注胶→烘干硫化。

封底：罐身、罐盖→二重卷边封底→检查→包装→入库。

2. 操作要点

（1）罐身制造

① 裁剪　将铁皮按照一定的排料图样切成符合规定尺寸的身板。在切板时应规定一定的公差。方罐用圆刀式切板机裁剪，梯形罐用冲床裁剪。

② 冲舌头　作为卷开罐必须有卷开舌头，即在罐身切制一个大小适度的舌头，以便使用特制的开罐钥匙将罐身卷开，其结构见图2-3。

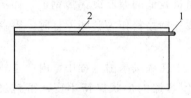

图2-3　卷开罐卷开舌头、
划线示意图
1—卷开舌头；2—划线

③ 划线　为了卷开罐身，必须在罐身板划线，划线深度一般为罐身板厚度的 $1/2 \sim 1/3$，见图2-3。

④ 挠曲　罐身板经一组滚筒和楔形钢块的挠曲处理，可打乱罐身板内部的晶体结构，消除弹性，易于成型。

⑤ 成型　经罐型模具进行成型，也称拗方。

⑥ 电阻焊接　罐身板成型后，随即通过焊机内部机构使罐身缝部分搭接起来，然后进行电阻焊接。

电阻焊接装置：被焊接的罐身缝搭接部分夹在有两个电极的两个焊接滚轮中间，电流接通后，被焊接镀锡薄钢板会产生很高的界面电阻，同时产生高温，镀锡薄钢板被加热到塑熔状态，在一定压力下相互熔接在一起。缝焊机示意图见图2-4。

焊接三要素：在焊接罐身板时，决定焊接质量的三个主要因素：焊接电流、焊接压力、焊接电

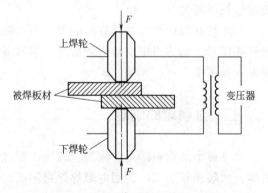

图2-4　缝焊机示意图

阻。另外，一个好的焊缝还和叠接宽度、镀锡量、薄板厚度、机器速度、焊接频率等有关。

罐身及焊缝质量要求：罐身无明显棱角，罐内壁涂料或罐外镀锡层不得有严重的擦伤和机械损伤；焊缝的焊点应均匀连续；焊缝厚度应不大于原薄板厚度的1.5倍；焊缝抗拉强度不低于罐身板抗拉强度，能经受正常的翻边、压筋等加工操作；焊缝密封良好；焊缝表面氧化膜应薄而均匀。

⑦ 内外接缝补涂料　电阻焊接时会产生很高的温度，灼伤涂料层，故内外接缝需要补涂料。

补涂涂料要求：具有良好的附着力，化学性质稳定，无毒，不污染环境，价格便宜，适于操作等。补涂方式分为喷涂、滚涂和静电吸附等。

⑧ 烘干、固化　无论是液体涂料还是固体粉末涂料，涂布后均需要进行烘干、固化才能使涂层发挥最大的保护作用。涂料的烘干、固化有热空气、直接火和红外线等加热方式。

⑨ 翻边　罐身接缝焊接后，要用翻边设备将罐身筒两端的边缘按规格要求翻边，从而使罐身与罐盖很好配合，使罐身翻边部分与罐盖边缘卷合良好，获得良好的封口结构。翻边的规格见图2-5。

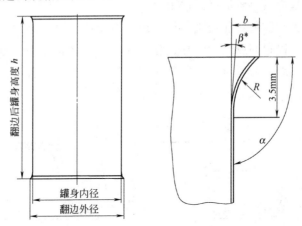

图 2-5　翻边规格示意图

（2）罐盖制造

① 裁剪　裁剪是指冲盖用的镀锡薄钢板条板的裁切。

裁剪的落料方式一般分单行排列和交叉排列。单行排列的镀锡薄钢板利用率较低，交叉排列的镀锡薄钢板利用率较高。要根据罐型大小和罐盖排列计算出落料尺寸，从而确定冲盖条板的大小。用圆刀切板机和波形切板机进行裁剪。

② 冲盖、圆盖　冲盖前镀锡薄钢板必须涂上一层极薄的食用液体石蜡油，避免在冲盖过程中产生机械损伤，保证其涂膜及镀锡层的连续性。长方形或波形的镀锡薄钢板条板经过冲床的冲压裁切，在冲模的作用下制得具有一定规格标准的膨胀

圈纹、埋头度及盖边形状的罐盖。再通过圆边机构进行圆边，形成完整的盖边。罐盖的具体形状见图 2-6。

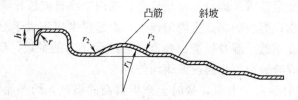

图 2-6　罐盖的基本形状

　　罐盖膨胀圈纹的形式根据罐型大小，即容器内径大小而有所不同。目前大多采用一个凸筋另加斜坡的形式。随着罐型增大，按规格要求相应增加斜坡。大包装罐头容器亦有采用两个或三个外凸筋的。

　　罐盖膨胀圈的作用主要是增加罐盖的强度，使罐盖有足够的弹性，保护罐头的密封结构。实际生产中，膨胀圈的规格与罐头内容物品种、组织状态及罐内顶隙及真空度等因素有密切关系。一般来说，真空度较低的罐头膨胀圈的强度应大些。

　　③ 注胶、烘干　要保证空罐有良好的密封性能，除了压紧二重卷边外，还要借助于二重卷边缝内密封胶的密封作用。

　　将配制好的密封胶通过注胶机构均匀地浇注于罐盖边缘的沟槽内。先行干燥，再进行高温硫化，以提高胶膜的物理、化学性能，使之符合罐头密封垫料的要求。注胶一定要均匀一致，注胶量、注胶部位要合适。烘干后的胶膜应无气泡、洞眼，富有可塑性和弹性。注胶和成膜部位示意图见图 2-7。

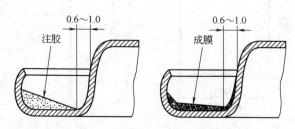

图 2-7　注胶和成膜部位示意图

　　④ 易拉盖的制造　易拉盖是一种由金属（铝、镀锡或镀铬薄钢板）制成，在开启部位有刻痕，装有提拉部件以方便开启罐盖。易拉盖有孔开式易拉盖和全开式易拉盖，其主要形式如图 2-8 所示。

　　易拉盖的生产工艺：卷材→涂料→冲基本盖→圆盖→注胶、烘干→冲制成型→拉环装配→成品。

　　（3）封底

　　① 二重卷边封底　封底是通过封罐机的封底机构，将罐身的翻边部分（身钩）和底盖的钩边部分（盖钩）进行牢固而紧密的卷合，形成二重卷边。在二重卷边密

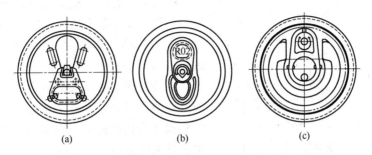

图 2-8　易拉盖的主要型式

（a）孔开式撕脱型易拉盖；（b）孔开式掀压易拉盖（环保盖）；（c）全开式易拉盖

封的同时，罐盖沟槽内的密封胶也得到压紧，并充满于板材之间的空隙中，从而隔绝了罐内外的流通，阻碍了外界空气和微生物的侵入。

虽然封罐机型式很多，但它们都有共同的工作部件，即压紧罐盖的压头、托住空罐的托底板及进行卷封的一对头道辊轮和一对二道辊轮。

二重卷边的形成过程，就是辊轮沟槽与罐盖接触造成卷曲推压的过程。当罐身和罐盖同时进入封罐机内的封口位置后，在压头和托底板的配合作用下，先是一对头道辊轮做径向推进，逐渐将盖钩滚压至身钩的下面，同时盖钩和身钩逐步弯曲，两者逐步相互钩合，形成双重的钩边，使二重卷边基本定型。卷封作业如图 2-9 所示。

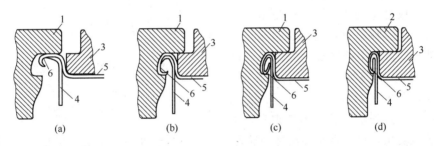

图 2-9　二重卷边卷封作业示意图

（a），（b），（c）第一次卷边作业；（d）第二次卷边作业

1—头道辊轮；2—二道辊轮；3—压头；4—罐身；5—罐盖；6—胶膜

② 二重卷边结构及其技术要求　二重卷边结构如图 2-10 所示。

卷边厚度（d）：即五层铁皮与密封涂胶压紧后的厚度。卷边的厚度随罐型的不同、用板厚度的不同而异。

卷边宽度（b）：即卷边顶部至下缘的尺寸。卷边的宽度与板的厚度及卷边的内部结构有关。

埋头度（h_c）：指卷边顶部至盖平面的高度。一般它是由压头凸缘的厚度、卷边的厚度和宽度决定。通常 $h_c = 3.1 \sim 3.2mm$。

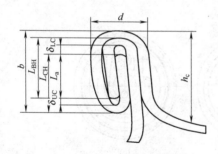

图 2-10　二重卷边结构示意图

d—卷边厚度；b—卷边宽度；
L_{BH}—身钩宽度；h_c—埋头度；
L_{CH}—盖钩宽度；L_a—叠接长度；
δ_{UC}—盖钩空隙；δ_{LC}—身钩空隙

罐身身钩宽度（L_{BH}）：即罐身翻边弯曲后的长度。L_{BH} 受托盘的推压力和罐身翻边半径 R 等影响，一般为 1.85～2.1mm。L_{BH} 过短容易发生漏罐。

罐盖盖钩宽度（L_{CH}）：即罐盖圆边向卷边内弯曲的长度。L_{CH} 主要受头道辊轮沟槽形状和弯曲状况影响，也随卷边的厚度、宽度和埋头度而改变，一般为 1.85～2.1mm。

上部空隙（δ_{UC}）：也称盖钩空隙，即盖钩端边与身钩顶部内圆弧间的空隙。

下部空隙（δ_{LC}）：也称身钩空隙，即身钩端边与盖钩槽部内圆弧间的空隙。

二重卷边的三率：即叠接率、紧密度和接缝盖钩完整率，这三率是衡量罐头密封质量的重要指标。

叠接率（$L_{OL}\%$）是指卷边内部罐身钩和罐盖钩相互叠接的程度，即罐身、盖钩的实际叠接长度与理论叠接长度的比值。$L_{OL}\% = L_a/L_b \times 100\%$，一般要求 $L_{OL}\% > 50\%$。

紧密度（TR%）是指卷边内部罐盖钩边与罐身钩边的钩合紧密程度，它与皱纹度（WR%）成对应关系。皱纹度是指卷边全部解体后，用肉眼观察到的盖钩边缘上的皱纹的延伸程度占整个盖钩长度的比例。$TR\% = (1 - WR\%) \times 100\%$，一般要求 $TR\% > 50\%$。紧密度与皱纹度的对应关系见图 2-11。

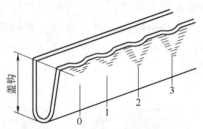

图 2-11　紧密度与皱纹度的关系
0—紧密度 87.5%、皱纹度 12.5%；
1—紧密度 75%、皱纹度 25%；
2—紧密度 50%、皱纹度 50%；
3—紧密度 25%、皱纹度 75%

在封口过程中如卷封不良则卷边下缘会出现舌状突出，这一舌状突出称为铁舌。罐身接缝处卷边由于铁皮厚度增加，更易出现铁舌，而此处的铁舌又称为垂唇。将二重卷边解体，从卷边内侧观察所见到的垂唇称为内垂唇，如图 2-12 所示。

接缝盖钩完整率（JR%）是指卷边解体后，卷边接缝盖钩处形成内垂唇后的有效盖钩占整个盖钩宽度的比例，$JR\% > 50\%$。如图 2-13 所示。

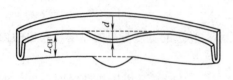

图 2-12　内垂唇示意图

L_{CH}—盖钩宽度；d—卷边厚度

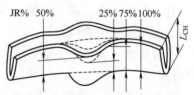

图 2-13　接缝盖钩完整率示意图

接缝盖钩完整率反映了卷边接缝盖钩处密封程度。接缝盖钩完整率越高，说明罐头的密封性越好。

③ 二重卷边的外观要求 要求顶部应平整、下缘应光滑、卷边的整个轮廓应卷曲适当、整个卷边缝的宽厚应保持完全一致，不应存在卷边不完全、假卷（假封）、大塌边、快口、牙齿、铁舌、卷边破裂、双线、跳封及因压头或卷边滚轮故障引起的其他缺陷。

（二）电阻焊接缝圆罐的制造

电阻焊接缝圆罐的制造与接缝方罐制造虽有一定的差别，但基本生产工艺是相同的。

电阻焊接缝圆罐制造的工艺流程如下。

罐身制造：镀锡薄钢板→裁剪→进料→挠曲→成型→焊接→内外接缝补涂料→烘干→滚罐身加强筋→翻边（或缩颈翻边）。滚罐身加强筋、缩颈翻边不同于方罐。

（1）滚罐身加强筋（圆罐） 罐身加强筋的作用在于增大罐身的强度，提高容器对罐内外压力变化的抵抗能力。罐身加强筋的形式较多，有单列式，有组列式。罐身加强筋的规格见图2-14。

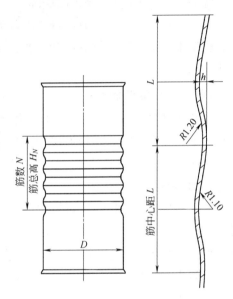

图 2-14 中间滚筋规格图

（2）缩颈翻边（圆罐） 有些罐型如饮料罐还要进行缩颈翻边处理，缩颈的方式有单缩颈和多缩颈，具体规格见图2-15。

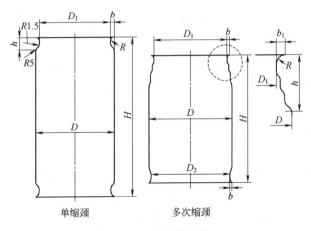

单缩颈　　　　　多次缩颈

图 2-15 缩颈的规格

罐盖制造、封底与接缝方罐基本相同。

（三）焊锡罐的制造

焊锡罐的生产现在已基本淘汰，下面只作简单介绍。

焊锡圆罐罐身的生产工艺流程如下：

镀锡薄钢板→裁剪→切角切缺→端折→成圆→钩合踏平→焊锡→翻边

罐盖制造、封底与电焊圆罐相同。

空罐生产以接缝圆罐的产量最大，大多数食品罐头都采用这种包装容器。方罐、梯形罐等常用来装制午餐肉、咸牛肉、咸羊肉等。马蹄形罐常用来装制火腿等罐头。

（四）二片罐的制造

二片罐是指罐身没有接缝，身底连成一体，即罐底和罐身用整块金属薄板冲压拉拔成型，然后与罐盖连接而成的金属罐。二片罐有浅冲罐、深冲罐（多次拉伸罐、DRD罐）和薄壁拉伸罐（DI罐）。

1. 浅冲罐

罐底与罐身用浅拉伸法将镀锡薄钢板或镀铬薄钢板一次拉拔成型而制成。罐高：罐径<1，按其形状可分为圆形、方形、椭圆形等。由于罐身无接缝，可以减少罐底和罐身接缝处的腐蚀，多用于盛装鱼、贝、虾、蟹类。此外，还有一种盆形罐，主要用来装置炒米、粉丝，但产量很小。

（1）工艺流程　由于冲拔罐主要是利用镀锡（铬）薄钢板的延展性，在冲模的挤压作用下产生塑性变形制成的容器。制造工艺比较简单，关键工序为冲压罐身与修整切边。

罐身制造：镀锡（铬）薄钢板→喷油→切板→冲压罐身→切边→检查→包装入库。

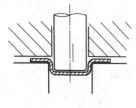

图 2-16　冲拔罐形成过程

罐盖制造同电焊罐或采用易拉盖。

（2）浅冲罐的形成过程　浅冲罐是指由凸模向凹模的冲压作用将板材拉伸而形成的整体结构。当凸模进入凹模时，板材受到冲压，按照冲模的形状形成所设计的容器。冲拔罐在形成的过程中，罐壁并没有变薄。冲拔罐的形成过程见图2-16。

2. 深冲罐

深冲罐又称多次拉伸罐，简称DRD罐，罐身与罐底用多次拉伸法制成。先将金属薄板冲制成杯体，通过多级拉伸，杯体的直径逐步缩小，使底部的部分材料转向罐壁，而不是将罐壁部分压薄。罐高：罐径>1，成品罐壁与罐底的厚度及总表面积都与杯板基本一致。深冲罐可用铝材、镀锡薄钢板或镀铬薄钢板制造。

工艺流程：涂油的金属卷材或板材→切板→冲拔成杯状→拉拔和再拉拔（根据罐高要求分次完成）→压罐底膨胀圈→修整、切边→滚罐身加强筋→洗涤烘干处理。

罐盖的生产同电焊罐，可采用易拉盖。

用多次拉伸法制成的深冲罐，由于罐壁较厚，最适合包装加热保藏的食品，可使内部形成真空以控制产品的氧化和防止罐头的变形。

3. 薄壁拉伸罐（DI 罐）

薄壁拉伸罐是指罐底与罐身用拉伸与罐壁压薄法形成的二片罐，有铝制和镀锡薄钢板制两种，简称 DI 罐。目前国内铝制薄壁拉伸罐为多。

DI 罐生产时一般先将卷材冲切成杯体，通过压薄成型机对罐壁进行压薄拉伸，由于具有冷加工硬化作用，强度相应增加，在罐壁延伸变薄的同时，提高了罐身而罐径不变，其罐高与罐径之比为 2∶1 左右。主要用来盛装含碳酸气的软饮料和啤酒等带有内压力的罐装食品，若采用充液氮新工艺则可用来盛装果汁软饮料。

（1）铝薄壁拉伸罐生产工艺流程　薄壁拉伸罐均系采用机械化流水作业生产，制罐速度 200～1200 罐/min，最高可达 1600 罐/min，罐盖配套采用易拉盖。

工艺流程：卷材解卷→涂润滑油→冲杯→多次拉伸→修切边→外壁涂白涂料→印刷装潢→喷内壁涂料→缩颈翻边→检漏→包装入库。

（2）镀锡薄钢板薄壁拉伸罐生产工艺流程　镀锡薄钢板制 DI 罐生产工艺流程示意图见图 2-17。

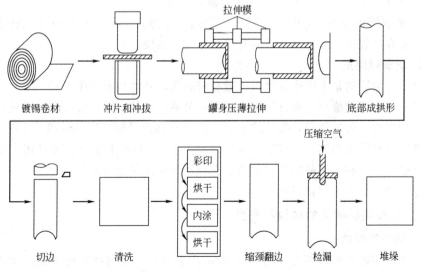

图 2-17　镀锡薄钢板制二片罐工艺流程示意图

四、玻璃罐（瓶）

玻璃罐（瓶）在罐头食品生产中占较大的比重。玻璃是中性硅酸盐熔融后在缓慢冷却中形成的非晶态固化无机物质。其中部分硅酸盐还可以被磷酸盐和硼酸盐所取代，其性质随成分而异。

玻璃的种类甚多，随配料成分而异。装食品用的玻璃罐（瓶）是用碱石灰玻璃制成，即将石英砂、长石、纯碱及石灰石按一定比列配合后在1500℃高温下熔融，再缓慢冷却成型铸成。若使用不同的模具就可制成各种不同体积、不同形状的玻璃罐。为了提高其热稳定性，满足罐头生产的需要，一般还需要经过一次加热退火处理。

玻璃罐制造流程：原料磨细→过筛→混匀→加热熔融→成型→退火→检查。

玻璃的机械强度取决于下述五个指标：抗张力、抗压力、硬度、脆性和弹性。

质量良好的玻璃罐（瓶）应透明无色或略微带青色，罐身应端正光滑、厚薄均匀，罐（瓶）口圆而平正，底部平坦，罐身不得有严重的气泡、裂纹、石屑及条痕等缺陷。

（一）玻璃罐特性及基本组成部分

1. 玻璃罐特性

① 化学性质稳定，与内容物不会起任何化学反应，符合食品卫生要求，不会给内容物带来不良影响。

② 密封性好。

③ 玻璃罐透明，可直接看到内容物，质量直观可靠。

④ 玻璃罐可多次重复使用，甚为经济，节能环保。

⑤ 玻璃罐的缺点：重量大，易碎，传热速度慢，不耐冷及热冲击，温差超过60℃时很容易裂碎，故高温杀菌的升温及冷却过程操作复杂。

2. 玻璃罐组成

（1）玻璃罐的基本组成有罐口、罐身和罐底，具体结构见图2-18。

（2）玻璃罐的罐口　罐口与罐盖有密封关系，目前国际上罐口已标准化，罐口必须是世界性认可的规格，每个玻璃罐口都配有标准号码，国际号码为FD—，美国玻璃协会号码为GPI—，白盖公司号码为TD—。目前有字母代号且用于玻璃罐的罐口已有数百种，每种罐口标示制定有专用的规格和允许极限。

罐口的三个主要规格见图2-19。

（二）玻璃罐罐盖的结构和类型

1. 罐盖的结构

金属真空密封玻璃罐盖如图2-20所示。金属真空密封罐盖由盖面、盖边、卷边、盖爪、密封垫料、安全钮组成。盖边起夹紧作用，卷边可增加盖的强度；盖爪

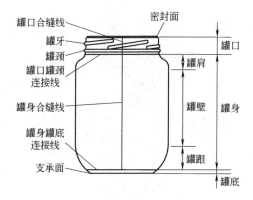

图 2-18 玻璃罐的基本组成

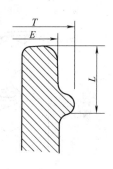

图 2-19 罐口的三个主要规格

T—罐牙的最大外径；E—玻璃罐口最大外径；L—罐牙的底部，亦是盖爪和罐牙嵌合得以良好密封的定点

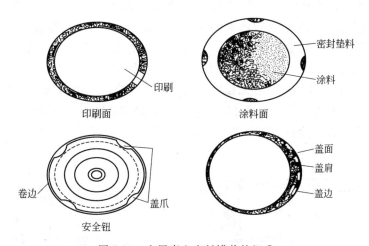

图 2-20 金属真空密封罐盖的组成

可定位，在罐口螺旋线或突缘下使盖固定；安全钮是真空指示器。

2. 常用的罐盖类型及生产工艺

（1）卷封盖 卷封盖是针对 20 世纪 50 年代从前苏联引入的广口瓶而设计的。密封性较好，但开启困难，现已淘汰。

（2）爪式旋开盖 旋开盖是一种金属爪真空盖，开盖或重新封盖只需旋动 1/4 转即可，方便实用，它不需要工具就能打开，使用方便。直径大小为 27～110mm。

① 结构组成 旋开盖通常用镀锡薄钢板或镀铬薄钢板制成。有 3、4、6 号盖爪，随直径而异，盖内注有塑料溶胶垫圈。其结构见图 2-21。

② 旋开盖生产流程：镀锡薄钢板→落料冲盖→卷边及压爪→罐注塑料溶胶→固化→装箱储存。

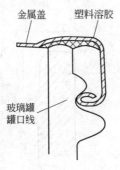

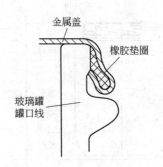

图 2-21　旋开式封盖　　　　　　　　图 2-22　撬开式封盖

（3）撬开盖　撬开盖是一种金属真空盖，它用于玻璃罐、大口瓶或平底罐封盖。金属盖圆边内侧紧扣橡胶垫圈，封压时卡住橡胶垫圈而密封。

① 结构组成　撬开盖由金属盖和扣紧在卷边下部位置上的橡胶垫圈组成。垫圈的大小厚薄规格、类型和间隙随容器罐口、产品和其他因素而异。其结构见图 2-22。

② 撬开盖生产流程：镀锡薄钢板→落料冲盖→嵌入垫圈及卷边→装箱储存。

（4）套压旋开盖　套压旋开盖（PT 盖）是一种金属真空盖。现广泛使用于婴儿食品，对肉类、蔬菜、豆类、汤类食品亦很适用。

① 结构组成　套压旋开盖无盖爪（或突缘），垫圈为模压的塑料溶胶，覆盖在盖面的外周边直到卷边的密封面上，形成顶部和侧边的密封。供婴儿食品的套压旋开盖在盖面上设计安全钮或弹性片。其结构见图 2-23。

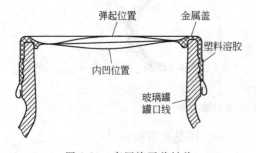

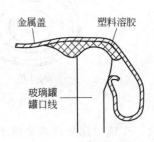

图 2-23　套压旋开盖封盖　　　　　　图 2-24　深按压式封盖

② 套压旋开盖生产工艺流程：镀锡薄钢板→落料冲盖→罐注塑料溶胶→热压→成型→卷边→固化→包装。

（5）按压重封盖　按压重封盖的成型过程和套压旋开盖相似，但此盖的六个爪子不像套压旋开盖是水平的，而是在盖边内向上的，并与垂直线有一定的角度。深按压重封盖（DSR）在使用时，塑胶垫与罐口密封面吻合，盖子一旦到位，金属爪的张力即将罐盖握住。开启时在罐盖周边扳动二三处即可，或使用专用钩形开罐盖器在盖周两点或多点往上提即可开启。DSR 封盖方便，并具有有效的重封性能。其结构见图 2-24。

（6）掀开式拉环盖　密封简单，容易开启，并具有优越的耐压性能及耐减压性能。其结构见图 2-25。

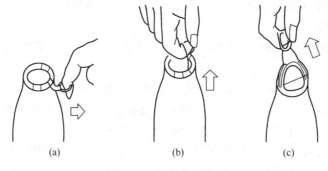

(a)　　　　　　　　(b)　　　　　　　　(c)

图 2-25　掀开式拉环盖

（a）手指挂在拉环上向外拉；（b）将手指垫在罐盖上顺着箭头方向轻轻拉起；（c）最后完全开启

玻璃罐的发展趋势是要求重量轻、厚度薄，具有一定的强度，其重量和容积的比应该控制在 0.5 或 0.4 以下。最近国外又试制了一种新型的玻璃罐，其罐身是由高强度玻璃制成的圆柱体，罐底和罐盖均采用金属材料，其重量约为相同容量的现用的玻璃罐的一半。如进一步研究，改进玻璃的配方，还可使玻璃罐重量减轻 20%～25%。

五、蒸煮袋（软罐头包装）

用蒸煮袋代替铁罐或玻璃罐包装食品，经杀菌后能长期保存的袋装食品叫软罐头。由于软罐头采用的蒸煮袋复合薄膜较薄，因此达到食品杀菌温度的时间短，可使食品保持一定的色、香、味。蒸煮袋质量轻、体积小、携带开启方便、耐储存，可供旅游、航行、登山等需要。由于使用铝箔，外观具有金属光泽，印刷后可更加美观。

（一）蒸煮袋的种类及特征

1. 种类

按对内容物的保存性分类：不透明蒸煮袋（带铝箔）和透明蒸煮袋（不带铝箔）；按杀菌方法分类：普通蒸煮袋（耐 100～121℃杀菌）、高温杀菌蒸煮袋（耐 121～135℃杀菌）、超高温杀菌蒸煮袋（耐 135～150℃杀菌）。

2. 蒸煮袋的结构和性能

蒸煮袋的结构材料一般可分为三层。图 2-26 是铝箔蒸煮袋的剖面图。

（1）内层材料

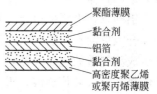

聚酯薄膜
黏合剂
铝箔
黏合剂
高密度聚乙烯或聚丙烯薄膜

图 2-26　铝箔蒸煮袋
（三层）的剖面图

① 特殊聚乙烯 能够进行热封，耐冲击性优良，但在120℃下蒸煮以后，有一定的臭味，可影响到食品的色、香、味。透明度差，仅为半透明。

② 中密度聚乙烯 无臭味，但强度比较差，耐热性也不够，耐油脂性能差，易受油脂的侵蚀。

③ 流延聚丙烯 耐热性和透明性优良，但耐冲击强度不够理想，热合温度也较高。

④ 乙-丙无规共聚物 高温蒸煮袋内层材料现在一般采用乙烯改性的乙-丙无规共聚物。有较高的热封强度，耐油性好，无臭味，耐热水蒸煮性能好。

⑤ 尼龙 仅用于140～150℃杀菌温度的蒸煮袋。

（2）中间材料层 中间层随使用目的的不同而有较大的差别，它主要给蒸煮袋良好的阻隔性，以补充表面层强度的不足。

用阻隔性良好的铝箔为中间层，使蒸煮袋正式成为具有长期保存食品的软罐头，并逐渐取代金属罐。

另外，蒸煮袋的中间材料还有聚酯和尼龙。

（3）外层材料 蒸煮袋的外层材料要求透明度高，有良好的耐热性和耐蒸煮性，有较高的机械强度，有一定刚性，耐磨，耐冲击，耐针孔性。

外层材料一般采用尼龙、聚酯和聚丙烯。

（二）蒸煮袋的制造过程

首先把印刷好的聚酯薄膜和铝箔进行干法复合，然后再和聚乙烯或聚丙烯薄膜复合，一般采用乙烯改性的乙-丙无规共聚物薄膜复合。

蒸煮袋的制造工艺流程：

```
聚酯薄膜 → 印刷 → 烘干 ┐           ┌ 干式复合 ┐
铝箔 → 涂底 → 烘干 → 另一面上聚氨酯 →┤          │
聚丙烯、聚乙烯共聚薄膜 → 上聚丙烯黏合剂 ┘          │
                    制袋 ← 固化 ← 复合成品 ←──────┘
```

六、其他罐藏容器

除了上述罐藏容器外，国外有铝塑复合半刚性包装容器、无菌包装容器和纸制罐等罐藏容器。

铝塑复合半刚性包装容器是由金属铝或其合金压延成薄片，与塑料薄膜用黏合剂黏合或以涂料涂敷，其外层再饰以金色保护涂料制成的复合材料。用这种材料经冲压成型制造的包装容器，主要用于装罐藏食品。这种铝塑复合半刚性包装容器，能够热封杀菌，传热快，重量轻，携带方便，易于开启。

无菌大包装主要是袋式无菌大包装，主要包装食品工业的水果、浓缩蔬菜汁和番茄酱等。无菌小包装主要有塑料易拉罐、利乐包、康美盒和屋脊包等。无菌包装产品由于没有经长时期加热，食品的色、香、味及各种营养成分不易受到损坏，保证了产品的质量。无菌包装的主要材料有：纸板、塑料、纸板/塑料/铝箔复合材料。

纸制罐的罐身是由经过处理的厚纸板制成，不透水，底盖仍用铁皮制成，可以装置干燥食品及某些果汁等。

复 习 题

1. 对罐头容器的基本要求是什么？
2. 常见的罐头容器有哪几种？
3. 在选用镀锡薄钢板罐时应考虑哪些因素？
4. 既然镀锡薄钢板能够防腐蚀，为什么还要采用涂料铁？
5. 涂料铁的选用原则是什么？
6. 为什么要选用不同的钢种的镀锡薄钢板制罐？
7. 为什么要对空罐补涂料？
8. 二重卷边的三个主要部件是什么？
9. 常用的玻璃罐有哪几种？

参 考 文 献

杨邦英主编. 罐头工业手册. 北京：中国轻工业出版社，2002.

第三章　罐头食品保藏原理

罐头食品为什么在常温下能够长期保存？又需要怎么样进行处理呢？下面就对这些问题进行讨论。

第一节　罐头的基本加工过程

罐头食品原料经过一系列加工处理后，再经过装罐、排气、密封、杀菌和检查贴标后才能作为商品进入市场。下面就简单介绍一下罐头的基本加工过程。

一、食品的装罐和预封

（一）装罐前容器的准备

1. 罐头产品代号打印方法

为了保证罐头食品质量，为了利于生产管理，都要在罐头的外面打印上产品代号等内容。马口铁罐、玻璃罐代号打印的位置在罐盖的正中部，分三行平列，形式如图3-1。

罐头产品代号打印的具体方法详见 GB/T 10784—2006。

软罐头的生产日期等内容一般打印在封口处。

2. 容器的清洗

罐头食品装罐前要按照食品种类、性质、产品要求，以及有关规定合理选用容器。因容器在加工、运输和储存中常吸附灰尘、微生物、油污等，因此必须清洗和消毒，保证容器清洁卫生，提高杀菌效率。

厂名代号、班次代号
年、月、日代号
产品名称代号、品种、规格代号

图 3-1　罐头产品代号打印形式

在小型企业中，容器一般采用人工清洗，大多数先在热水中刷洗，然后在沸水中消毒 30～60s。在大型企业中则用清洗机清洗，用沸水或蒸汽消毒。

容器清洗消毒后，微生物的残留量每只应低于几百个。用压力为 253～304kPa 和温度为 65～85℃的清水冲洗两次，每只空罐内微生物数可从几千万下降到200～300 个。玻璃罐用热水和蒸汽消毒后的效果见表3-1。

表 3-1　用热水和蒸汽消毒玻璃罐的效果

蒸汽消毒 7min			98℃热水中消毒 0.5min		
处理前细菌数/(个/只)	处理后细菌数/(个/只)	效果/%	处理前细菌数/(个/只)	处理后细菌数/(个/只)	效果/%
7600	2300	69.8	7900	400	95.9
9200	4500	51.1	5600	800	85.7
1500	1000	33.3	2400	400	83.3
1100	700	36.4	800	100	87.5

清洗消毒后的容器应立即装罐，以免再次污染。

（1）铁罐清洗　用于清洗铁罐的洗罐机种类较多。一般清洗过程是：先用热水冲洗，然后用蒸汽消毒 30～60s。

① 链带式洗罐机　它主要是采用链带移动铁罐，进罐端采用喷头从链带下面向罐内喷射热水进行冲洗，末端则用蒸汽喷头向铁罐喷射蒸汽消毒，取出后倒置沥干。

② 滑动式洗罐机　机身内装有铁条构成的滑道，铁罐在滑道中借本身重力向前移动。开始时罐身横卧滚动，随着滑道结构的改向，使铁罐倒立滑动，同时开始用喷头冲洗和消毒，然后又随着滑道的改向再转变成横卧滚动滚出洗罐机，见图 3-2。

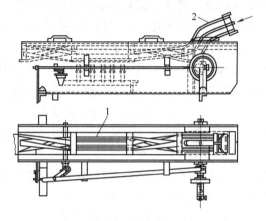

图 3-2　滑动式洗罐机
1—空罐转移导轨；2—空罐进入清洗机用的导轨

③ 旋转式洗罐机　它是一种效率高、装置简便、体积小的洗罐机（如图 3-3 所示）。机身由两个并列连接的圆筒组成，圆筒内各有一个带动铁罐前进的星形轮，两个星形轮旋转方向相反，因此铁罐在筒内由于星形轮的带动，呈"S"形向前移动。铁罐进入第一个圆筒后，就由筒内的星形轮带动向前移动，并由喷头向罐内喷射热水进行清洗，待转到两圆筒接合处，铁罐即由第二个星形轮带动前进，此时由蒸汽喷头向罐内喷射蒸汽进行消毒，待铁罐转至

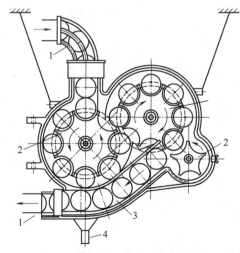

图 3-3　旋转式洗罐机
1—进出罐导轨；2—星形盘；3—通道；4—排水道

第二个星形轮下部时，由出口处滑出。

（2）玻璃罐（瓶）清洗　回收的旧玻璃罐（瓶）壁上的油脂和污物过去常采用带有毛刷的机械刷洗，但毛刷脱毛后易造成异物污染。现在常用高压水喷洗，水能使污物吸水膨胀，利于清洗。为此，清洗时首先用热水或热碱水浸泡，再用高压水冲击罐壁以清除污物。

使用洗涤剂能有效地将某些污物和油污清洗干净。回收的旧瓶常沾有食品碎屑和油脂，需用 2%～3% 的氢氧化钠溶液，在 40～50℃ 温度下浸泡 5～10min，使油脂皂化而易于清洗，同时还能将贴商标的胶水洗去。碱液浓度有时高达 5%，若是清洗新瓶，因油污较少，可用 1% 的低浓度氢氧化钠溶液。

此外，还可采用无水碳酸钠（Na_2CO_3）和磷酸氢钠等清洗，也可用合成洗涤剂。最理想的洗涤剂是既能去除油污，又能中和酸性，还可洗净有机物和无机物并消灭微生物，故最好采用混合洗涤剂。采用 70℃ 的 3%～4% 氢氧化钠、1.5% 磷酸三钠和 2%～2.5% 水玻璃组合成的洗涤液浸泡 8～10min，清洗效果极好。

用漂白粉水溶液进行清洗。以提高杀菌能力。工业用漂白粉中含 25%～30% 有效氯，使用时可先将 1 份漂白粉和 2 份水充分兑成浓浆，再加 5～6 份水拌和，静置 24h 后取上层透明的绿色液体，再依所需浓度配制成溶液。水溶液中的氯原子具有强氧化作用，通过氧化反应或直接和微生物细胞中的蛋白质结合而杀死微生物，温度、pH 值和有机物质会影响其消毒效果。玻璃罐清洗和氯溶液消毒后的清洗效果见表 3-2。

表 3-2　玻璃罐清洗和氯溶液消毒后微生物残留量

清洗前细菌数/（个/罐）	氯溶液浓度		清水冲洗后细菌数/（个/罐）
	50ml/L	100ml/L	
65 000 000	—	—	210 000
10 000 000	—	—	130 000
18 000 000	4000	—	2600
14 000 000	—	1700	800

洗净的玻璃罐需再用 90～100℃ 热水进行短时间冲洗，除去碱液并补充消毒。也可用蒸汽进行补充消毒。如表 3-1 所示，蒸汽消毒效果不如热水，因后者除杀菌外还能冲洗除去附着的微生物。玻璃罐一般用 45～95℃ 热水在 101.4～406kPa 的压力下冲洗 10～90s，就能使微生物数显著减少。如用 65～85℃ 热水在 253～304kPa 压力下冲洗两次，每次各 25s，就能使微生物数从每罐几千万个下降到 200～300 个。喷洗和浸洗结合式洗瓶机见图 3-4。

（二）食品的装罐

预处理完毕的半制品和辅料应迅速装罐，不应堆积过多。停留时间过长则易受微生物污染，并在车间适宜温度下迅速繁殖，轻则影响其后的杀菌效果，影响成品

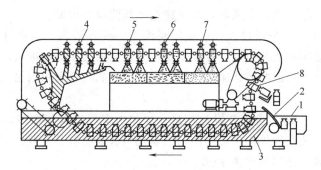

图 3-4 MDG 型喷洗和浸洗结合式洗瓶机

1—输送带；2—圆弧形轨道；3—氢氧化钠溶液浸槽；4—高压碱液内外冲洗；

5—高压水内外冲洗；6—高压水二次冲洗；7—低压低温水冲洗；8—玻璃瓶滑出

质量及其保存时间，重则出现装罐前腐败变质的现象，造成损失。

1. 装罐的工艺要求

（1）**重量要准确** 罐头食品的净重和固形物含量必须符合国家标准或企业标准。

净重是指罐头食品重量减去容器的重量后所得的重量，包括液体和固体在内。具体要求如下：

① 每罐净重允许公差为±3%；

② 每批罐头的净重平均值不应低于标准净重；

③ 出口的罐头食品一般不能有负公差。

许多罐头食品除装入固态食品外，还需加入糖水、盐水或汤汁等。固形物含量一般是指固态食品（包括熔化油或添加油）在净重中所占的百分比。固形物含量一般为 45%～65%，最常见的为 55%～60%，有的高达 90%，具体要求要符合有关标准。

一般情况下，罐头排气杀菌后的固形物含量比装罐时低，并随食品种类、生产工艺条件而异，为此固形物的装入量应根据降低量而相应增加。不论人工装罐或机械装罐，每罐均要进行复称校核。

（2）**搭配合理、质量一致、排列整齐** 各种原料的半制品难免会出现一些差异，为此装罐时必须注意合理搭配，力求使它们的色泽、成熟度、形状、大小、个数等基本一致。另外，每罐的汤汁浓度，以及脂肪、固形物和液体间的比值也应保持一致。搭配合理不仅可改善成品品质，还可以提高原料利用率和降低成本。有些罐头食品在装罐时有一定的式样或定型要求，如红烧扣肉、凤尾鱼罐头和一些软罐头等，装罐时必须排列整齐。

（3）**留有适当的顶隙** 顶隙是指罐头内上部的空隙，用顶隙值来表示。顶隙值是指罐内食品表面层或液面与罐盖中心内表面间的距离。顶隙大小将直接影响食品的装罐量、封口质量。顶隙不合适时会导致杀菌时铁罐变形、假胀罐、罐内壁腐蚀，甚至引起食品变色、变质等，故保持适度顶隙极为重要。

① 顶隙过小，装罐量过大，造成原料浪费、成本提高；杀菌时食品膨胀，罐内压力增加，破坏罐头密封性，冷却时使带有微生物的冷却水进入罐内；同时还会造成铁罐永久性变形或凸盖；罐内壁酸腐蚀时产生的氢气聚积则出现氢胀罐，影响销售。

② 顶隙过大，罐内食品装罐量不足；顶隙内空气残留量增多，可促进罐内壁腐蚀；在罐内气液交界处产生氧化圈，因氧化引起表层食品变色、变质；此外，如罐内真空度较高，还容易发生瘪罐。

顶隙值一般要求为 4～8mm 左右，根据原料、罐型、品种的不同稍有差别。有些产品如果酱和蘑菇罐头装罐时虽然不留顶隙，但是在热装罐情况下冷却时的收缩和在封罐机内操作时离心力的作用下，仍然会有较小的顶隙出现。容器的装料容积不应低于总容积的 90%。

（4）严防夹杂物进入罐内。

（5）热装罐食品温度不能过低，一般在 70～90℃。

（6）装罐时还要求保持罐口清洁，否则会影响封口质量。

2. 装罐的方法

装罐的方法有人工装罐和机械装罐两种。

（1）人工装罐　对不能用定容来定量、经不起机械摩擦、需要合理搭配和整齐排列的块片状食品，如大型软质果蔬块及鱼、肉、禽块等目前仍用人工装罐。

人工装罐最简单的设备是一个长方形平面工作台，台面采用耐腐蚀的不锈钢板制作，其主要操作有装料、称量、压紧和加汤汁或调味料等，装完后再人工运出。为保证产品质量，提高工作效率，在工作台的中间装有马达带动的输送带，原料和空罐都可由输送带运输。也可采用运动方向不同的几条输送带，空罐由工作台中间的上层输送带输送至装罐工人面前，下层输送带专供实罐运出，原料则由工作台两边的输送带供应。

人工装罐的优点是简单，适应范围广，并能选料装罐。缺点是装罐量偏差较大，生产率低，卫生条件较差，而且生产过程的连续性也较差。

（2）机械装罐　对能用定容来定量的固体颗粒、半固体和液体食品常采用机械装罐，如青豆、甜玉米、午餐肉、番茄酱、果酱、果汁、糖水、盐水和汤汁等。

机械装罐具有速度快、重量准、好管理、省人工、工人劳动强度低、生产效率高、连续性强、卫生条件好等优点。因此，除必须用人工装罐的产品外，应尽量采用机械装罐。机械装罐的缺点是不能满足式样装罐的要求，而且其适应性差。

装罐设备的型号很多，有液体装罐机、固体装罐机，有半自动装罐机、全自动装罐机。如菠萝四片装罐机、午餐肉定量装罐机。通用多功能定量自动装罐机可用于多种产品的装罐。颗粒状食品装罐时用回转式容积定量装罐机，其外形图见图3-5。

（3）注液 除少数干装食品外，许多半制品装罐后还需加注糖水、盐水、汤汁、油或调味料等。这不仅能改善食品风味，而且还能增加传热速度和排除内容物间隙内的空气。

糖水和盐水应滤去沉淀物才能使用，必须清晰透明。硬水和食盐内的钙、镁盐类会使某些食品如果蔬等质地硬化。糖内的嗜热菌会导致产品腐败变质，而它所含的硫化合物则会加

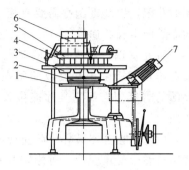

图3-5 回转式容积定量
装罐机外形图
1—装罐台；2—送罐星形轮；3—下料斗；4—定量杯；5—装罐盘；6—进料斗；7—进罐滚槽

速铁罐腐蚀。配盐水和糖水的容器和输送管道要经常清洗以避免微生物繁殖。水产等罐头内用油应为精炼油。

（三）预封

预封是食品装罐后用封罐机的滚轮初步将罐盖的盖钩卷入到罐身翻边的下面，相互钩连而成（见图3-6）。其松紧程度以能让罐盖沿罐身自由地回转但不松开为度，以便排气时使罐内的空气、水蒸气及其他气体自由地从罐内逸出。

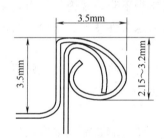

图3-6 预封后罐身、盖钩状态

预封的作用：
① 预防热力排气时水蒸气落入罐内污染食品；
② 防止罐内食品表面受到高温蒸汽的损伤；
③ 更重要的是保持罐内顶隙温度，在罐盖的保护下，避免外界冷空气的窜入，保证罐头能在较高温度时封罐，提高罐头的真空度，减轻"氢胀"的可能性，对樱桃和李罐头来说特别重要；
④ 热排气时可防止受热后食品过度膨胀和汁液外溢；
⑤ 采用高速旋转封罐机封罐时可防止罐盖脱落。

二、食品的排气

排气是指在罐头密封前将罐内顶隙间的、食品原料组织细胞内的空气尽可能从罐内排除干净，从而使密封后罐头顶隙内形成部分真空的过程。密封后罐内真空度应在26.6kPa或33.3～59.9kPa。

（一）排气的目的与效果

（1）防止需氧菌及霉菌的发育生长 除少数需氧菌外，一般专性需氧菌、芽孢

菌的芽孢，以及霉菌都需要有相当量的游离氧才能生长。排除游离氧有可能成为控制需氧菌生长的途径。

研究发现，外观良好的罐头，打孔后通入无菌空气，进行恒温培养后部分罐头会出现细菌生长和腐败变质现象，故罐头食品杀菌后仍然会有活菌存在。罐内存活的需氧菌需要空气才能生长，因而排气能防止它们发育生长和控制食品腐败变质。

（2）防止容器破坏　防止或减轻加热杀菌时因罐内压力增大造成的容器破坏，特别是卷边受压变形，可影响其密封性。未排气的罐头食品加热杀菌时罐内空气、水蒸气和内容物都将受热膨胀，导致罐内压力显著增加。试验表明，杀菌过程中未排气罐头内的压力始终高于罐外的压力。其压力差将随杀菌锅压力、顶隙、食品种类和密封时罐头内容物的温度而异。大部分食品加热时罐内压力将上升到和杀菌温度相应的最高压力后稳定下来，但某些食品如青豆、马铃薯等加热到100℃以后罐内压力还在不断地上升，难以稳定下来，这是物料加热时不断分解并形成气体所致。带骨食品加热杀菌后因骨内空气外逸，亦可使罐内压力有较大幅度的升高。

罐内外压力差加大时，罐盖就会外凸。罐内外压力差越大，外凸程度越大。杀菌结束，蒸汽供应停止，杀菌锅压力下降，但罐内温度未降，罐内外压力差将进一步增加，罐盖外凸程度也将进一步提高，直至罐温开始缓慢下降。罐内外压力差超过一定值时罐盖就失去复原的可能，导致罐头杀菌冷却后永久性变形、胀罐、凸角等事故，严重时还会出现卷边裂漏和罐身爆节等问题。

若排气良好，即罐头有较高的真空度，杀菌时罐内压力也将相应下降，则不易出现严重凸盖或卷边松弛裂漏等问题。但真空度过高，也会出现杀菌时罐外压力高于罐内压力，发生大型罐的瘪罐事故。

（3）控制或减轻罐头食品储藏中出现的罐内壁腐蚀　罐内和食品内如有空气存在，则罐内壁常会在其他食品成分的影响下出现严重腐蚀现象。氧的存在会促进水果中的酸对罐内壁的腐蚀，罐内缺氧时则不易出现铁皮腐蚀，因而密封前应尽量将罐内的空气排除干净。

（4）避免或减轻食品色、香、味的变化　食品和空气接触，特别是食品表面极易发生氧化反应而导致色、香、味的变化。如脂肪氧化则发黄和酸败；苹果及蘑菇等果蔬氧化褐变；果酱、果冻、糖水水果等色、香、味也都会发生变化。食品在真空环境中就会降低其内部的氧含量，避免发生氧化变质。如要彻底阻止食品脂肪酸败，常需添加抗氧化剂。

（5）避免维生素和其他营养素遭受破坏　罐头食品生产时，维生素的破坏程度取决于原料种类、加热温度和时间及氧的存在。在各种维生素中，对加热最稳定的为维生素D，维生素A和维生素B次之，而维生素C最不稳定。温度在100℃以上，有氧存在时维生素就会缓慢地分解，而无氧存在时则比较稳定。

（6）有助于识别真假胀罐 排气良好的罐头因内压低于外压，底盖呈内凹状。

食品腐败变质时，除平盖酸坏外常会产生气体，以致罐内压力上升，真空度下降，严重时底盖外凸并形成胀罐。

工厂中常用棒击底盖，根据声音的"清"、"浊"来判断罐头真空度的高低，以此判断罐头质量好坏。

但是排气不充分时，食品虽未腐败亦同样会发出浊音，出现假胀罐，这时则难以用打检识别罐头质量的好坏。

（二）排气方法

在罐头生产工艺过程中，排气是一个重要的工序。目前罐头食品厂常用的排气方法大致可以分为热力排气法、真空封罐排气法和喷蒸汽封罐排气法三种。

1. 热力排气法

热力排气就是利用空气、水蒸气和食品受热膨胀的原理，将罐内空气排除的方法。目前常见的方法有两种：热装罐密封法和加热排气法。

（1）热装罐密封法 就是先将食品加热到一定的温度（一般为70～90℃）后立即装罐密封的方法。这种方法一般适用于液体和半液体食品，或者其组织形态不会因加热时的搅拌而破坏的食品，如果汁、果酱和糖浆类水果等。采用此法时，食品在杀菌前停留的时间不宜过长，因为此时的罐头温度非常有利于嗜热菌的生长繁殖，从而导致食品腐败变质。也可预先将汤汁加热到预期温度（90℃以上）后，趁热加入装有食品的罐内，立即密封，如去骨鸭罐头。

采用这种方法，一定要注意密封前食品温度不能过低，否则密封后罐内的真空度就会下降。

（2）加热排气法 食品装罐后，经预封或不经预封而覆有罐盖的罐头在用蒸汽或热水加热的排气箱内，在预定的排气温度（一般82～96℃，有的高达100℃）中经一定时间的热处理，使罐内中心温度达到70～90℃，并允许食品内空气有足够的外逸时间，在这种情况下立即封罐。这种方法为加热排气法。

加热排气法可以间歇或连续地进行。间歇式加热排气法是最早使用的简单排气方法。一般为密封的金属箱，底部装有喷射蒸汽用的蒸汽管，上面装有放置罐头用的栅格板，加热时可用直接蒸汽或热水作为加热介质。用热水作为加热介质时液面应低于罐口2～3cm。这种排气方法劳动强度高而劳动生产率低，只适用于小型工厂或实验室。

连续式加热排气法是目前工厂中常见的排气方法。罐头由输送装置连续不断地从排气箱一端送入箱内，并按照预定排气时间在箱内接受蒸汽或高温水加热，而后再由排气箱的另一端输出，直接送往封罐机。这类排气箱类型很多，常见的有链带式（单链或多链）、金属条板式或钢带式等。

加热排气时，加热温度越高、时间越长则密封温度越高，最后罐头的真空度也越高。顶隙大小对此也有影响。

部分罐头食品的热力排气工艺条件见表 3-3。

表 3-3　部分罐头食品的热力排气工艺条件

罐头食品名称	罐　　型	排气温度/℃	排气时间/min
青豆	7114	95	6~8
青刀豆	7114	85	6~8
青刀豆	8117	85	6~8
糖水菠萝	8113	82~88	10
糖水橘子(全去囊衣)	781	85~90	6~8
原汁猪肉	962	90~95	6~8
清蒸猪肉	8117	95	10~12
去骨鸭	747	85~90	6~8
红烧鸡	854	85	10
茄汁鲤鱼	860	95	15
凤尾鱼	303	100	10

2. 真空封罐排气法

真空封罐排气法就是在真空环境中进行排气封罐的方法，在真空封罐机中进行。

（1）真空封罐排气法　封罐时利用真空泵先将真空封罐机密封室内的空气抽出，建立一定的真空度（一般为 46.0~73.0kPa），处于室温或高温的预封好的罐头通过密封阀门送入已建立一定真空度的密封室内，罐内部分空气立即被抽出，同时立即封罐，然后再通过另一密封阀门送出。

（2）真空封罐排气法适用范围　真空排气在生产肉、鱼类罐头如午餐肉、油浸鱼、凤尾鱼等一类固态装食品罐头中得到了广泛的应用。但罐头在真空封罐机内的排气时间很短，只能排除顶隙内的空气和罐头食品中的部分气体，所以对空气含量高的食品不太实用，如红烧排骨、红烧鸡块等带骨产品。

（3）真空封罐时应注意的问题　真空室内的真空度，可根据罐头最后所需的真空度要求及罐内内容物的温度进行调整。真空封罐后，罐内真空度一般为 33.3~40.0kPa，最高不能超过 53.0~73.0kPa。

如果内容物中溶解或吸附的空气量和食品组织内的空气量较多时，在高真空和高速度的情况下封罐，容易出现罐内液体外溢的现象。这类罐头一般采用较慢的封罐速度和较低真空度（53.0kPa 左右）进行封罐。或者先将食品原料进行预抽，排除其组织内的空气，再进行装罐密封。

真空封罐时顶隙值的大小极为重要。某些固态装肉类罐头，装量过多，几乎不留顶隙，则很难获得真空度。液态食品装罐头，如果不留顶隙，真空封罐时就会将一部分液体吸至罐外，从而出现罐内真空度和顶隙很不稳定的局面。

（4）真空封罐时影响罐内真空度的主要因素

① 真空封罐时，真空密封室内的真空度和食品温度是控制罐内真空度的主要因素。真空密封室内的真空度和食品温度越高，封罐后罐头的真空度也就越高。

② 真空封罐时，罐头顶隙内水蒸气分压不允许超过真空密封室内残留气体压力。也就是说，罐头顶隙内水蒸气分压（P）不允许超过大气压力（B）减去真空室内的真空度（W），即：$P \leqslant B - W$。否则罐内食品就会瞬时沸腾，从而出现食品外溢现象。

真空封罐时，密封室真空度越高，食品温度就应降低一些。如果密封室真空度降低，为保证封罐后的真空度就需要将食品温度提高一些。

例 1 真空封罐机真空度为 79.8kPa，试问食品温度最高应为多少才不会产生瞬时沸腾？

解 先算出真空密封室内残留气体压力 P

$$P = B - W = 101.3 - 79.8 = 21.5 \text{kPa}$$

查表 3-4 找出此压力相应的食品温度为 61℃ 左右，此温度即为 79.8kPa 的真空密封室内密封时所允许的最高的食品温度。

例 2 试问真空封罐时，食品温度为 85℃，真空封罐机密封室内的真空度最高应为多少才不会产生瞬时沸腾？

解 查表 3-4，先找出 85℃ 时的饱和水蒸气压（为 57.8kPa），真空密封室内的真空度为：

$$W = B - P = 101.3 - 57.8 = 43.5 \text{kPa}$$

食品温度为 85℃，真空封罐机密封室内的真空度不得超过 43.5kPa，否则会产生瞬时沸腾。

（5）真空封罐时补充加热问题 真空封罐时，真空封罐机密封室内的真空度和罐内食品温度是控制罐内真空度的主要因素。真空封罐时，需不需要补充加热提高温度呢？为了解决这个问题，拟从下列三方面进行讨论。

① 由于真空系统能力的限制，密封室内的真空度达不到 101.3kPa，为了使罐内获得最高真空度，就需要补充加热。

例如：真空封罐机密封室内真空度为 86.5kPa，为了使罐内的真空度达到最高程度，食品温度应该为多少呢？

首先算出在该真空度下允许的罐内最高水蒸气压：

$$P = B - W = 101.3 - 86.5 = 14.6 \text{kPa}$$

从表 3-4 中即可查出，该水蒸气压下相应的沸点温度应低于 54℃。即密封室内真空度为 86.5kPa，食品温度大致在 54℃ 时进入该密封室内密封就可以使罐内获得最高真空度，同时也不致产生瞬时沸腾。

大部分果蔬罐头真空密封前常在罐内添加热汤汁，这就是一种真空密封前的补充加热方法。

表 3-4　温度与水蒸气压表

温度/℃	水蒸气压		温度/℃	水蒸气压		温度/℃	水蒸气压	
	kgf/cm²	kPa		kgf/cm²	kPa		kgf/cm²	kPa
0	0.0062	0.608	34	0.0542	5.319	68	0.2912	28.557
1	0.0067	0.657	35	0.0573	5.623	69	0.3043	29.824
2	0.0072	0.705	36	0.0606	5.941	70	0.3178	31.157
3	0.0077	0.759	37	0.0640	6.275	71	0.3318	32.517
4	0.0083	0.813	38	0.0676	6.625	72	0.3403	33.943
5	0.0090	0.879	39	0.0713	6.991	73	0.3613	35.423
6	0.0095	0.935	40	0.0752	7.375	74	0.3769	36.956
7	0.0102	1.001	41	0.0793	7.778	75	0.3931	38.543
8	0.0109	1.073	42	0.0836	8.199	76	0.4098	40.183
9	0.0117	1.148	43	0.0881	8.639	77	0.4272	41.876
10	0.0125	1.228	44	0.0928	9.100	78	0.4451	43.636
11	0.0134	1.312	45	0.0977	9.583	79	0.4637	45.462
12	0.0143	1.403	46	0.1028	10.086	80	0.4829	47.343
13	0.0153	1.497	47	0.1082	10.612	81	0.5028	49.288
14	0.0163	1.599	48	0.1138	11.160	82	0.5233	51.315
15	0.0174	1.705	49	0.1197	11.735	83	0.5447	53.408
16	0.0185	1.817	50	0.1258	12.333	84	0.5667	55.568
17	0.0197	1.937	51	0.1322	12.959	85	0.5894	57.808
18	0.0210	2.064	52	0.1388	13.612	86	0.6129	60.114
19	0.0224	2.197	53	0.1457	14.392	87	0.6372	62.487
20	0.0238	2.338	54	0.1530	14.999	88	0.6623	64.940
21	0.0254	2.486	55	0.1650	15.732	89	0.6880	67.473
22	0.0270	2.644	56	0.1684	16.505	90	0.7149	70.100
23	0.0286	2.809	57	0.1765	16.638	91	0.7424	72.806
24	0.0304	2.984	58	0.1850	18.145	92	0.7710	75.592
25	0.0323	3.168	59	0.1939	19.011	93	0.8004	78.472
26	0.0343	3.361	60	0.2031	19.918	94	0.8307	81.445
27	0.0363	3.565	61	0.2127	20.851	95	0.8619	84.512
28	0.0385	3.780	62	0.2227	21.838	96	0.8942	87.671
29	0.0408	4.005	63	0.2330	22.851	97	0.9274	90.938
30	0.0433	4.242	64	0.2438	23.904	98	0.9616	94.297
31	0.0458	4.520	65	0.2550	24.998	99	0.9971	97.750
32	0.0485	4.754	66	0.2666	26.144	100	1.0332	101.323
33	0.0513	5.030	67	0.2728	27.331			

②"真空膨胀系数"高的食品也需补充加热　真空封罐时，在高真空环境中，罐内食品组织细胞间隙内的空气就会出现"真空膨胀"现象，导致食品体积增加，这会使罐内汤汁外溢。

这种真空膨胀的程度可用真空膨胀系数来表示。真空膨胀系数就是真空封罐时果实体积的增量在原果实体积中所占的百分比。

$$K_{膨} = (V_2 - V_1)/V_1 \times 100\%$$

式中　V_1——真空封罐前果实体积；

　　　V_2——真空封罐后果实体积；

　　　$K_膨$——真空膨胀系数。

不同果蔬在真空环境中的膨胀情况并不一样。为防止汤汁外溢，真空封罐时真空度不能过高，一般控制在 $33.3\sim59.9$kPa。

这种情况下，要使罐内得到最高的真空度，食品温度应在 80℃ 左右。

③ 真空吸收程度高的食品需要补充加热　某些罐头在真空封罐后静置 $20\sim30$min 后，它的真空度会有一定程度的下降，这就是"真空吸收"现象。这是因为在真空封罐机内，排气时间很短，食品细胞间隙内的空气未能及时排除，以致在密封后逐渐从细胞间隙内向外溢，造成罐内的真空度下降，甚至完全消失。

这种"真空吸收"现象常用真空吸收系数来表示：

$$K_吸 = W_末 / W_始 \times 100\%$$

式中　$W_始$——真空封罐时罐内的真空度；

　　　$W_末$——真空封罐后静置 $20\sim30$min 时的罐内真空度；

　　　$K_吸$——真空吸收系数。

各种水果的 $K_吸$ 值并不相同，多数在 $0.4\sim0.6$ 之间，水果罐头杀菌后罐内真空度可降到 $20.2\sim25.0$kPa 左右。

故"真空吸收系数"高的食品，则需要补充加热，或采用预抽的方法提前排除食品组织内部的空气。

3. 喷蒸汽封罐排气法

喷蒸汽封罐排气法就是在封罐时向罐头顶隙内喷射蒸汽将空气驱走而后密封，待顶隙内蒸汽冷凝时形成部分真空的方法。

为了进行蒸汽喷射，必须在六角转盘的内部或在封罐压头的周围加装蒸汽喷口，当装有食品的罐头送入卷边位置时，则向罐盖下面顶隙内部喷射蒸汽，一直持续到卷边封罐结束。喷蒸汽排气原理见图 3-7。喷射的蒸汽具有一定的压力和温度，而密封室内则保持一个大气压左右（0.101MPa）。

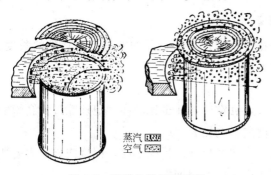

图 3-7　喷蒸汽排气原理图

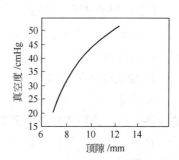

图 3-8　顶隙大小对真空度的影响

1cmHg=1333.22Pa

蒸汽密封时，顶隙大小必须适当。顶隙较小时，密封杀菌后几乎得不到真空度；顶隙较大时，则得到较高的真空度。一般情况下，获得合理真空度的最小顶隙约为 8mm。图 3-8 就是顶隙对罐内真空度影响的一个例子。

如果蒸汽喷射时间较短，除食品表面外，食品本身并未全部受热。食品表面受热的程度也极轻微，因此无法将食品内和食品间隙内的空气排除。显然，蒸汽喷射排气对那些空气含量较多的食品并不适宜。空气含量较多的食品如半块装桃或梨、片装桃、什锦水果、去核樱桃等一类水果罐头，不宜用蒸汽喷射排气法进行排气。或者在喷蒸汽排气密封前，将装罐后的水果进行真空处理，这样则有可能获得较高的真空度。对那些真空度要求不高的产品，如大部分盐水或糖水食品罐头及较多的干装食品罐头和半液态食品罐头，用喷蒸汽排气法可以获得所需的真空度。

装罐前罐头食品的加热温度对喷蒸汽排气密封后所得的罐内真空度也有影响。食品温度越高，获得的真空度就越高，此时为加热和喷蒸汽排气两者结合的结果。例如粒装甜玉米罐头，装罐后直接加入热盐水，再用蒸汽喷射密封。

4. 各种排气方法的比较

各种排气方法都有其优缺点，对其主要项目进行比较，结果见表 3-5。真空密封排气法是目前工厂使用最多的排气方法。加热排气法尽管有许多缺点，但由于设备简单、操作方便，目前仍被许多小工厂使用。

表 3-5 各种排气方法比较

评价要求	加热排气法	真空密封排气法	喷蒸汽密封排气法
占地面积	大	小	无
应用范围	局限	广泛	局限
蒸汽耗用量	多	无	少
真空度	较高	高	高
生产连续性	较好	好	好
其他	对食品有热损害	难排除组织内空气	对顶隙要求高，难以排除组织内空气

（三）影响罐头食品真空度的因素

影响罐内真空度的因素很多，如排气密封温度、食品的新鲜度、食品的酸度、食品组织内空气量、装罐状况、顶隙大小、排气方法等。

1. 罐头食品的顶隙

加热排气时，顶隙较大的食品罐头，真空度往往也比较高，但顶隙过大会影响装罐量。罐内顶隙和加热时间对真空度的影响见表 3-6。

真空封罐时，罐内顶隙小的罐头，真空度也低。顶隙小时，因罐内外压力差所导致的罐盖内凹程度对罐内顶隙容积所产生的影响增大。

装罐过于紧密则空气没有存在余地，其真空度也将因此而消失。

表 3-6　100℃排气时罐内顶隙对真空度表压的影响/kPa

顶隙/mm	排气时间/min		
	30	60	90
3.18	51.2	54.1	55.6
3.18	53.4	57.2	58.9
6.35	79.2	81.6	86.7
6.35	80.9	84.2	87.7
9.53	97.2	101.6	107.1
9.35	100.2	104.3	109.1
12.70	117.1	121.2	124.9
12.70	116.5	120.3	124.7
15.88	125.6	129.1	131.1
15.88	124.9	127.1	129.7

2. 罐头密封温度

加热排气时，密封温度越高，密封后罐头真空度就越高。真空封罐时，罐头真空度取决于真空封罐机工作室的真空度、抽气时间和罐头密封温度。

3. 食品原料的种类和酸度

原料种类和品种不同，其组织内所含的气体量也就不同。食品的酸度越高，越容易造成酸腐蚀，产生氢气，从而降低罐头的真空度。

4. 食品原料的新鲜度和杀菌温度

新鲜度较差的原料，在加热杀菌时会分解产生气体。新鲜度越差，杀菌温度越高，产生的气体就越多，真空度就越低。

5. 气温的高低

气温的变化对罐内真空度将产生一定的影响。如气温上升，罐内水蒸气压和残存空气的压力都将随之增强，但是大气压的变化一般极小，而真空度＝大气压－罐内残余压力，显然，温度上升则罐内的真空度随之下降。所以，对于同一个罐头，在不同的地区或不同的季节，其真空度也不同。

6. 大气压和海拔高度

由真空度的概念可知，大气压和海拔高度对真空度亦有很大的影响。海拔越高，大气压就越低，那么罐头的真空度也就越低。

三、罐头的密封

罐头食品之所以能够长期保存，主要是因为罐头经密封杀菌后不再受到外界空气及微生物的污染。所以罐头容器的密封性就显得相当重要。罐头食品的密封主要用封罐机或封袋机进行。现讲述一下铁罐的密封。

铁罐封罐机的种类很多，根据封罐机机械化程度分类有手扳封罐机、半自动封罐机和自动封罐机等。

根据封罐滚轮数目分类有双滚轮封罐机和四滚轮封罐机等。

根据封罐机机头数目分类有单机头、双机头、四机头、六机头及更多机头的封罐机等。

根据封罐时罐身旋转或固定不动的情况分为罐身随压头转动的封罐机、罐身和压头固定不转而滚轮围绕罐头旋转的封罐机等。

根据封罐的罐型分为圆罐封罐机、异形罐（椭圆罐、方形罐、马蹄罐）封罐机等。

根据封罐时周围压力大小分为常压封罐机、真空封罐机等。

半自动封罐机、自动封罐机和真空封罐机是罐头工厂中最常见的封罐机。

四、罐头的杀菌

（一）罐头杀菌的目的

（1）抑制微生物的生长繁殖，杀死致病菌和腐败菌，使罐内食品在储存期不发生腐败变质。

（2）抑制酶的活性　酶的活性也是罐头发生变质的原因之一。热杀菌可以破坏酶的活性，减少酶对食品的作用。

（3）对罐内食品的蒸熟和调味作用　罐头杀菌与医疗卫生、微生物学研究方面的"灭菌"的概念有一定的区别。罐头杀菌是指"商业杀菌"，不要求达到"无菌"水平，罐内允许残留一定量微生物或芽孢，但它们在罐内无氧环境中不能生长繁殖，且在罐头的保存期内不会引起食品腐败变质。"商业杀菌"罐头内不允许有致病菌和产毒菌存在。

罐头杀菌的温度主要是由食品的酸度来决定的。对酸度比较高的食品，如水果、蔬菜等罐头，常采用100℃以下的温度杀菌，一般用水作为加热介质，称为"常压杀菌"；对酸度比较低的食品，如肉、禽、水产类罐头和部分蔬菜罐头，常采用100℃以上的温度杀菌，一般用水或蒸汽作为加热介质，由于高压常是获得高温杀菌的必要条件，故又常称为"高压杀菌"，主要杀死耐热性比较强的腐败菌的芽孢。

（二）杀菌工艺条件

罐头食品的杀菌工艺条件主要由温度、时间和压力三个主要因素组成，常用杀菌公式表示如下。

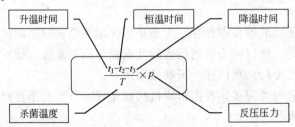

$$\frac{t_1-t_2-t_3}{T}\times p$$

式中 T——杀菌锅的杀菌温度，℃；

t_1——杀菌锅内的杀菌介质从开始杀菌上升到杀菌温度（T）所用的时间，min；

t_2——杀菌锅内的杀菌介质达到杀菌温度（T）后维持恒定不变的时间，min；

t_3——杀菌锅杀菌介质由杀菌温度（T）降低到出罐时的温度所需要的时间，min；

p——杀菌加热或冷却时杀菌锅内使用反压的压力，MPa。

上式表明罐头食品的杀菌过程可划分为升温、恒温和降温三个阶段。

升温阶段：在排净杀菌锅内空气的前提下，升温时间越短越好。

恒温阶段：尽量保持杀菌锅温度稳定不变，此时杀菌锅内杀菌介质温度升高到杀菌温度，而罐内食品温度还处于加热升温阶段。

降温阶段：就是停止加热并用冷却介质冷却，杀菌锅温度和压力迅速下降，而罐内温度下降缓慢，内压较高，为防止罐头爆裂或变形，可采用空气反压冷却。冷却时间越短越好。

（三）杀菌设备

1. 杀菌设备的分类和选型

杀菌设备根据处理对象不同，可分为常压杀菌设备和高压杀菌设备两大类；根据杀菌过程的连续性，可分为间歇式杀菌设备和连续式杀菌设备；根据加热介质的不同，可分为蒸汽式杀菌设备、浸水式（过热水）杀菌设备、淋水式杀菌设备和火焰式杀菌设备；根据在杀菌过程中罐头的运动状况可分为静止式杀菌设备和回转式杀菌设备。现在常用的杀菌设备见图 3-9。目前国内外杀菌设备正向高温短时杀菌、高效节能、一机多用、杀菌过程自动控制等方面发展。

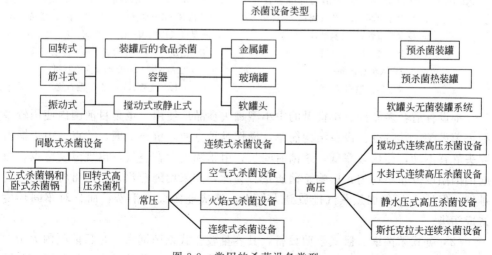

图 3-9 常用的杀菌设备类型

杀菌设备的选择，应综合考虑生产厂的生产规模、生产周期、产品的品种规格、投资能力等各方面因素。对生产量大、生产周期长、罐型规格和品种比较单一的生产厂家，尽量选用全自动连续杀菌机，以保证产品的质量。对罐型规格和品种多变、生产批量小、生产周期短的生产厂家应采用间歇式杀菌设备。

2. 常用的杀菌设备

罐头的杀菌设备有很多种，现在介绍比较常用的几种。

（1）立式杀菌锅　立式杀菌设备由锅体、锅盖、锅盖锁紧机构、锅盖冷却环管、锅体蒸汽喷射管、蒸汽管路和温控系统、压缩空气进气阀和管路系统、锅体排水系统等组成。立式高压水浴杀菌锅和立式高压蒸汽杀菌锅装置分别见图3-10、图3-11。

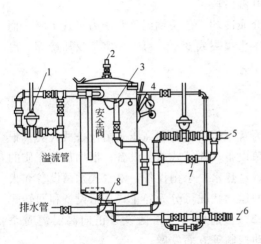

图 3-10　立式高压水浴杀菌锅的标准装置

1—压力控制阀；2—放气阀；

3—冷水散布管；4—温度计；

5—蒸汽管；6—空气管；

7—人工控制阀；

8—蒸汽散布管

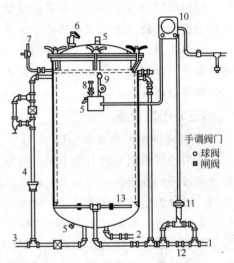

图 3-11　立式高压蒸汽杀菌锅

1—蒸汽管；2—水管；3—排水管；4—溢流管；

5—泄气或排气阀；6—安全阀；7—空气管；

8—温度计；9—压力表；10—温度记录

控制仪；11—自动蒸汽控制阀；

12—支管；13—蒸汽散布管

本设备适合多品种、小批量的中小型罐头食品厂使用，也是目前国内使用较多的杀菌设备。其特点：设备结构简单，操作维护方便，价格低廉。缺点：由于锅内罐头静置不动，传热效率低，杀菌时间长；由于锅内存在空气，出现温度冷点，引起锅内温度分布不均匀，影响杀菌质量。为此，需采用纯蒸汽杀菌，可将锅内空气排出。但约25%的加热蒸汽排放到大气中，造成能源极大浪费，而且对车间环境造成污染。

（2）卧式杀菌锅　卧式杀菌设备，其容量较立式杀菌锅大，是目前国内大中型罐头厂使用最广泛的一种杀菌锅，分高压水浴杀菌和高压蒸汽杀菌两种装置（见图

3-12、图 3-13)。其基本装置及优缺点同立式杀菌锅。它是一台卧式圆筒形压力容器，锅体内的底部装有两根平行的轨道，供装载罐头的杀菌车进出使用。

（3）静置浸水式软罐头杀菌机 静置浸水式软罐头杀菌机（见图3-14）采用热水作加热介质，其优点如下：罐头在杀菌和冷却的开始阶段所受的热冲击较小，故较适宜于玻璃瓶罐和软罐头的杀菌；节能，浸水式杀菌机在杀菌结束后热水可以回收为下一次杀菌使用；杀菌锅内的热水可通过机械方法搅拌从而使锅内温度均匀一致；可通过杀菌锅结

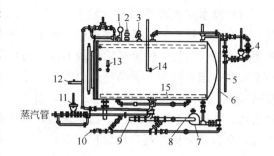

图 3-12 卧式高压水浴杀菌锅的标准装置

1—压力表；2—排气阀；3—安全阀；4—压力控制阀；5—溢流管；6—循环水管；7—循环水泵；8—泄气阀；9—来自热水槽的管道；10—水管；11—温度控制；12—空气管；13—温度计；14—温度控制用感温球；15—蒸汽散布管

构上的变化或改变水的流向以实现杀菌过程的特殊要求。静置浸水式软罐头杀菌机具有两个压力容器：一为杀菌锅；二为储水锅，用于过热水的加热及回收储存。

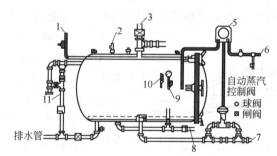

图 3-13 卧式高压蒸汽杀菌锅

1,6—空气管；2—安全阀；3—排气阀；4,8—水管；5—温度记录控制仪；7—蒸汽管；9—压力表；10—温度计；11—溢流管

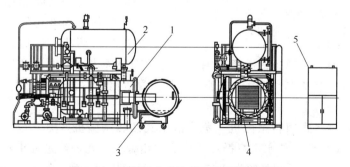

图 3-14 静置浸水式软罐头杀菌机外形图

1—杀菌锅；2—储水锅；3—杀菌车；4—装载托盘；5—控制柜

（4）浸水式回转杀菌机　浸水式回转杀菌机（见图3-15）以循环水为工作介质，具有以下特点：在杀菌过程中，由于过热水在锅内循环，加上罐头与杀菌篮绕杀菌锅的轴线回转，使杀菌锅内的温度分布更加均匀一致。同时罐内液态物料处于不断搅动状态，可大大提高热量由外向罐中心的传递速度，有利于缩短杀菌时间，提高罐头产品的色泽风味和质量。设备由于具备储水锅，使杀菌后的热水可以回收再利用，从而大量节省能源。回转速度，可根据产品的特点进行选择。其自动化程度高，全自动微机控制且控制程度高。

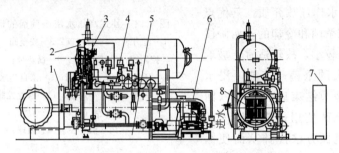

图3-15　浸水式回转杀菌机外形图

1—杀菌锅；2—储水锅；3—控制管路；4—水汽管路；5—底盘；

6—传动部件；7—控制柜；8—杀菌篮

（5）淋水式杀菌机　淋水式杀菌机是利用锅内一定量的水作为传热介质，通过热交换器由蒸汽或冷却水对罐头进行加热或冷却。水流通过锅体上部的喷淋装置喷淋而下，在罐头表面形成均匀分布的流动水膜，传热速度快，各点温度分布均匀。图3-16为淋水式杀菌机工作原理示意图。

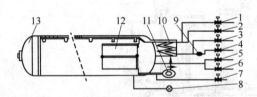

图3-16　淋水式杀菌机工作原理示意图

1—蒸汽阀；2—冷却水阀；3—冷却水出水阀；

4—冷凝水阀；5—压缩空气进气阀；6—排

气阀；7—补给水阀；8—放水阀；9—疏

水器；10—热交换器；11—循环水泵；

12—篮筐；13—快开式门

淋水式杀菌机主要特点：结构简单，维护方便；节省能源，冷凝水和冷却水可以全部回收利用，也避免了罐头在冷却过程因与外界冷却水接触产生的二次污染；传热快，锅内各点温度均匀（温差±0.5℃）；适用范围广，由于冷热冲击小，温度和压力可分别控制，故对铝罐、蒸煮袋、铝盒、玻璃罐等都非常适用，不会产生胀罐、瘪罐及破碎现象；自动化程度高，杀菌过程由微机程序控制。

（6）蒸汽淋水式回转杀菌机　蒸汽淋水式回转杀菌机（图3-17）的工作介质是蒸汽-水-压缩空气。热水进行循环并喷淋加热罐头。在加热过程中，蒸汽与喷淋水流不断进行热交换，保持喷淋水流自上而下温度均匀一致。同时，在锅内增设鼓风装置，强制蒸汽-空气均匀混合和流动，使锅内各点温度均匀一致。在杀菌过程

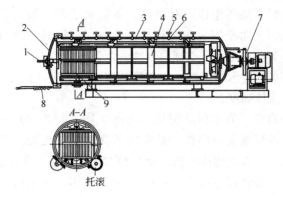

图 3-17　蒸汽淋水式回转杀菌机锅体结构图

1—罐中心温度测定仪导线；2—锅盖；3—锅体；4—回转体；5—进水
接管；6—喷淋装置；7—传动装置；8—导轨；9—杀菌篮

中，罐头与杀菌篮能绕杀菌锅的轴线回转或摆动，提高热量由外向内的传递速度。本机适用于各种罐头食品的高温杀菌及多种包装容器（如薄壁金属罐和玻璃罐）。

本机型与浸水式杀菌机相比，具有热冲击小、节能节水、加热和冷却较快、设备重量轻等优点。

（7）常压连续杀菌设备　本设备供水果、果汁、果酱等罐头的常压杀菌，具有以下特点：生产率高，自动进出罐，温度自动控制；由于传热效果好，能节省能源，缩短杀菌时间，提高产品质量；占地面积小。

全机由机架、槽体、传动系统、进罐输送带和进罐机构、送罐链、出罐装置、

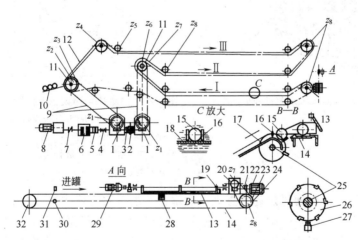

图 3-18　GT7C15 三层常压杀菌机传动系统图

1，20—涡轮减速箱；2—涡杆调节器；3，5，7，21—联轴器；4—安全离合器；6—齿轮
减速箱；8—调速电机；9，24—滚子链；10—出罐台；11—主动轴；12—送罐链；
13—拨罐板；14—进罐输送带；15—罐头；16—送罐链刮板；17—内托板；
18—托罐板；19—挡罐板；22，29—电动机；23，32—带轮；25—从动轴；
26—凸轮；27—微动开关；28—按钮；30，31—光电管；$z_1 \sim z_8$—链轮

管路系统和自动控制系统等组成，有单层、多层等系列。如三层常压连续杀菌机（见图3-18），在机架上水平安装三层槽体。第一层（底层）为加热杀菌段；第二层具有加热和冷却双重功能，可根据内容物的杀菌工艺要求进行选择；第三层为冷却段。冷却水由进水管进入各层槽体。在槽体侧面的溢流口安装有液面调节板，以保持槽体内一定的液体高度。

（8）静水压杀菌机　静水压杀菌机（见图3-19、图3-20）是一种立式连续高压杀菌机，适用于各种蔬菜及肉类食品罐头的高温杀菌处理。其特点：生产能力大、设备占地面积小、自动化程度高、能节约大量劳动力。设备运行平稳可靠，蒸汽和水的消耗量是一般卧式蒸汽杀菌锅的50％。适用于大批量单品种连续三班生产。其缺点：设备庞大，结构复杂，一次性投资费用大，但可从节约蒸汽和耗水费用中在较短时期内得到回收。

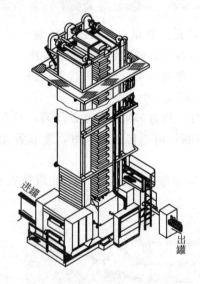

图3-19　GT7C18静水压杀菌机外形图

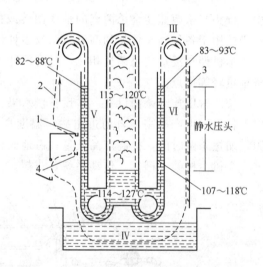

图3-20　静水压杀菌设备工作原理示意图
（Chicholm-Ryder International Ltd）
Ⅰ—预热区段；Ⅱ—蒸汽室；Ⅲ—空气冷却区段；
Ⅳ—冷却水浴；Ⅴ—进罐管柱；Ⅵ—出罐管柱；
1—进罐处；2—输送带；3—喷冷水；4—出罐处

工作过程：罐头通过进罐装置进入载罐器，沿着轨道依次通过升运段、进罐水柱（升温升压）、蒸汽杀菌室（蒸汽杀菌）、出罐水柱（降温降压）、喷淋冷却段、出罐装置等环节，形成闭路循环。进罐水柱、出罐水柱和蒸汽杀菌室的底部连通，水柱高度产生的静水压与蒸汽杀菌室的饱和蒸汽压力平衡，故进罐水柱和出罐水柱起着水封阀的作用。

除上述所介绍设备外，另外还有高温火焰杀菌机、水封式连续杀菌机、高压回转式连续杀菌机和斯托克拉夫连续杀菌机等杀菌设备。

（四）罐头的杀菌和冷却操作

杀菌设备的种类较多，操作方法也各不相同，这里只就国内常用的几种杀菌冷却操作方法作简单介绍。

1. 高压蒸汽杀菌的基本过程

不论哪一种类型的杀菌设备，采用高压蒸汽杀菌时，都必须按照以下主要过程进行操作。

① 进蒸汽排空气——杀菌开始　打开全部进蒸汽阀、排气门和泄气阀，通入蒸汽，排除杀菌锅内的空气。当排气阀只排出不再混有空气的灰色纯蒸汽时，排气结束。

锅内存在的冷空气会包裹在罐头周围，不利于传热，锅内温度亦不均匀，出现部分罐头杀菌不足的现象。同时，氧气在高温下容易造成罐外壁的氧化生锈，亦导致锅内温度和压力不相符。

排气结束时，记录温度和时间。

② 升温　升温是指通入蒸汽使杀菌锅内温度达到规定的杀菌温度，升温时间包括排气时间。

检查记录仪、水银温度计读数和锅内压力是否相符，待杀菌温度稳定后，记录温度和时间。

排气和升温时间可根据杀菌锅的类型和大小、管路排布、管径大小、供汽压力、罐型、罐头堆放方式等来确定，一般为 $10\sim15\text{min}$。

③ 恒温杀菌——计时杀菌　计时杀菌是从杀菌锅内达到稳定的规定杀菌温度时开始计算的。维持该温度到杀菌结束所需要的时间称为恒温杀菌时间。恒温杀菌期间温度波动的范围应尽量控制在 $\pm0.5℃$ 左右。

杀菌温度只能用水银温度计的读数来表示，不得用压力表的读数来换算，避免产生误差。杀菌时间应该用精确的时钟或计时装置计时，不得用手表或记录图表来计时。

④ 关蒸汽——杀菌结束　在规定的杀菌温度下维持所需要的时间，即表示杀菌结束。

在检查下列项目符合要求之后便可关闭蒸汽阀：用时钟或计时装置来校对规定的杀菌时间；检查记录的图表与规定的杀菌温度和时间是否一致；检查水银温度计的读数是否指示着规定的杀菌温度。如发现上述各项中任何一项不正确，都必须采取适当的措施，以保证杀菌的可靠性。

在整个排气、升温和杀菌过程中，所有泄气阀都应该打开，以保持锅内蒸汽的流动，使锅内各部位温度均匀一致，并排除锅内残存的空气。

2. 罐头的冷却

罐头在加热杀菌结束之后，必须采用冷却水等方法迅速使罐头降至 $38℃$ 左右。罐头冷却可减少高温对罐内食品的继续作用，保持食品良好的色香味，减少食品组织软烂，减轻罐壁腐蚀，所以冷却时间越短越好。

在冷却时，如果向杀菌锅内灌注冷却水，则可能由于蒸汽的迅速冷凝而造成杀菌锅内的瞬间真空，使罐内外压力差加大，严重时可能造成罐头的变形、裂漏或杀菌锅的破坏。所以在冷却阶段杀菌锅内压力的控制十分重要，必须根据罐型、容器材料的性质、杀菌锅型式等来确定。

冷却用水须经过消毒处理，符合饮用水标准。玻璃罐冷却时，要注意冷却水温度不能过低，防止温差过大引起罐体碎裂。下面介绍几种罐头的冷却操作方法。

(1) 水池冷却法操作步骤

① 杀菌结束后，打开溢水阀、排水阀或排气阀，排除锅内的蒸汽，使杀菌锅内的压力缓慢降至大气压力。

② 慢慢打开杀菌锅顶部的进水阀，向罐头喷水约 1min 左右，让罐头适当降温，便于操作。

③ 取出杀菌篮，置于冷却水池中冷却到 38℃左右。

这种冷却方法适用于罐体强度比较高的小型铁罐，其最大优点是杀菌锅可以立即继续使用，提高了设备的利用率。

(2) 杀菌锅内常压冷却法操作步骤

① 杀菌结束后，打开溢水阀、排水阀或排气阀，排除杀菌锅内的蒸汽，使锅内压力降至大气压力。

② 关掉排水阀，然后缓慢打开杀菌锅顶部的进水阀，向锅内注水。

③ 当杀菌锅内水满时，关掉顶部的进水阀，打开底部的进水阀，此时水从底部向顶部流动，并经溢水阀排出。

④ 几分钟后，关掉底部的进水阀，打开底部排水阀和顶部的进水阀，使水反向流动，冷却到 38℃左右。

冷却所需要的时间，取决于水温、罐型和产品种类等。

(3) 空气反压冷却法操作步骤

① 杀菌结束后，关掉所有的泄气阀，打开压缩空气阀，使杀菌锅内的压力比恒温杀菌时的压力大 14.7kPa。

② 关掉进气阀，向杀菌锅顶部或底部缓慢注入冷水，并通过压缩空气来维持锅内稳定的压力。

③ 当水位接近顶部时，缓慢打开顶部溢水阀或排水阀，关掉压缩空气阀，并调节进水阀平衡进水和排水量，以保持锅内压力的稳定。压力较低时容易造成罐头凸角和裂漏，压力过高时容易造成罐头瘪罐。

④ 几分钟后，关掉底部的进水阀，打开底部排水阀和顶部的进水阀，使水反向流动。

⑤ 打开溢水阀或排水阀，缓慢减压，并继续冷却到 38℃左右。

注意：在冷却过程中，一定要保持锅内压力稳定。对罐体强度不高的大型罐，冷却过程中要缓慢适当地降低锅内压力，防止瘪罐。

（4）空气冷却法　在水冷却设备能力有限或供水量不足的情况下，可以采用此法。这种方法是将罐头排成单行，每垛罐头平行摆在仓库的通风处进行冷却。

3. 我国几种常用的杀菌操作方法

（1）常压沸水杀菌的操作方法　大多数水果和部分蔬菜罐头可采用沸水杀菌，杀菌温度不超过100℃，一般采用立式开口杀菌锅，杀菌操作比较简单，具体步骤如下。

① 先在杀菌锅内注入需要的水量，然后通入蒸汽加热。待锅内水达到沸腾时，将装好罐头的杀菌篮放入锅内。玻璃罐杀菌时，为避免玻璃罐的破裂，可预先将罐头预热到50℃后再放入杀菌锅内。

② 待锅内水再次升至沸腾时，才能开始计算杀菌时间，并保持沸腾至杀菌结束。罐头应全部浸没在水中，最上层的罐头也应在水面以下10～15cm。水的沸点要观察正确，不要把大量蒸汽进入锅内而使水翻动的现象误认为水的沸腾。水温应以温度计的读数为准。

③ 杀菌结束后，立即将杀菌篮取出并迅速进行冷却，一般采用水池冷却法。

常压连续杀菌设备都采用自动控制，一般也以水为加热介质。罐头由输送带送入杀菌器内，杀菌时间可由调节输送带的速度来控制，杀菌结束后，罐头也由输送带送入冷却水区进行冷却。

（2）高压蒸汽杀菌的操作方法　低酸性食品，如大多数蔬菜、肉类及水产类罐头食品，必须采用100℃以上的高压蒸汽杀菌。由于设备类型不同，杀菌操作方法也不同，下面简要介绍一下一般的高压蒸汽杀菌操作步骤。

① 将装好罐头的杀菌篮放入杀菌锅内，关闭杀菌锅的门或盖，并检查其密封性。

② 关掉进水阀和排水阀，开足排气阀和泄气阀。检查所有的仪表、调节器和控制装置。

③ 开大蒸汽阀使高压蒸汽迅速进入锅内，快速而充分地排除锅内的全部空气，同时使锅内升温。

④ 在充分排气之后，将排水阀打开，排除锅内的冷凝水。待冷凝水排除之后，关掉排水阀，随后再关掉排气阀，而泄气阀仍然开着，以调节锅内压力。

⑤ 待锅内达到规定压力时，必须认真检查温度计读数是否与压力读数相对应。如果温度偏低，说明锅内还有空气存在，此时需再打开排气阀，继续排除锅内的空气，然后再关掉排气阀。当锅内蒸汽压力与温度相对应，并达到规定的杀菌温度和压力时，开始计算杀菌时间。

⑥ 通过调节进气阀和泄气阀来保持锅内恒定温度，直至杀菌结束。

⑦ 恒温杀菌延续到预定的杀菌时间后，关掉进气阀，杀菌结束。

⑧ 冷却。根据罐头容器的种类、罐型按上面介绍的冷却法进行操作。一般情

况下，小型罐采用水池冷却法或杀菌锅内常压冷却法。中型罐、玻璃罐采用空气反压冷却法。

注意：对某些罐型，如玻璃罐、真空度较低的中型罐，若要采用空气反压杀菌，压缩空气要与蒸汽混合均匀后才能进入杀菌锅内，以防止锅内温度不均匀或形成气袋包裹罐头影响传热。杀菌温度要以温度计为准。

（3）高压水杀菌的操作方法　凡肉类、鱼贝类的大直径罐、玻璃罐和软罐头都可采用高压水杀菌。此法特点是能平衡罐内外压力，对于玻璃罐而言，可以保持罐盖的稳定，同时可提高水的沸点，促进传热。高压是由通入的压缩空气来维持。压力不同，水的沸点就不同，其关系见表3-7。必须注意，高压水杀菌时，反压力必须大于该杀菌温下相应的饱和蒸汽压力，一般约高 21.0～27.0kPa。高压水杀菌时，其杀菌温度应以温度计读数为准。高压水杀菌的操作步骤如下。

表 3-7　高压锅内压力与相应温度计温度的关系

表压/kPa	饱和水蒸气温度/℃	表压/kPa	饱和水蒸气温度/℃
6.9	101.8	68.6	115.2
9.8	102.8	75.5	116.4
13.7	103.6	82.4	117.6
17.7	104.5	89.2	118.8
20.6	105.3	96.1	119.9
24.5	106.1	103.0	120.9
27.5	106.9	109.8	122.0
31.4	107.7	117.7	123.1
34.3	108.4	124.5	124.1
38.2	109.2	131.4	125.1
41.2	109.9	138.2	126.0
45.1	110.6	145.1	127.0
48.1	111.3	152.0	127.8
52.0	112.0	158.7	128.8
54.9	112.6	165.7	129.8
61.8	114.0		

① 将装好罐头的杀菌篮放入杀菌锅内，关闭锅门或盖，保持密封性。

② 关掉排水阀，打开进水阀，向杀菌锅内进水，使水位高出最上层罐头10cm左右。对玻璃罐而言，为了防止玻璃罐的破裂，一般可先将水预热至50℃左右再通入锅内。

③ 进水完毕后，关掉所有的排气阀和溢水阀，进压缩空气，使锅内压力升至比杀菌温度相应的饱和水蒸气压约高 21.0～27.0kPa，并在整个杀菌过程中维持这个压力。

④ 进蒸汽加热升温，使水温升到规定的杀菌温度，以插入水中的温度计来测定温度。

⑤ 当锅内水温达到规定的杀菌温度时，开始恒温杀菌，按工艺规程维持规定

的杀菌时间。

⑥ 杀菌结束后，关掉进气阀，打开压缩空气阀，同时打开进水阀进行冷却。对于玻璃罐，冷却水须预先加热到 $40 \sim 50 ℃$ 后再通入锅内，然后再通入冷水进行冷却。冷却时，锅内压力由压缩空气来调节，必须保持压力的稳定。

⑦ 当冷却水灌满后，打开排水阀，并保持进、出水量的平衡，使锅内水温逐渐降低。当水温降至 $38 ℃$ 左右，即可关掉进水阀、压缩空气阀，继续排出冷却水。

⑧ 冷却完毕，打开锅门取出罐头。

第二节　罐头食品中的微生物

罐头食品杀菌的目的是杀死食品中的致病菌、产毒菌和腐败菌，并破坏食物中的酶，使食品储藏两年以上而不变质。所以罐头食品中的微生物和酶的耐热性就显得相当重要。下面我们就讨论一下导致罐头食品腐败的微生物和酶的耐热性。

一、罐头食品的腐败和腐败菌

导致罐头食品腐败变质的各种微生物称为腐败菌。随着罐头食品种类、性质、加工和储藏条件的不同，罐内腐败菌可以是细菌、酵母或霉菌，也可以是混合而成的某些菌类。

罐头食品种类不同，导致罐头腐败的原因不同，罐内腐败菌也各有差异。由于各腐败菌的生活习性不同，故应有不同的杀菌工艺要求。因此，弄清罐头腐败原因及其菌类是正确选用杀菌工艺、避免储运中罐头腐败变质的首要条件。

（一）食品 pH 值与腐败菌的关系

各种腐败菌对酸性环境的适应性不同，各种食品的酸度或 pH 值也各有差异（见表 3-8），故各种食品中出现的腐败菌也随之不同。因此，不同的罐头食品有不同的杀菌对象。根据腐败菌对不同 pH 值的适应情况及其耐热性，罐头食品按照 pH 值不同常分成四类：低酸性、中酸性、酸性和高酸性食品（见表 3-9）。

表 3-9 表明，肉类及大部分蔬菜罐头多属于低酸性和中酸性食品，而水果及番茄罐头多属于酸性及高酸性食品。一般来说前者蛋白质含量较高，后者则碳水化合物含量较高。

1. 低酸性食品

在罐头工业中，酸性食品和低酸性食品的分界线以 pH 4.6 为标准。任何工业生产的罐头食品中，其最后平衡 pH > 4.6 及水分活度 > 0.85 即为低酸性食品。这种分类方法主要决定于肉毒杆菌的生长习性：①肉毒杆菌芽孢的耐热性很强；②它们在适宜条件下的生长繁殖能产生致命的外毒素，对人致死率可达 65%；③肉毒杆菌为抗热

表 3-8　各种常见罐头食品的 pH 值

罐头食品	pH 值			罐头食品	pH 值		
	平均	最高	最低		平均	最高	最低
苹果	3.4	3.2	3.7	番茄汁	4.3	4.0	4.4
杏	3.9	3.4	4.4	番茄酱	4.4	4.2	4.6
黑莓	3.5	3.1	4.0	芦笋(绿)	5.5	5.4	5.6
蓝莓	3.4	3.3	3.5	芦笋(白)	5.5	5.4	5.7
紫褐樱桃	4.0	3.8	4.2	青刀豆	5.4	5.2	5.7
红酸樱桃	3.5	3.3	3.8	甜菜	5.4	5.0	5.8
葡萄汁	3.2	2.9	3.7	胡萝卜	5.2	5.0	5.4
葡萄柚汁	3.2	2.8	3.4	盐水玉米	6.3	6.1	6.8
柠檬汁	2.4	2.3	2.8	乳糜状玉米	6.1	5.9	6.3
橙汁	3.7	3.5	4.0	无花果	5.0	5.0	5.0
桃	3.8	3.6	4.0	蘑菇	5.8	5.8	5.9
巴梨(洋梨)	4.1	3.6	4.4	青豆(阿拉斯加)	6.2	6.0	6.3
酸渍新鲜黄瓜	3.9	3.5	4.3	青豆(皱皮种)	6.2	5.9	6.5
菠萝汁	3.5	3.4	3.5	甘薯	5.2	5.1	5.4
李	3.8	3.6	4.0	马铃薯	5.5	5.4	5.6
腌酸包心菜	3.5	3.4	3.7	南瓜	5.1	4.8	5.2
草莓	3.4	3.0	3.9	菠菜	5.4	5.1	5.9
番茄	4.3	4.1	4.6				

表 3-9　罐头食品酸度分类

酸度级别	pH 值	食 品 种 类	常见腐败菌	热力杀菌要求
低酸性	5.0 以上	虾、蟹、贝类、禽、牛肉、猪肉、火腿、羊肉、蘑菇、青刀豆、青豆、芦笋、笋	嗜热菌、嗜温厌氧菌、嗜温兼性厌氧菌	高温杀菌 105～121℃
中酸性	4.6～5.0	蔬菜及肉类混合制品、汤类、面条、沙司制品、无花果		
酸性	3.7～4.6	荔枝、龙眼、桃、樱桃、枇杷、李、梨、苹果、草莓、番茄、什锦水果、番茄酱、荔枝汁、苹果汁、草莓汁、番茄汁、樱桃汁等	非芽孢耐酸菌及耐酸芽孢菌	沸水或 100℃ 以下介质中杀菌
高酸性	3.7 以下	菠萝、杏、葡萄、柠檬、果酱、葡萄柚、草莓酱、柠檬汁、酸泡菜、酸渍食品等	酵母、霉菌、酶	

厌氧土壤菌，存在于原料中的可能性很大，罐内的缺氧条件又对它的生长和产毒非常适宜；④pH＜4.6 时，肉毒杆菌的生长受到抑制，所以 pH＞4.6 的食品罐头杀菌时必须保证将其全部杀死。故而肉毒杆菌能生长的最低 pH 成为两类食品的分界线。

在低酸性食品中，还存在有比肉毒杆菌更耐热的厌氧腐败菌如 P.A.3679 即生芽孢梭状芽孢杆菌，常被选为另一种低酸性食品罐头杀菌时的实验对象菌，如此确定的杀菌工艺可靠性更高。在低酸性食品中，还存在耐热性更强的平酸菌，如嗜热脂肪芽孢杆菌，它需要更高的杀菌条件才会完全遭到破坏。

在中酸性食品中，曾出现过像嗜热解糖梭状芽孢杆菌那样的耐热性极强的解糖厌氧菌，它对杀菌的要求和低酸性食品相同，因而中酸性食品被归入低酸性食品一类，统称为低酸性食品。

2. 酸性食品

在酸性食品中，食品污染严重时，某些腐败菌如酪酸菌和凝结芽孢杆菌在 pH 低达 3.7 时仍能生长，因此 pH3.7 就成为酸性和高酸性食品的分界线。酸性食品中，常见的腐败菌有巴氏固氮梭状芽孢杆菌等厌氧芽孢菌。

高酸性食品中出现的主要腐败菌为耐热性能较低的耐酸性细菌、酵母和霉菌。但是，该类食品中的酶具有更强的耐热性，所以酶的钝化为其杀菌的主要问题，例如酸黄瓜罐头杀菌。各类罐头食品中常见的腐败菌见表 3-10。

表 3-10　按 pH 值分类的罐头食品中常见的腐败菌

食品 pH 值范围	腐败菌温度习性	腐败菌类型	罐头食品腐败类型	腐败特征	抗热性能	常见腐败对象
低酸性和中酸性食品（pH ＞4.5）	嗜热菌	嗜热脂肪芽孢杆菌（俗称平酸菌）	平盖酸坏	产酸（乳酸、甲酸、醋酸），不产气或产微量气体，不胀罐，食品有酸味	$D_{121.1℃} = 4.0 \sim 5.0\text{min}$	青豆、青刀豆、芦笋、蘑菇、红烧肉、猪肝酱、卤猪舌
		嗜热解糖梭状芽孢杆菌	高温缺氧发酵	产气（CO_2 + H_2），不产 H_2S，胀罐，产酸（酪酸），食品有酪酸味	$D_{121.1℃} = 3.0 \sim 4.0\text{min}$ 偶尔达 5.0min	芦笋、蘑菇、蛤
		致黑梭状芽孢杆菌	黑变或硫臭、腐败	产 H_2S，平盖或微胖，有硫臭味，食品和罐壁有黑色沉积物	$D_{121.1℃} = 2.0 \sim 3.0\text{min}$	青豆、玉米
	嗜温菌	A 型肉毒杆菌和 B 型肉毒杆菌	缺氧、腐败	产毒素，产酸（酪酸），产气和 H_2S，胀罐，食品有酪酸味	$D_{121.1℃} = 0.1 \sim 0.2\text{min}$	肉类、肠制品、油浸鱼、青刀豆、芦笋、青豆、蘑菇
		生芽孢梭状芽孢杆菌（P. A. 3679）		不产毒素，产酸，产气和 H_2S，明显胀罐，有臭味	$D_{121.1℃} = 0.1 \sim 1.5\text{min}$	肉类、鱼类（不常见）
酸性食品（pH3.5～4.5）	嗜温菌	耐酸热芽孢杆菌（即凝结芽孢杆菌）	平盖酸坏	产酸（乳酸），不产气，不胀罐，变味	$D_{121.1℃} = 0.01 \sim 0.07\text{min}$	番茄及番茄制品（番茄汁）
		巴氏固氮梭状芽孢杆菌	缺氧发酵	产酸（酪酸），产气（CO_2 + H_2），胀罐，有酪酸味	$D_{100℃} = 0.1 \sim 0.5\text{min}$	菠萝、番茄
		酪酸菌芽孢杆菌				整番茄
		多黏芽孢杆菌	发酵、变质	产酸，产气，也产丙酮和酒精，胀罐	$D_{100℃} = 0.1 \sim 0.5\text{min}$	水果及其制品（桃、番茄）
		软化芽孢杆菌				

续表

食品 pH 值范围	腐败菌温度习性	腐败菌类型	罐头食品腐败类型	腐败特征	抗热性能	常见腐败对象
高酸性食品（pH 3.7 以下）	非芽孢嗜温菌	乳酸菌、明串珠菌	发酵、变质	产酸（乳酸），产气（CO_2），胀罐	$D_{65.6℃}$ 约为 $0.1\sim0.5min$	水果、梨、果汁（黏质）
		酵母		产酒精，产气（CO_2），有的食品表面形成膜状物		果汁、酸渍食品
		霉菌（一般）		食品表面长霉菌		果酱、糖浆水果
		纯黄丝衣霉、雪白丝衣霉		分解果胶致果实瓦解，发酵并产生 CO_2，胀罐	$D_{90℃}=1\sim2min$	水果

注：D 指在一定的环境中和一定的温度下，每杀死 90% 活菌数或芽孢数所需的时间。

（二）常见的罐头食品腐败变质现象及其原因

罐头食品储运过程中常会出现胀罐（胀袋）、平盖酸坏、黑变和发霉等腐败变质现象。此外，还会发生因食用罐头食品而中毒的事故。

1. 胀罐（或胀袋）

罐头底盖正常情况下呈平坦状或内凹状，出现外凸现象时称为胀罐。如玻璃罐出现跳盖，软罐头出现胀袋。

根据铁罐底盖外凸的程度又可分为隐胀、轻胀和硬胀三种情况。①隐胀：罐头外观正常，若用硬棒叩击底盖的一端，则底盖另一端就会外凸。如用力将凸端向罐内按压，罐头又重新恢复原状。②轻胀：罐头的底或盖呈外凸状，若用力将凸端压回原状，则另一端会外凸，它的胀罐程度稍严重一些。③硬胀：罐头底盖坚实地或永久地外凸，进一步发展会发生罐头爆裂。胀罐的原因有以下几点。

① 细菌性胀罐　是由罐头内残存的产气性细菌，在适宜条件下生长繁殖产生气体而引起的胀罐。细菌性胀罐是食品工厂中最常见的胀罐，一般在保温检查后出现。常见的产气性细菌见图 3-21。

② 物理性胀罐　是指由于罐头装罐量过多或罐内真空度不足引起的胀罐。物理性胀罐一般在罐头杀菌后出现。

③ 氢胀　因罐内食品酸度太高，罐内壁迅速腐蚀，锡、铁溶解并产生氢气，大量氢气聚积于顶隙时出现的胀罐。它常需要经过一段储藏时间才会出现。

2. 平盖酸坏

平盖酸坏或平盖腐败变质的罐头外观一般正常，而内容物却已在细菌活动下发生变质，呈轻微或严重酸味。其 pH 值可下降至 0.1～0.3。导致平盖腐坏变质的微生物则称为平酸菌。

在低酸性食品中，常见的平酸菌是嗜热脂肪芽孢杆菌，其耐热性很强，能在

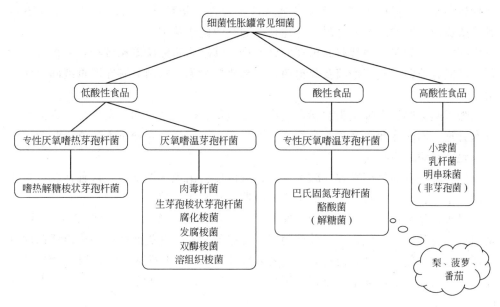

图 3-21 常见的产气性细菌

49～55℃温度中生长，最高生长温度为65℃。糖、面粉及香辛树等辅助材料是常见的平酸菌污染源。其常见的腐败对象见表3-10。

在酸性食品中，常见的平酸菌为嗜热酸芽孢杆菌，即凝结芽孢杆菌，它的适宜生长温度为45℃或55℃，最高生长温度可达54～60℃，温度低于25℃时仍能缓慢生长。它为番茄制品中常见的重要腐败菌。它在中酸性食品中也能生长。

3. 黑变或硫臭腐败

在致黑梭状芽孢杆菌活动下，含硫蛋白质分解并产生唯一的 H_2S 气体，与罐内壁铁质反应生成黑色硫化物，沉积于罐内壁或食品上，使食品发黑并出现臭味，这种现象称为黑变或硫臭腐败。这类腐败变质罐头外观正常，有时也会出现隐胀或轻胀。

致黑梭状芽孢杆菌的适宜生长温度为55℃，在35～75℃温度范围内都能生长。其芽孢的耐热性较弱，只有杀菌严重不足时才会出现此类腐败。

4. 发霉

罐头内食品表层出现霉菌生长的现象称为发霉。一般并不常见，只有容器裂漏或罐内真空度过低时，才有可能在低水分及高浓度糖分的食品表面生长。

此外，还有引起食物中毒的产毒菌，如金黄色葡萄球菌等，但这类细菌耐热性较弱，在罐头食品中一般不予考虑。

5. 罐头食品出现腐败的原因

杀菌不足、罐头裂漏或罐头食品早期腐败等均是造成罐头食品腐败变质的主要原因。

（1）杀菌不足 原料污染严重、新鲜度差、车间清洁卫生状况不好、生产技术管理较差及杀菌操作不当、杀菌工艺条件不合理等均可造成杀菌不足。杀菌不足时，造成罐头腐败的主要是耐热性比较强的腐败菌或芽孢。

（2）罐头裂漏 因裂漏而出现的腐败罐，其罐内腐败菌就比较杂，大多数不耐热。可能有球菌、非芽孢菌及芽孢菌，酵母比较少见，霉菌只有在严重裂漏时才会出现。

为了避免容器出现罐头裂漏，应在空罐质量、罐头密封和杀菌冷却等方面加强技术管理。同时冷却水必须符合饮用水的标准，即每毫升含菌量不超过 100 个，而且不允许有病原菌存在。

（3）罐头食品早期腐败 罐头食品在杀菌前会出现早期腐败，这种情况大多数是由于生产管理不当及高温季节生产高峰期原料积压所致。

罐头食品装罐后等待杀菌的时间越长、温度越高，罐内的腐败菌数量就越多，杀菌后虽将其杀灭，但罐头已处于隐胀或轻胀的状态。这类腐败罐头检出活菌的可能性也很小。例如去骨禽肉斩碎后，若间隔 145min 后再行蒸煮时，细菌总数可增加到原来的 520 倍，其中大肠杆菌可增加到 1600 倍。常见的罐头食品腐败类型的简略系统见图 3-22。

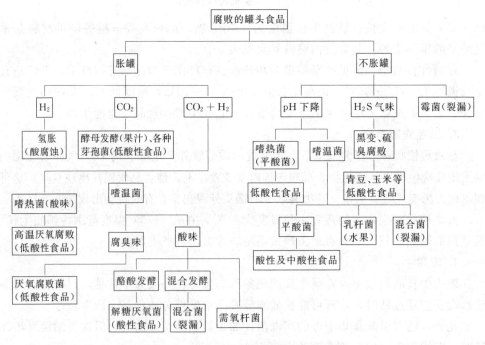

图 3-22　罐头食品腐败类型的简略系统

二、细菌的耐热性

腐败菌是罐头食品的杀菌对象，其耐热性与罐头食品的杀菌条件有着直接的关系。微生物对热的敏感性常受各种因素的影响，如微生物的种类、数量及食品成分等。

（一）影响微生物耐热性的因素

1. 罐头食品污染微生物的种类

微生物按温度习性分为嗜热菌、嗜温菌和嗜冷菌。微生物的种类不同，其耐热性就不同，即使是同一菌种，其耐热性也因菌株而异。

同一细菌的耐热性：芽孢＞生长细胞；不同菌种芽孢的耐热性：嗜热菌芽孢＞厌氧菌芽孢＞需氧菌芽孢。

一般来说，微生物生长细胞的死亡温度为 70～80℃，而其芽孢则需要较高的死亡温度。无芽孢细菌在 60～80℃ 下的致死时间只有几分钟。

一切生物都有适应周围环境变化的本能。食品污染前腐败菌及其芽孢所处的生长环境对其耐热性有一定的影响。在高温下培养形成的细菌芽孢耐热性较强；在不同培养基中培养的细菌芽孢具有不同的耐热性；菌龄与生长期对其耐热性也有一定的影响。

2. 微生物的数量

腐败菌或芽孢全部死亡所需时间随细菌的数量而异。细菌数越多，全部死亡需要的时间愈长。表 3-11 是玉米罐头杀菌时细菌数与杀菌效果的关系。

表 3-11 玉米罐头杀菌时细菌数与杀菌效果的关系

121℃时的杀菌时间 /min	玉米罐头平盖酸坏的百分率/%		
	无 糖	60 个平酸菌/10g 糖	2500 个平酸菌/10g 糖
70	0	0	95.8
80	0	0	75.0
90	0	0	54.2

由上表 3-11 可见，罐头食品杀菌前被污染的菌数和杀菌效果有直接的关系。因此，在罐头食品生产过程中，一定要注意卫生管理，尽量减少杀菌前罐头内的细菌数量。

3. 热处理温度

提高温度会加速蛋白质凝固，从而降低微生物的耐热性。图 3-23 是不同温度时炭疽菌芽孢的活菌残存数曲线。表 3-12 是 pH=6.1 且每毫升玉米汁中含有 1500 个平酸菌芽孢时，不同加热温度对其耐热性的影响。显然，热处理温度愈高，杀死一定量腐败菌芽孢所需的时间愈短。

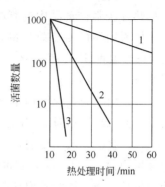

图 3-23 不同温度时炭疽菌芽孢的活菌残存数曲线

1—80℃；2—84℃；3—90℃

表 3-12　加热温度对玉米汁中平酸菌死亡时间的影响

温度 /℃	平酸菌芽孢全部死亡 所需时间/min	温度 /℃	平酸菌芽孢全部死亡 所需时间/min	温度 /℃	平酸菌芽孢全部死亡 所需时间/min
100	1200	115	70	130	3
105	600	120	19	135	1
110	196	125	7		

4. 食品的成分

目前广泛认为加热可促使微生物死亡是由于细胞内酶及蛋白质受热凝固失去新陈代谢能力所致。蛋白质的凝固常受酸、碱、盐、水分等条件的影响。水分含量越高，蛋白质越易凝固。如细菌的生长细胞水分含量一般为 $60\% \sim 75\%$，细菌芽孢中游离水分含量较少（枯草杆菌芽孢中游离水分只有 3.4%）。另外，食品的成分对微生物的耐热性也有一定的影响。

（1）食品的酸度　在食品的成分中，酸度或 pH 值对微生物的耐热性影响最大。大多数芽孢杆菌，在中性范围内耐热性最强，pH＜5 时细菌芽孢则不耐热。如图 3-24 所示，鱼制品中肉毒杆菌芽孢的耐热性在 pH $5.2 \sim 6.8$ 范围内几乎相同，当 pH＜5 时，其耐热性显著降低。因此，人们加工某些蔬菜和汤类食品时用加酸的方法适当降低内容物的酸度，以降低杀菌程度，以便保证食品的品质。

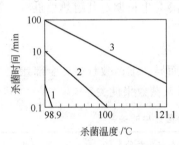

图 3-24　食品成分 pH 值对芽孢
耐热性的影响

1—pH 3.5；2—pH 4.5；3—pH 5~7

不同的有机酸对细菌耐热性的影响也不同。若加酸浓度相同，对细菌耐热性的影响依次为乳酸＞柠檬酸＞醋酸。在生产中其加酸种类和加酸量主要考虑酸对食品风味的影响。

（2）食品中的脂肪　油脂对细菌有一定的保护作用。一般细菌在较干燥状态下耐热性较强。食品中的脂肪包围了细菌，妨碍了水分的渗入，阻止了蛋白质凝固，同时脂肪的传热效果也较差，这就增强了细菌的耐热性。如油浸青鱼罐头，在 118℃ 温度下杀菌需要 60min，而红烧青鱼罐头在 115℃ 温度下杀菌也需要 60min。

（3）糖　糖或含糖食品对微生物有一定的保护作用。糖浓度越高，芽孢耐热性越强。但低浓度糖对芽孢耐热性的影响很小。

（4）食盐　低浓度的食盐溶液（$2\% \sim 4\%$）对芽孢的耐热性有增强作用，但当浓度增加到 8% 以上时，则可削弱其耐热性。如果浓度高达 $20\% \sim 25\%$ 时，细菌将无法生长。肉毒梭状芽孢杆菌在 8% 以上的食盐浓度下不会产生毒素。

（5）其他成分　食品中的蛋白质、淀粉、杀菌剂、香料中的抑菌物质等都对细菌的耐热性有一定的影响。

（二）微生物耐热性的表示方法（本部分可选学）

1. D 值

许多科学家曾对微生物的死亡规律及其芽孢的耐热性进行了大量的研究。他们根据实验结果一致认为：在微生物的致死温度下，其死亡数量是按指数递减或对数循环下降的。

微生物死亡规律曲线方程：

$$t = D(\lg a - \lg b)$$

式中　t——在一定温度下的加热杀菌时间，min；

　　　a——加热杀菌前细菌的数量；

　　　b——经过 t 时间的加热杀菌后细菌的残留数量。

由上式可以看出，D 值的定义是：在一定的环境中和一定的加热温度下，每杀死 90% 活菌数或芽孢数（减少一个指数）所需的时间。

例如，121.1℃ 热处理某菌种，活菌数由 10^5 下降到 10^4 需要的时间为 5min，则该菌种在 121.1℃ 时的耐热性可用 $D_{121.1℃} = 5min$ 表示。

由 D 值的定义可知，D 值大小与细菌的数量和浓度无关。D 值越大，细菌死亡所用时间越长，死亡速度就越慢，该菌的耐热性也就越强。表 3-10 就列出了常见的罐头食品腐败菌的 D 值。

2. F 值

F 值：在一定温度下，将一定数量的细菌（或芽孢）全部杀死所需要的致死时间（min）。通常表示标准温度为 121.1℃ 或 100℃ 时的致死时间，用 $F_{121.1℃}$ 或 $F_{100℃}$ 表示。

若在不同温度杀菌下，细菌致死时间与温度的关系可用下式表示：

$$\lg \frac{\tau}{F} = \frac{121.1 - T}{Z}$$

式中　T——杀菌温度，℃；

　　　τ——杀菌温度为 T 时细菌致死时间，min；

　　　Z——细菌致死时间减少或增加 10 倍时相应的加热温度的变化，℃。

由 F 值的定义可知，F 值的大小与细菌的数量多少有关，所以不能用 F 值直接判定某种细菌耐热性的强弱。

F 值是"灭菌"时所用的时间，在实际生产中，罐头杀菌并不要求达到"无菌"水平，罐内允许残留微生物或芽孢。如何根据细菌的耐热性制定杀菌工艺呢？下面引入一个新的概念 TRT 值。

3. TRT 值

TRT 值：在某一加热温度下，将细菌或芽孢减少到一定数量如 $1/10^n$（即原来活菌数的 $1/10^n$）时所需要的加热时间（min）。可用 TRT_n 来表示。

TRT_n 实际上是细菌数减少 n 个指数（如细菌数从 10^6 减少到 10^1，$n = 5$）所需要的时间，是 D 的扩大值，即 $TRT_n=nD$。

罐头杀菌就是将罐头内的细菌或芽孢减少到一定数量，即能够保证罐头在储藏过程中安全的数量，此时的杀菌时间称为安全 F 值，用 F_0 表示，那么 $F_0=TRT_n=nD$。

显然，n 越大，杀菌时间就越长，罐头食品就越安全，但杀菌时间过长就会影响食品的营养、口感和风味。n 究竟选多大呢？n 不是固定值，它和工厂卫生条件、污染微生物的种类和数量有关。在美国，对肉毒杆菌 $n=12$，即杀菌时间 $F_0=12\ D_{121.1℃}=TRT_{12}=1.2\sim2.4min$；对 P.A.3679 即生芽孢梭状芽孢杆菌 $n=5$，即杀菌时间 $F_0=5\ D_{121.1℃}=TRT_5=20\sim25min$。

（三）酶的耐热性

一般认为罐头食品杀菌过程中，酶是很容易失去活性的。但采用高温短时杀菌，特别是超高温短时（125～150℃）杀菌后，罐头食品在储藏过程中常因酶的活动而引起变质。

酶的温度系数一般在 1.4～2.0，温度每增加 10℃，酶促反应速度增加 1.4～2.0 倍。但是当温度达到一定值后，温度愈高，反应率的增加速度反而下降，甚至完全失去活性，这是由于加热破坏了酶的活性结构。一般来说，温度提高到 80℃ 后，热处理时间只要几分钟，几乎所有的酶都会遭到不可逆性的破坏。

生产实践经验表明，在酸性或高酸性食品杀菌程度比较低的情况下，某些酶经杀菌后还能再度活化，导致食品变质，此时酶的耐热性要大于微生物。

例如，酸性食品中的过氧化酶能忍受 85℃ 以下的热处理；加醋可以加强热对酶的破坏力；高浓度糖对桃、梨中的酶有保护作用；有人认为番茄装罐后酶仍然保存活力；加热可使甘蓝菜（包心菜）和菠萝中的过氧化酶再度活化；葡萄柚汁罐头热处理后果胶酯酶的活力仍未受到损害。

所以酶钝化程度有时也被用作测定食品杀菌效果的指标，例如，牛乳巴氏杀菌效果可根据磷酸酶活力测定结果进行评定；水果中的过氧化酶有可能用于评定酸性食品罐头热处理效果。

第三节　罐头食品的传热

前面所讲的细菌的耐热性指标，是细菌在一定温度下的死亡情况。但罐头在杀菌时，并不是整个罐头在一瞬间就能达到细菌的死亡温度，必须有一个传热过程。其基本过程是热量由蒸汽或热水传给罐头外壁表面，通过罐壁传到罐内食品，再传到罐头中心，随着加热杀菌时间的延长，罐头中心温度可达到规定的杀菌温度。

在罐头加热时，罐内各点的受热程度并不一样，温度上升最慢的一点被称为罐头的冷点，如图 3-25 所示。

传热的好坏关系到罐头的杀菌效果。在同一条件下，传热效果好，罐头中冷点达到细菌开始死亡温度所需的时间就短，杀菌效果就好，所需要的杀菌时间就短。

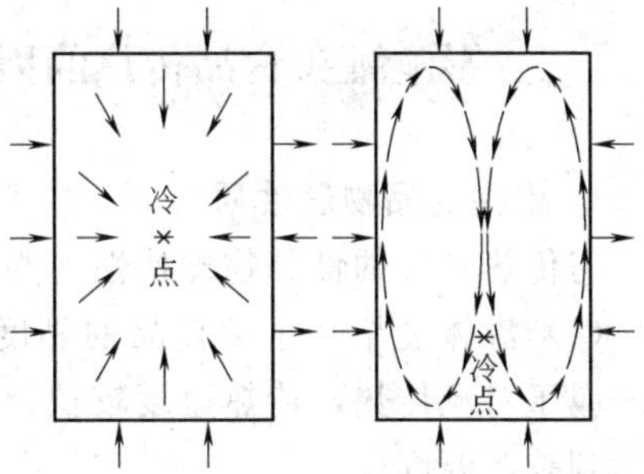

一、罐头的传热方式

罐头容器靠传导传递热量，罐内食品的传热方式则视食品的性质而定。罐内食品的传热方式基本上可归纳为以下三种。

传导传热（固体食品） 对流传热（液体食品）

图 3-25 罐头传热的冷点

1. 传导传热

由罐内食品各部位直接接触而产生的热量传递现象，称为传导传热。如图3-25所示。

以传导传热的罐头食品，在杀菌冷却时，冷点温度变化缓慢，所需要的加热杀菌时间或冷却时间都比较长。这类罐头的冷点在罐头的几何中心，如图 3-25 所示。

属于这种传热方式的罐头食品有固体和黏稠食品，如干装食品、午餐肉、火腿肠、浓缩汤类、糊状玉米、南瓜、肉类、高浓度番茄酱等食品。

2. 对流传热

由罐内液体食品受热产生的密度差而发生的对流产生的热量传递现象，称为对流传热，如图 3-25 所示。

对流传热的传热速度比较快，所需要的加热杀菌时间或冷却时间较短，对流传热的罐头冷点在离罐底 20～40mm 的中心轴部位，如图 3-25 所示。

属于这种传热的罐头食品有果汁、汤类等低浓度流体状罐头食品。

3. 传导-对流结合型传热

许多食品的传热，往往是对流和传导同时存在，或先后产生，这种传热状况相当复杂。

一般来说，糖水或盐水的小块形或颗粒状果蔬罐头食品属于传导对流结合型传热，液体是对流传热，固体是传导传热。糊状玉米等含淀粉较多的罐头食品是先对流传热，加热后淀粉糊化，便由对流传热转为传导传热，冷却时也是传导传热。盐水玉米、稍微浓稠的汤和番茄汁是先对流传热后传导传热。苹果沙司等有较多沉积固体的罐头食品，是先传导传热后对流传热。

4. 其他方式传热

为了加快传热速度，对于某些对流性较差的罐头食品，采用机械转动或其他方式使其产生一定的对流，这种传热称为诱导型传热。如使用回转式杀菌锅，使罐头在杀菌过程中产生适当的转动，以促进传热。

二、影响罐头食品传热的因素

1. 罐头食品物理性质

与传热有关的食品物理特性主要是形状、大小、浓度、密度、黏度等。

（1）流体食品　这类食品的黏度和浓度不大，如果汁、肉汤、清汤类罐头食品，属于对流传热，传热速度较快，如图 3-26 所示。这种食品的罐头冷点很快就能达到杀菌温度。

（2）半流体食品　这类食品虽呈流体状态，但浓度较大，流动性较差，如番茄酱、果酱、水果沙司等罐头食品。这类罐头食品在加热杀菌时，不产生对流或对流很小，主要靠传导传热，传热速度比流体食品慢，如图 3-27 所示。

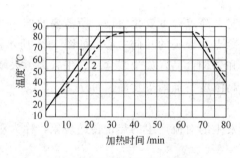

图 3-26　樱桃汁罐头传热曲线
1—杀菌锅温度；2—罐头中心温度

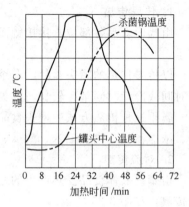

图 3-27　苹果沙司
传热曲线

（3）固体食品　这类食品呈固态或高黏度状态，杀菌时不流动，以传导传热为主，传热速度很慢，如图 3-28 所示。如肉糜类食品、干装食品、果胶和果泥等罐头。

（4）固液混装食品　这类食品传热状态很复杂，既有对流传热，又有传导传热。食品的形状、大小、装罐方式等也会影响传热速度。如糖水、清水、盐水类果蔬罐头。

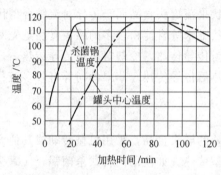

图 3-28　红烧肉罐头传热曲线

2. 罐头容器

（1）容器的导热性　在罐头对流传热时，玻璃罐的罐壁厚导热性差，对传热有很大的影响；在罐头传导传热时，由于食品的导热性比玻璃罐的导热性更差，故玻璃罐对罐头的传热影响很小。无论何种传热方式，铁罐对罐头传热的影响都很小，可以忽略不计。

（2）容器的大小与形状　容器越大，传热速度越慢，杀菌时间越长；相同容积不同形状的罐头，圆形罐比其他罐型传热速度快，矮罐比高罐传热速度快，且杀菌时间短，如图 3-29 所示。

3. 罐头食品的初温

罐头食品的初温是指杀菌开始时罐内食品冷点的温度。初温与杀菌温度之差越小，罐头中心加热到杀菌温度所需要的时间越短。但对流传热的食品，初温对加热时间影响很小。

4. 杀菌锅的形式

罐头工业中常用的静置式杀菌锅，其传热效果较差；而回转式杀菌锅，由于食品在杀菌过程中处于不断搅动状态，传热效果较好，如图 3-30 所示。

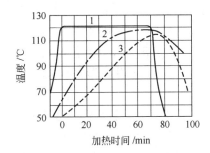

图 3-29　罐头大小对传导传热
食品传热的影响

1—杀菌锅；2—500g 罐头；3—1000g 罐头

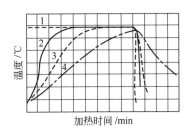

图 3-30　回转对罐头食品传热的影响

1—杀菌锅；2—罐头上下翻跟头运动；
3—罐头与杀菌锅平行运动；4—静止

三、罐头传热状态的测定

罐头传热状态的测定主要是测定罐头中心（冷点）的温度。通过测定可以了解和观察罐头的传热状态，比较杀菌锅内各个部位的升温情况，以改进工艺和操作技术；比较各类罐头的传热情况，确定各类罐头的杀菌工艺。

罐头中心温度测定方法现多采用罐头中心温度测定仪来进行测定。测定时应将中心温度测定仪的感温探头固定在罐头冷点的位置，具体方法见图 3-31。

测定时每一次测定 4～6 个温度点，供测温用的各个罐头分别放在杀菌锅内

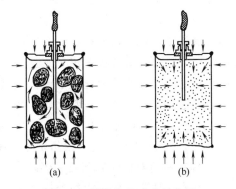

图 3-31　罐头食品冷点的位置

（a）热对流型食品；（b）导热型食品

的不同位置，其中一个测定锅内介质的温度，其余的测定罐头中心温度。测温的间隔时间，每分钟不应少于 1 次。测定时做好原始记录。

第四节　罐头食品杀菌工艺的制定

一、杀菌温度-时间的选用

合理的杀菌工艺条件，应既能达到商业杀菌和酶钝化的要求，同时又能保住食品原有的品质或恰好将食品煮熟而又不至于蒸煮过度。这是制定合理杀菌工艺的基本原则。

如前所述，罐头食品合理的 F_0 与对象菌的耐热性、污染情况及预期储藏温度

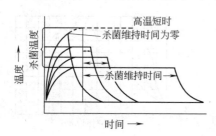

图 3-32　相同杀菌程度的
不同温度-时间组合

有关。但是同样的杀菌程度（F_0 值）可以有大量温度-时间组合杀菌工艺，既可选用低温长时间，又可选用高温短时间（见图 3-32）。

但选用哪种杀菌工艺好呢？这就要遵循制定合理杀菌工艺的基本原则，既要考虑微生物和酶的耐热性，又要考虑加热对食品色、香、味、组织形态及营养成分等各方面的影响。

1. 加热杀菌对食品品质的影响

热力杀菌时食品的化学和物理变化非常迅速，因而食品品质的变化也非常显著。这些变化大多数对食品有害，但有些却有利于改善食品品质，主要决定于食品种类和受热的程度。一般来说温度越高、时间越长，这种变化就越显著。

例如肉类罐头中维生素 B_2 和维生素 PP 的含量，在 113℃ 中杀菌 85min 能保存 23%～85%；120℃ 杀菌 30min 则保存 43%～45%；杀菌时间延长到 100min，则全部遭到破坏。糖水橘子和浆果罐头杀菌后不仅能保存原有维生素 B_2 的含量，而且还使它从原来的结合状态转变成游离状态，增加了其含量。鱼罐头经过高压杀菌后鱼刺软化，变得容易消化吸收。果蔬罐头杀菌后其口感风味都会变差。总的来说，热力杀菌时食品品质的变化是对食品有害的。

热力杀菌时，食品化学反应的温度系数 $Q_{10} = 2～3$，即温度每升高 10℃，化学反应速度增加 2～3 倍，食品的品质变化速度也会增加几倍。

2. 加热杀菌对微生物死亡的影响

加热杀菌时微生物死亡的温度系数 $Q_{10} = 10$ 左右，即温度每升高 10℃，微生物的死亡速度增加 10 倍左右。

综上所述，罐头杀菌时，升高杀菌温度对食品品质的影响较小，而对微生物死亡速度的影响会大大增加。例如，午餐肉罐头在杀菌时，温度每增加 10℃，微生物致死率增加了 10 倍，而硫胺素的破坏率则仅增加 1 倍。如杀菌温度从 99℃提高到 110℃时，加热杀菌时间可从 142min 降低到 3min，而硫胺素的破坏率却只从 10％降低到 2％。杀菌温度对牛肉消化率的影响也符合相同的规律。

因此，在选择罐头杀菌工艺温度-时间组合时，一般采用高温短时杀菌工艺。这样不但能获得预期的杀菌效果，而且有利于保存或改善食品品质。

目前选用的食品杀菌温度已高达 134～150℃，杀菌时间则缩短到几分钟，甚至于几秒钟。但在高温短时杀菌时，特别在杀菌温度超过 126℃的情况下，一定要考虑酶的耐热性问题。

在选用杀菌工艺时，还要考虑罐头食品的传热速度。对传热速度较慢的传导传热型罐头，如午餐肉等罐头就不宜用过高的温度杀菌。

总之，选择杀菌工艺条件，不仅要考虑微生物和酶的问题，还应根据原料种类、品种、加工方法和对成品品质的要求等做出恰当而合理的选择。

二、杀菌时间的计算（选学内容）

在确定了杀菌温度后，就要通过理论计算确定杀菌时间。杀菌时间与所杀对象菌的耐热性、罐头食品的传热状态等因素有关。下面对杀菌时间的计算方法简单介绍一下。

1. 比奇洛基本推算法

在罐头食品加热和冷却的杀菌过程中，罐头内的温度随时间延长而不断地变化，罐内食品温度超过致死温度时就有细菌死亡，温度不同，细菌死亡量亦不同。

比奇洛提出了部分杀菌量的概念：罐头食品内细菌在 T 温度时的 $F=\tau$，如果这种细菌在相同的 T 温度下加热 t，此时在 T 温度下完成的杀菌程度为 t/τ，称之为部分杀菌量，用 A 表示，即 $A=t/\tau$。

因此，在罐头食品热力杀菌过程中，可以根据加热和冷却过程中经历各温度时的部分杀菌量总和推算出合理的杀菌时间，即

$$总杀菌量 \sum A = A_1 + A_2 + A_3 + \cdots + A_n$$
$$= t_1/\tau_1 + t_2/\tau_2 + t_3/\tau_3 + \cdots + t_n/\tau_n$$

当 $\sum A > 1$ 时，杀菌过度；$\sum A < 1$ 时，杀菌不足；$\sum A = 1$，正好完成杀菌任务，此时所用的时间和就为所求杀菌时间，即

$$t = t_1 + t_2 + t_3 + \cdots + t_n$$

2. 现用杀菌时间计算法

比奇洛的杀菌时间推算法不能比较不同杀菌条件下的加热杀菌效果。例如，121.1℃加热杀菌 70min 和 115℃加热杀菌 85min，它们的杀菌效果哪一个好？难

以进行直接比较。

为了弥补这样的缺点，鲍尔引入致死值的概念，就是将各温度下的致死率或其杀菌程度转换成标准温度（通常用 100℃ 或 121.1℃）时的所需加热时间来表示。

致死率：在某一温度下单位时间内杀死细菌的数值，用 L 表示。致死率为热力致死时间的倒数（$1/\tau$）。

从微生物死亡的特性看，凡是温度达到微生物死亡温度时，微生物就开始死亡。因此罐头杀菌过程的 F 值等于整个杀菌过程中杀菌效果的总和，当 $L=1$ 时，就达到了杀菌要求。

若所杀对象菌的 F 值、Z 值已知，则可根据罐头的传热曲线计算出罐头的杀菌时间。

三、杀菌条件的确定

杀菌条件的确定是一个十分复杂的过程。计算出杀菌时间以后，还要进行实罐试验、实罐接种杀菌试验、保温储藏试验和生产线实罐试验等，最后才能确定一种罐头的杀菌条件。杀菌条件的确定过程见图 3-33。

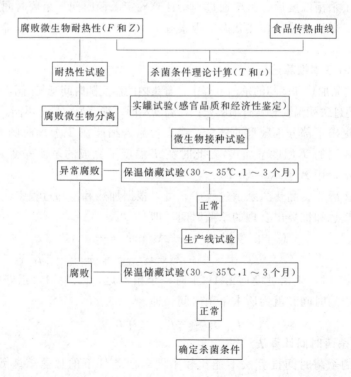

图 3-33　杀菌条件的确定过程

四、罐头杀菌时罐内外压力的平衡

1. 罐头杀菌时影响罐内压力的因素

（1）罐头食品的性质、温度等　食品组织中的气体在加热过程中释放出来，使罐内压力增高。气体逸出量与食品的性质（如成熟度、新鲜度、含气量等）、预热处理温度及杀菌温度有关。

罐内食品在加热时因膨胀体积增大，使罐内顶隙减小而引起罐内压力增加。罐内食品体积膨胀的程度与食品的性质、食品的初温和杀菌温度有关。杀菌温度越高，食品的体积膨胀越大，罐内压力的增加量也就越多。食品体积膨胀度与杀菌温度及食品初温的关系见表 3-13。

表 3-13　罐内食品体积膨胀度与杀菌温度及食品初温的关系

杀菌温度 /℃	罐内食品初温/℃								
	50	55	60	65	70	75	80	85	90
100	1.032	1.029	1.027	1.023	1.020	1.018	1.014	1.011	1.008
105	1.041	1.034	1.030	1.027	1.024	1.022	1.018	1.015	1.012
110	1.041	1.039	1.039	1.031	1.028	1.025	1.022	1.019	1.015
115	1.054	1.042	1.042	1.035	1.034	1.027	1.027	1.023	1.019
120	1.058	1.045	1.045	1.040	1.037	1.031	1.031	1.027	1.024

食品的体积膨胀度可按下列公式计算：

$$Y = V''_{食} / V'_{食} = m\rho' / m\rho'' = \rho' / \rho''$$

式中　Y——食品膨胀度；

$V'_{食}$——密封温度时罐内食品的体积，cm^3；

$V''_{食}$——杀菌温度时罐内食品的体积，cm^3；

ρ'——密封温度时罐内食品的密度，g/cm^3；

ρ''——杀菌温度时罐内食品的密度，g/cm^3；

m——罐内食品的质量，g。

（2）罐头容器性质　加热杀菌时，空罐体积由其材料受热膨胀而增加。对于金属罐来说，空罐体积的变化与杀菌温度、容器的尺寸、罐盖的形状和厚度有关，与罐内外压力差的大小有关。不同型号的罐头在罐内外压力变化时罐内容积的变化情况见表 3-14。

容器的体积膨胀度用 X 表示，可用下式计算：

$$X = V_2 / V_1 = (V_1 + \Delta V) / V_1$$

式中　X——容器体积膨胀度；

V_2——杀菌温度时的容器体积，cm^3；

V_1——密封温度时的容器体积，cm^3；

ΔV——杀菌温度时空罐体积的增量，$\Delta V = V_2 - V_1$，cm^3。

表 3-14　铁罐体积增量（ΔV）的变化/m³

罐径/mm	压力差（ΔP）/kPa							
	39.1	78.3	104.4	117.4	137	156.5	176.1	195.6
72.8	9.1	13.57	15.43	17.29	19.15	21.0	22.87	23.76
74.1	11.5	15.40	16.96	19.14	21.00	23.1	25.00	26.94
83.4	15.5	20.20	22.88	25.56	28.24	30.91	33.60	36.90
99.0	28.1	37.15	41.81	46.47	51.13	55.79	60.45	65.00
153.1	160.0	239.99	263.92	287.85	311.78	335.71	359.64	380.00
215.2	320.0	400.00	432.00	464.00	500.00	533.0	565.00	598.00

注：铁皮厚度为 0.26mm。

在加热杀菌时，马口铁罐 $X=1.034\sim1.127>1$；玻璃罐罐身热膨胀系数小，罐盖又不允许外凸，$X\approx1$，而玻璃罐密封强度很低，加热杀菌时容易产生跳盖现象；软罐头在加热杀菌时不允许有胀袋现象，$X\leqslant1$。

（3）罐头顶隙　加热杀菌时罐内产生的压力与罐头顶隙的大小也有一定的关系，而顶隙的大小又与食品的装填度（f）有关。一般情况下，f 越大，热杀菌时罐内的压力也就越大。$f=V_食/V_罐=0.85\sim0.95$。

（4）杀菌和冷却过程　整个杀菌过程中的升温、恒温、降温冷却三个阶段，罐内外压力差均不同。

升温阶段：罐内食品、气体受热膨胀及水蒸气分压提高可导致罐内压力迅速上升，杀菌锅内加热蒸汽压力也迅速上升，罐内外压力差并不大。

恒温阶段：杀菌锅内杀菌温度保持不变，其压力也基本不变，而罐内食品及气体的温度仍在继续上升，罐内压力也随之继续上升，罐内外压力差亦随之增大。若压力差过大，则会造成容器变形和损坏，这时就必须采用反压杀菌。

冷却阶段：杀菌锅内的温度与压力迅速下降，而罐内压力只是缓慢下降，因此罐内外压力差迅速增大，此时很容易造成容器变形和损坏，有必要时要采用反压冷却。

普通杀菌过程中罐内外压力变化曲线见图 3-34。

反压杀菌：在杀菌时，用压缩空气向杀菌锅内补充空气，维持罐内外压力的平衡，称之为反压杀菌。

反压冷却：在冷却时，向杀菌锅通入一定的压缩冷空气，维持冷却时罐内外的压力平衡，使罐外压力差明显减小，这样就可以有效地避免罐头的变形损坏。反压杀菌冷却时罐内外压力变化曲线见图 3-35。

2. 热杀菌时罐内压力的计算

罐头加热杀菌时，罐内压力可按下式计算：

$$p_2=p''_蒸+(p_1-p'_蒸)[(1-f/X-Yf)\times t_2/t_1]$$

式中　p_2——杀菌时罐内的绝对压力，kPa；

$p''_蒸$——杀菌时罐内饱和水蒸气绝对压力，kPa；

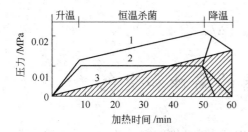

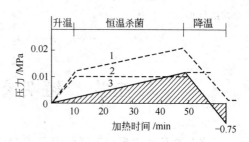

图 3-34　不加反压 121℃ 杀菌时罐内
外压力变化曲线
1—罐内压力；2—杀菌锅压力；
3—罐内外压力差

图 3-35　加反压 121℃ 杀菌冷却时罐内
外压力变化曲线
1—罐内压力；2—杀菌锅压力；
3—罐内外压力差

p_1——密封后罐内压力，kPa；

$p'_{蒸}$——密封后罐内水蒸气分压，kPa；

t_1——密封时罐头的温度；

t_2——杀菌时罐头的温度。

从上述计算公式可以看出，提高密封温度 t_1 可使 $p'_{蒸}$ 增大，使 t_2/t_1 减小，p_2 则减小；要使 $(1-f/X-Yf)$ 值减小，有两种情况：当 $Y<X$ 时，增加食品的装填度 f；当 $Y>X$ 时，减小食品的装填度 f。

3. 杀菌锅的反压力计算

罐头在加热杀菌过程中，罐内压力增大，出现罐内外压力差。当罐内外压力差达到一定值时，就会引起罐头容器的变形、跳盖等现象。这个值称为临界压力差，用 $\Delta p_{临}$ 表示。为防止罐头变形和跳盖，设定一个小于 $\Delta p_{临}$ 的罐内外压力差，称之为允许压力差，用 $\Delta p_{允}$ 表示。

马口铁罐的临界压力差和允许压力差与罐头直径、铁皮厚度、底盖型式等因素有关，马口铁罐的临界压力差和允许压力差见表 3-15。玻璃罐的允许压力差为零，即要求杀菌时罐内压力等于罐外压力，所以玻璃罐一定要用反压杀菌。

表 3-15　不同直径铁罐的临界压力差（$\Delta p_{临}$）和允许压力差（$\Delta p_{允}$）

罐径/mm	铁皮厚度/mm	临界压力差/kPa	允许压力差/kPa
72.8	0.30	361.9	136.5
83.4	0.30	284.0	107.1
98.9	0.27	186.0	87.9
98.9	0.30	205.2	87.9
153.1	0.31	105.1	39

罐头杀菌时是否需要反压？反压压力（用 $p_{反}$ 表示）的大小是多少呢？为了防止罐头容器的变形、跳盖，就必须使 $p_2-(p''_{蒸}+p_{反})\leqslant\Delta p_{允}$ 即杀菌锅应补充的空

气压力为：

$$p_{反} \geqslant p_2 - p''_{蒸} - \Delta p_{允}$$

第五节　罐头容器的腐蚀和变色

罐头食品的铁罐容器通常都是用镀锡薄钢板作为主要材料，外壁容易生锈，罐内壁容易腐蚀和变色，使罐头失去商品价值。

一、罐头的腐蚀现象

1. 罐头外壁的腐蚀

在潮湿环境中，罐外壁和空气中的氧接触时就会形成黄锈斑，影响商品外观，严重时可导致罐壁穿孔。

2. 罐内壁的腐蚀

内壁腐蚀可分为均匀腐蚀（溶锡）和集中腐蚀（溶铁-氢胀）。

① 酸性均匀腐蚀　在酸性食品的腐蚀下，罐内壁锡面上常会全面均匀地出现溶锡现象，内壁表面则会出现鱼鳞斑状腐蚀纹，这就是均匀腐蚀。

均匀酸腐蚀时，食品含锡量将会增加。含锡量较少时，不会出现金属味，对食品品质亦无影响，还会对罐壁的铁基板有一定的保护作用，所以允许罐内壁有均匀酸腐蚀出现。少量的锡离子还能保护某些食品色泽，如蘑菇罐头。均匀酸腐蚀严重时，食品含锡量急剧增加，食品出现金属味，同时出现集中腐蚀，铁被酸腐蚀产生大量氢气，出现氢胀罐。

② 集中腐蚀　罐内壁面局部出现金属（锡或铁）溶解现象，称为集中腐蚀。罐内壁出现麻点、蚀孔、蚀斑、露铁点，严重时还会出现穿孔现象，称为孔蚀。

③ 氧化圈　罐头食品开罐时，顶隙和液面交界的罐内壁上有暗灰色腐蚀圈，称为氧化圈。它属于局部腐蚀。这是由于罐内残留氧使锡面受到腐蚀的结果。罐内允许有氧化圈存在，但应尽量防止，工厂生产时常在杀菌前后采用倒罐放置和罐内加汤汁来防止它的产生。

④ 异常脱锡腐蚀　硝酸盐含量比较高的食品造成的罐内壁腐蚀，在短时间内（几星期至几个月）就会出现大量脱锡的现象，并造成氢胀罐，如橙汁、芦笋、刀豆等。

3. 罐内壁的变色

① 罐壁局部性黑斑点腐蚀　在蘑菇罐头中，罐壁上常会出现局部性黑色斑点或条斑，严重时还会污染蘑菇，导致商品不合格。这是一种集中腐蚀。

② 硫化腐蚀　某些含硫或添加硫化物（亚硫酸盐等）的食品，特别是含蛋白

质的食品，因受热产生硫化氢，在硫化氢的作用下罐内壁会出现青紫色的硫化锡色斑，硫化严重时会形成疏松的鱼鳞状的黑色的硫化铁色斑，可污染罐内食品，造成食品不合格。这种现象称为硫化腐蚀，这种色斑称为硫化斑。

硫化锡对罐壁具有一定的防腐作用，且对人体健康无害，所以罐内壁允许少量硫化斑存在。在蟹、虾和肉类罐头中经常会有硫化腐蚀的现象出现。

4. 罐头腐蚀的危害

罐头食品出现金属含量超标、金属味、氢胀罐、罐壁穿孔、食品硫化污染及罐外壁生锈等，会造成罐头食品失去商品价值。

二、影响内壁腐蚀的因素及防治措施

1. 食品中的化学物质对腐蚀的影响

① 氧 氧在酸性溶液中会促进锡的溶解，还会促进铁的溶解，造成内壁均匀腐蚀或集中腐蚀。

② 有机酸 酸的种类、浓度不同对腐蚀的影响也不同。有时出现溶锡（均匀腐蚀）而保护了铁基，有时出现溶铁（集中腐蚀）。如醋酸等有机酸有促进铁基腐蚀的作用，而柠檬酸等则可抑制铁基的腐蚀。

③ 硝酸盐 硝酸盐的存在会引起罐内壁急剧溶锡腐蚀。如橘子汁罐头和番茄汁罐头都因含锡量过高出现过中毒现象。这类食品中，主要以蔬菜为多，如番茄及番茄制品、青刀豆、南瓜、甜菜、胡萝卜等。

④ 食盐 在酸性溶液中盐对锡腐蚀有抑制作用，但有促进铁腐蚀的作用。

⑤ 亚锡离子 亚锡离子对铁罐内壁腐蚀有一定的抑制作用。

另外，硫及硫化物、花青素、焦糖色素、氧化三甲胺、铜离子、低甲氧基果胶等化学成分都会加剧罐内壁的腐蚀。

2. 镀锡薄钢板的质量对腐蚀的影响

镀锡薄钢板的镀锡量、孔隙度、锡纯度和杂质、钢基成分、钢基板表面状态、合金层状态及钝化膜等都会对腐蚀有一定的影响。

3. 防止内壁腐蚀的措施

（1）选用耐腐蚀性好的金属材料制罐。

（2）改进罐头食品生产工艺

① 原料处理 洗净农药，减轻硫化腐蚀；尽量排净食品组织内的空气；用预煮的方法减少食品特别是蔬菜中的硝酸盐含量。

② 排气 尽量排净罐内空气，减少残余氧气。

③ 杀菌过程 在高温有氧的情况下腐蚀速度很快，所以杀菌程度要适当，冷却要迅速。

④ 水质控制 控制生产用水中的硝酸盐及铜离子的含量。

⑤ 原料的控制　原料中的硝酸盐含量随着产品品种、气候、施肥和收获期等变化而不同，很难控制。生产中要及时测定原料中硝酸盐含量，若含量过高，应采用预煮、改装玻璃罐（如番茄）、去除硝酸盐含量过高的局部果实（如菠萝心）等方法进行处理。

⑥ 储藏温度　储藏温度愈低愈好。

三、铁罐内壁硫化变色的防止

① 加酸　在碱性范围内容易发生硫化变色，适量添加柠檬酸可以有效地防止硫化铁的产生。

② 使用罐内壁抗硫涂料。

③ 钝化处理　用化学方法对镀锡薄钢板进行钝化处理，在其表面形成一层金属氧化物保护膜，防止硫化变色或增强金属板的耐蚀性。

④ 在制罐过程中严格防止锡层、钝化膜和涂料层受到损伤。

⑤ 严格控制加热强度和加速冷却。

⑥ 原料　兔肉的硫化变色比猪肉严重，猪肉比牛肉严重，虾、蟹类罐头更容易产生硫化变色。因此，不同原料就要采取不同的防止措施。另外，不新鲜的原料也会加剧硫化物的产生。

四、罐头食品外壁的腐蚀

1. 导致罐外壁生锈的原因

① 生产操作不当　高压蒸汽杀菌时排气不干净、冷却罐温过低、表面残留水分、罐头表面污渍等原因，都会造成外壁生锈。它主要发生在二重卷边、底盖膨胀圈、打罐头代号处等加工时易受机械擦伤的部位。

② 水质的影响　杀菌和冷却用水中的硫酸钠、氯化钙、氯化镁或食盐含量过高。

③ 包装　商标纸用胶黏剂、潮湿的包装材料也会导致外壁生锈。

④ 储藏　仓库空气湿度过高，罐外壁表面会有冷凝水出现（出汗），导致外壁生锈。

2. 罐头的主要防锈措施

① 洗净罐外壁吸附的油滴、肉屑、食盐、糖浆等污渍，擦干残留水分。

② 涂防锈油　防锈油的种类很多，最简单的有食用油、石蜡油和凡士林等。效果较好的防锈剂有羊毛脂防锈剂、硝基清漆、醇酸清漆等。

③ 控制包装箱和仓库内的湿度　仓库内空气相对湿度控制在 $70\%\sim75\%$，并进行适当的通风。

复 习 题

1. 装罐前为什么要对容器进行清洗和消毒？
2. 食品装罐时的要求有哪些？
3. 罐头排气的方法有几种？都适合哪类罐头？
4. 罐头杀菌操作时应注意哪些问题？
5. 为什么要对罐头食品按 pH 值进行分类？怎么分类？
6. 常见的罐头食品腐败现象有哪些？都是由什么原因引起的？
7. 影响微生物耐热性的因素有哪些？生产中如何利用这些因素进行质量控制？
8. 影响罐头传热的因素有哪些？
9. 罐头杀菌时，为什么有时要采用反压杀菌？
10. 在生产中如何防止罐头的内外壁腐蚀？

参 考 文 献

［1］ 天津轻工业学院，无锡轻工业学院合编. 食品工艺学（上册）. 北京：中国轻工业出版社，1984.
［2］ 杨邦英主编. 罐头工业手册. 北京：中国轻工业出版社，2002.
［3］ 李雅飞等编. 食品罐藏工艺学. 上海：上海交通大学出版社，1987.
［4］ 赵晋府主编. 食品工艺学. 北京：中国轻工业出版社，2002.

第四章 肉类罐头生产工艺

第一节 肉类罐头原料

从广义上讲，肉是指各种动物宰杀后所得可食部分的统称，包括肉尸、头、血、蹄和内脏。而在肉品工业生产中，从商品学观点出发，研究其加工利用价值，把肉理解为胴体，即家畜屠宰后除去血液、头、蹄、尾、毛（或皮）、内脏后剩下的肉尸，俗称"白条肉"。它包括肌肉组织、脂肪组织、结缔组织、骨组织及神经、血管、腺体、淋巴结等。屠宰过程中产生的副产物如胃、肠、心、肝等称作脏器，俗称"下水"。脂肪组织中的皮下脂肪称作肥肉，俗称"肥膘"。

在肉类工业中，把刚屠宰后不久体温还没有完全散失的肉称为热鲜肉；经过一段时间的冷处理，使肉保持低温（0～4℃）而不冻结的状态称为冷却肉；经低温冻结后（-23～-15℃）称为冷冻肉；按不同部位分割包装称为分割肉；如经剔骨处理则称剔骨肉。

肉在加工使用前要进行剔骨切割和分级。肉的分割剔骨方法有冷剔骨和热剔骨之分。国外多采用冷剔骨法，就是将胴体冷却到0～7℃再分割剔骨。冷剔骨的优点是微生物污染程度低，产品质量高；缺点是干耗大，剔骨和肥膘分离困难，肌膜易破裂等。热剔骨就是对热胴体进行分割剔骨和包装，国外多用于牛肉剔骨。热剔骨的优点是干耗小，肌膜完整，便于剔骨和肥膘分离。但热剔骨对分割车间的卫生条件要求较高。

肉的分级方法有两种。一种是按整个胴体的肌肉发达程度及脂肪的厚薄分级；另一种是以同一牲畜胴体，按不同部位肌肉的组织结构、食用价值和加工用途分级。

一、猪肉的分级

猪肉是根据第6、第7肋骨中间平行至第6脊椎骨前下方的脂肪层厚度（用cm表示）来分级的。见表4-1。

二、牛肉的分级

一级肉：肌肉发育良好，骨骼不外露，皮下脂肪由肩至臀部布满整个肉体；大

表 4-1 猪肉的分级

品　　名	等　　级	等 级 标 准	
		鲜 猪 肉	冻 猪 肉
带皮猪肉	1	肥膘 3cm 以上 （不包括 3cm）	肥膘 2.7cm 以上 （不包括 2.7cm）
	2	肥膘 2cm 以上 （不包括 2cm）	肥膘 1.8cm 以上 （不包括 1.8cm）
	3	肥膘 1cm 以上 （不包括 1cm）	肥膘 0.9cm 以上 （不包括 0.9cm）
	4	肥膘 1cm 以下 （包括 1cm）	肥膘 0.9cm 以下 （包括 0.9cm）
剥皮猪肉	等内级	肥膘 0.7cm 以上 （不包括 0.7cm）	肥膘 0.6cm 以上 （不包括 0.6cm）
	等外级	肥膘 0.7cm 以下 （包括 0.7cm）	肥膘 0.6cm 以下 （包括 0.6cm）

腿部有不显著肌膜露出，肉的横断面上脂肪纹明显。

二级肉：肌肉发育完整，除脊椎骨、髋骨、坐骨结节外，其他部位略有突出。肋和大腿部的皮下脂肪层有显著肌膜露出，腰部切面肌肉间可见脂肪纹。

三级肉：肌肉发育中等；脊椎骨、髋骨及坐骨结节稍有突出。第 8 肋骨至臀部布满皮下脂肪。肌膜显著，颈部、肩胛前肋部和后腿部均有面积不大的脂肪层。

四级肉：肌肉发育较差，脊椎骨突出，坐骨及髋骨结节明显突出，只有坐骨结节、腰部和后肋骨处有面积不大的皮下脂肪。

三、羊肉的分级

一级肉：肌肉发育良好，骨不突出，皮下脂肪密集地布满肉体，但肩颈部脂肪较薄，骨盆布满脂肪。

二级肉：肌肉发育好，骨不突出，肩颈部稍有凸起，皮下脂肪密集地布满肉体，肩部无脂肪。

三级肉：肌肉发育尚好，只有肩部脊椎骨尖端突起，皮下脂肪布满脊部，腰部及肋部脂肪不多，荐椎骨部及股盘处没有脂肪。

四级肉：肌肉发育欠佳，骨骼显著突出，肉体表面各处有不显著的薄层脂肪，或无脂肪。

第二节　工艺综述

一、肉类罐头的种类

肉类罐头一般是指以猪肉、牛肉、羊肉、兔肉等为原料,经加工制成的罐头产品。根据加工及调味的方法不同,可分为清蒸类、调味类、腌制类等产品。

1. 清蒸类罐头

清蒸类罐头指将处理后的原料直接装罐,在罐中按不同品种加入食盐、胡椒、洋葱和月桂叶等,再经密封杀菌后制成的罐头。成品具有原料特有的风味。

2. 调味类罐头

调味类罐头是指将经过处理、预煮或烹调的肉块或整体(如元蹄)装罐后,加入调味汁液,经密封杀菌后制成的罐头。有时同一种产品,因各地区消费者的口味要求不同,调味也有差异。成品应具有原料和配料特有的风味和香味,块形整齐,色泽较一致,汁液量和肉量保持一定比例。这类产品按烹调方法不同又可分红烧、五香、浓汁、油炸、豉汁、茄汁、咖喱、沙茶等类别。每种类别各自具有该产品的特殊风味和香味。

3. 腌制类罐头

腌制类罐头指将处理后的原料肉经过以食盐、亚硝酸钠、砂糖等一定配比组成的混合盐腌制后,再进行加工制成的罐头。如火腿、午餐肉、咸牛肉、咸羊肉等罐头。

4. 烟熏类罐头

烟熏类罐头是指经处理后的原料肉经过腌制烟熏后制成的罐头。如火腿蛋和烟熏肋肉等罐头。

5. 香肠类罐头

香肠类罐头是指肉经腌制后加香料斩拌制成肉糜,直接装入肠衣,再经烟熏预煮制成的罐头。

6. 内脏类罐头

内脏类罐头是指猪、牛、羊的内脏及副产品经处理、调味或腌制后加工制成的罐头。如猪舌、牛舌、卤猪杂、柱侯牛杂、牛尾汤、猪油等罐头。

二、肉类罐头原料的解冻条件及方法

1. 冻结肉的解冻条件

经冻结的肉类原料,投产前必须解冻,其解冻条件见表4-2。

表 4-2　肉类原料的解冻条件

条件 季节	解冻室温	解冻时间	相对湿度	解冻结束肉层 中心温度
夏季	16～20℃	猪肉、羊肉 12～16h,牛肉 30h 以下	85%～90%	不高于 7℃
冬季	10～15℃	猪肉、羊肉 18～22h,牛肉 40h 以下	85%～90%	不高于 10℃

2. 肉类解冻的方法

肉类应分批吊挂，片与片间距约 5cm，最低点离地不少于 20cm；后腿朝上吊挂，最好在解冻中期将前后腿调头吊挂。

蹄髈及肋条堆放在高约 10cm 的垫格板上。

将肥膘用流动冷水分批解冻，在 10h 内解冻完全。也可堆放在垫格板上，在 15℃室温中自然解冻。

将内脏在流动冷水中解冻，夏季需 6～7h，冬季需 10～12h。

室内的空气调节：夏季采用冷风或其他方法进行降温，冬季直接喷蒸汽或鼓吹热风调节，但不允许直接吹冻肉片，以免造成表面干缩，影响解冻效果，也不允许长时间用温水直接冲冻肉片，以免肉汁损失过多。

解冻过程中应经常对原料表面进行清洁。

解冻后质量要求：肉色鲜红、富有弹性、无肉汁析出、无冰晶体、气味正常、后腿肌肉中心 pH 6.2～6.6。

三、肉类原料的预处理方法及要求

原料的预处理包括洗涤、去骨和皮（或不去骨、皮）、去淋巴及切除不宜加工的部分。

各种产品所使用的猪肉、牛肉、羊肉、兔肉等原料（新鲜的或解冻的），用清水洗涤，除净表面污物后，均应砍去脚圈，然后分段。一般猪片分为前腿、后腿及肋条三段；牛片沿第 13 根肋骨处横截成前腿和后腿两段；羊肉一般不分段，通常整片剔骨或整只剔骨。若分段，则分别进行剔骨去皮，将分段后的肉顺次剔除脊椎、肋骨、腿骨及全部硬骨和软骨。剔骨刀要锋利，剔肋骨时下刀的深度应与骨缝接近，不得过深；剔除肋骨与腿骨时，必须注意保证肉块的完整，避免碎肉及碎骨渣的产生。若要留料，如排骨、元蹄、扣肉等，则应在剔骨前或剔骨后按部位选取切下留存。

去皮时刀面贴皮进刀，要求皮上不带肉、肉上不带皮，然后按原料规格要求割除全部淋巴、颈部刀口肉、奶脯部位之泡肉、黑色素肉、粗组织膜、淤血等，并除净表面油污、毛及其他杂质。

四、腌制用混合盐的配比及配制方法

1. 混合盐的配比

混合盐的配比见表4-3。

表 4-3　混合盐的配比/％

配方编号＼项目	精盐	砂糖	亚硝酸钠	液体葡萄糖	适 用 品 种
1 号	98	1.5	0.5		猪肝酱、午餐肉、火腿蛋、猪肉香肠、猪舌、火腿午餐肉、烟熏肋肉、猪肉蛋卷、咸牛肉、咸羊肉、牛羊肉午餐肉、牛舌等
2 号	94	1.5	0.5	4	火腿
3 号	91.65	8	0.35		火腿猪肉
4 号	98	1.45	0.55		猪肉香肠(去肠衣)、鸭四宝

2. 混合盐的配制方法

采用精制食盐和砂糖及未经潮解的亚硝酸钠配制混合盐时，应先将亚硝酸钠及砂糖等拌和，然后再加入精盐混匀。混合盐配好后应存放于干燥处，最好现用现配。

五、常用辅料的处理方法及要求

常用辅料的处理方法及要求见表4-4。

表 4-4　常用辅料的处理方法及要求

辅料名称	处 理 方 法 及 要 求
洋葱/青葱/蒜头	去净根须、外衣、粗纤维、小斑点等，蒜头应分瓣，然后清洗干净。需绞碎的应用绞碎机绞碎。如洋葱需油炸，油和葱应按比例配料，将油脂加热至180℃左右，投入洋葱，炸至微黄色
生姜	清洗干净，按产品要求切片或绞碎。切片时要求横切成3～4mm的薄片；绞碎时可以用8mm孔径的绞碎机或斩拌机斩碎
香辛料	粒状或片状的(如胡椒、桂皮等)应在拣选后用温水清洗干净，粉状的(如咖喱粉、胡椒粉、红辣椒粉等)应过100目筛，除去粗粒及杂质
砂糖/精盐	如用于配汤，则应和汤汁一起溶化过滤，或先溶化过滤后再用于配汤。如直接使用时，糖则应进行拣选，盐过筛以除去杂质
香料水	一般在八角茴香、肉桂、青葱、生姜等(如为粉剂则应装入布袋中包扎好)香料中加入一定量的清水，微沸熬煮1～2h，经过滤使用
猪皮胶	去肥膘及经预煮10min后取出，刮净皮下脂肪，将猪皮切条后，加2～3倍水，保持微沸熬煮，至可溶性固形物不低于15％(以折光记)为止，经过滤后使用。直接使用时应拌和均匀，防止结块，与汤汁调成糊状
面粉	需油炒时，油与白面粉应按比例配料，将油放入锅中加热后倒进筛过的面粉(如不需油炒，则可将面粉直接放入锅内)，翻炒至微黄色且具有香味为止

六、原料的预煮

肉类在预煮时，肌肉中的蛋白质受热后逐渐凝固，使属于肌浆部分的各种蛋白质发生不可逆的变化，成为不溶性物质。随着蛋白质的凝固，亲水的胶体体系遭到破坏而失去持水能力，因而发生脱水。由于蛋白质的凝固，使肌肉组织紧密，使肉块具有一定的硬度，便于切块。同时，肌肉脱水后，能使调味液渗入肌肉，保证了成品固形物的含量。此外，预煮处理能杀灭肌肉上附着的一部分微生物，有助于杀菌。

预煮时，水与肉的比例一般约为 1.5∶1（以淹没肉块为度）。预煮时间一般为 30～60min。

预煮过程中肉块的重量变化，则以肉块中析出的水分为主，如肥瘦中等的猪肉、牛肉、羊肉在 100℃ 水中沸煮 30min 时的重量减少情况见表4-5。

表 4-5　猪肉、牛肉、羊肉在 100℃ 水中沸煮 30min 时的重量减少量情况/%

原料名称	水　分	蛋白质	脂　肪	其　他	总　量
猪肉	21.3	0.9	2.1	0.3	24.6
牛肉	32.2	1.8	0.6	0.5	35.1
羊肉	26.9	1.5	6.3	0.4	35.1

为了减少有效物质（水分以外）的流失，一般在肉类罐头的原料预煮过程中，采用少投料多批次的办法，减少水温在投料后的波动，使肉块表面蛋白质在高温水中快速凝固，形成保护层而减少损失。

预煮方法：一般将原料投入夹层锅中用沸水预煮，预煮时间随产品的不同和肉块的大小而异，一般为 30min 左右，要求达到原料中心无血水为止。

七、原料的油炸

某些产品采用油炸脱水。肉类油炸时失去原来重量的 28%～38%，此时的主要损失是水分的蒸发。此外损失的含氮物质占鲜肉含量的 2.1% 左右，损失的无机盐占鲜肉含量的 3.1% 左右；但油炸时，食品有吸收油脂的现象，因而提高了它的营养价值。油脂的吸入量平均约占油炸肉重量的 3%～5%。同时经油炸后，肌肉组织酥硬稳定，色泽和风味都得到改善。

油炸方法：一般是在开口锅中放入植物油熬热，然后根据锅的容量将原料分批放入锅内进行油炸，也可用连续油炸设备。油炸温度为 160～180℃，时间因原料的组织密度、形状、块的大小、炸油温度和成品质量要求等而有不同。大部分产品在油炸前都要求涂上焦糖色液，待油炸后，其表面色泽呈酱黄色或酱红色即可。一般油炸时间为 1min 左右。

八、肉类罐头的装罐

1. 空罐

根据产品不同可分别采用抗硫涂料罐、防粘涂料罐或经钝化处理的素铁罐及高压杀菌薄膜袋。装罐前应清洗干净并经沸水消毒，倒罐沥水或烘干。

2. 装罐量

原汁、清蒸类及生装产品主要是控制好肥瘦部位的搭配及汤汁或猪皮胶的量，以保证固形物的含量达到要求。因瘦肉水分较高，杀菌后水分排出，影响固形物的量。

油炸产品，则主要控制油炸的脱水率。需预煮的产品，预煮的时间和温度及夹层锅蒸汽压的控制则十分重要。

装罐时，罐内食品应保证规定的分量和块数。装罐前食品需经过定量后再装罐。定量必须准确。

装罐时应保持内容物和罐口的清洁，并注意排列上的整齐美观。

根据产品的要求，可分别采用生装罐或熟装罐及人工装罐或机械装罐。

九、排气与密封

排气主要分加热排气和抽气两种。由于加热排气多了一道工序，既浪费劳动力，又占用车间面积，同时多了一次热处理，往往对产品的质量有影响，有时还会产生流胶现象，生产能力又较低，故能用真空封罐机抽气密封的产品尽量用抽气密封。

目前对特大罐型及带骨产品尚用加热排气，若采用抽气密封仍能保证产品质量，则尽可能采用抽气密封。

密封前根据罐型及品种不同，选择适宜的罐中心温度或真空度，防止成品真空度过高或过低而引起杀菌后的瘪罐或物理性胀罐。密封后的罐头，用热水或洗涤液洗净罐外油污，迅速杀菌。要求密封至杀菌停留时间不得超过 60min。严防积压，以免引起罐内细菌繁殖或风味恶化、真空度降低等质量问题。

十、罐头的洗涤

罐头密封后，罐外常附着或多或少的污物，应及时用热水或洗涤液洗涤，再进行杀菌。一般用洗罐机擦洗，对某些附着油污较重的产品宜用化学洗涤液清洗。洗涤液配方见表4-6。

表 4-6　洗涤液配方

项　目	配方编号 1	2
水玻璃(硅酸钠)(40°Bé)	2.0kg	6.5kg
液体氢氧化钠(30%)	1.5kg	4kg
松香(一级)	0.5kg	1kg
水	96kg	88.5kg

将上述配方加热溶解，保持在 90℃以上，罐头密封后通过洗涤液浸洗 6~10s，再立即用流动热水（90℃以上）冲洗干净，然后进行杀菌。

第三节　肉类罐头加工工艺

肉类罐头产品很多，加工方法也多种多样。为了更好地学习肉类罐头的加工方法，特选择以下几种罐头品种进行介绍，用以了解肉类罐头的加工工艺、操作要点及其注意事项等。

一、午餐肉

午餐肉属于肉糜类罐头，其色泽呈淡粉红色，组织紧密细腻，食之有弹性感，内容物完整地结为一块，具有猪肉经腌制、斩拌及与淀粉、调味料等混合制成的午餐肉罐头应有的滋味及气味。

1. 工艺流程

空罐→清洗消毒

原料处理→腌制→配料及调味→斩拌→真空搅拌→装罐→排气及密封

成品←包装←保温检查←冷却←杀菌

2. 原料处理方法及要求

（1）原料处理　将去皮去骨的猪前后腿肉洗去一切污物，修去碎骨、软骨、淋巴、淤血及大的筋腱和粗组织膜，然后去净肥膘成为净瘦肉；去除肋条部分肥膘，使肥膘厚度不超过 2cm，使之成为肥瘦肉。经加工后的净瘦肉肥肉约占 8%~10%，肥瘦肉中肥膘不超过 60%，净瘦肉与肥瘦肉比例应为 1:1。可用去肥或带肥脊排肉及夹心肉调节肥瘦比例。处理后肉温不超过 15℃。

（2）腌制　净瘦肉和肥瘦肉应分开腌制，各切成 3~5 小块，每 100kg 加入 2 号混合盐 2~2.5kg，在 0~4℃温度下腌制 48~96h，要求腌后肉块鲜红饱满、气味正常、肉质柔滑坚实。

3. 配料及调味

（1）斩拌配料（单位：kg）

肥瘦肉	80	玉米淀粉	11.5
净瘦肉	80	玉果粉	0.058
白胡椒粉	0.192	冰屑	19
维生素 C	0.032（或不加）		

（2）斩拌　按以上配料（除肥瘦肉）在斩拌机中斩拌 1～2min，再加入肥瘦肉，继续斩拌 0.5min，斩拌后要求肉质鲜红、具有弹性、斩拌均匀、无冰屑。

（3）真空搅拌　将上述斩拌好的肉糜倒入真空搅拌机内，在 67.0～80.0kPa 真空下搅拌 2min。

4. 装罐量

罐　　号	净重/g	午餐肉/g
306 或 756	198	198
304	340	340
962	397	397
10189	1588	1588

5. 排气及密封

抽气密封：真空度 46.7～66.7kPa。

6. 杀菌及冷却

净重 198g 杀菌公式：15min—50min—反压冷却/121℃
（反压：150.0kPa）。

净重 340g 杀菌公式：15min—55min—反压冷却/121℃
（反压：150.0kPa）。

净重 397g 杀菌公式：15min—70min—反压冷却/121℃
（反压：150.0kPa）。

净重 1588g 杀菌公式：25min—130min—反压冷却/121℃
（反压：105.0kPa）。

7. 说明及注意事项

午餐肉罐头容易出现胶冻和油脂析出、粘罐、形态不良、表面发黄、切面变色快、物理性胀罐、弹性不足等质量问题。产生原因及防止方法如下。

（1）胶冻和油脂析出　由于肉的质量不佳、持水性差而产生。其防止方法有以下几点。

① 严格控制投产原料的质量，最理想的是新鲜肉，如用冻肉则应使用冷藏质量良好和近期屠宰的原料。

② 加强解冻、拆骨加工和生产过程的温度控制，以自然室温缓慢解冻为好，拆骨加工及生产车间的室温不要高于 25℃，夏季生产应以冷风调节。

③ 加工时要严格控制肥肉含量，午餐肉成品的油脂含量一般为 22%～25%。

如果加工的原料肥膘过多，或肉的质量不好，就容易产生以上质量问题。

④ 加适量磷酸盐，斩拌刀具要锋利。

（2）粘罐 为解决午餐肉的粘罐，通常的办法是装罐前在罐内壁涂一薄层熟猪油，装罐表面抹平后也应涂一层猪油。但最好的办法是制罐前在镀锡薄板上涂布脱膜涂料，涂脱膜涂料生产的午餐肉开罐后不粘罐，表面无白色脂肪层，外观较好，生产方便。

（3）形态不良 午餐肉形态上的缺陷主要是腰箍和缺角，应用装罐机装填可防止上述缺点。

（4）表面发黄、切面变色快 这是由于表面接触空气氧化而造成的。封口真空度达 60～67kPa 时，质量较好。或在调味斩拌时加入抗氧化剂维生素 C，可使产品色泽红润、切面色泽经久不变，维生素 C 的加入量为肉量的 0.02%。

（5）物理性胀罐 主要是由于肉中空气较多、装罐太满而引起的。目前采取的办法是装罐前将肉糜中的空气抽除，缩小其体积以防止物理性胀罐。

（6）弹性不足 控制原料的新鲜度、解冻条件及腌制条件。

二、红烧排骨（肋排、脊椎排混装）

红烧排骨罐头是指将排骨油炸、调味后制成的带骨类产品，具有肉色金黄、汤汁酱红、肉香汤鲜、口味浓厚的特点。

1. 工艺流程

调味汤汁配制

原料预处理→油炸→装罐→排气及密封→杀菌→冷却→保温检查→包装→成品

2. 原料处理方法及要求

（1）肋排、脊椎排、软骨及猪肉清洗去除杂质后，脊椎排切成 2～2.5cm 厚的片块；肋排每隔两根肋骨斩条后切成长约 4～6cm 小块；软骨切块同肋排；自腿肉上取下瘦肉，切成宽 5～6cm、长 7～8cm 的小块。

（2）油炸 将脊椎排 8kg、肋排 11kg、瘦肉 2kg、软骨 4kg 分别在 180～200℃油温下油炸 2～3min，得率为 66%～70%，油炸不得过老过嫩。

3. 汤汁配制

（1）配料 （单位：kg）

酱油	14	砂糖	5
黄酒	0.6	精盐	2.4
味精	0.24	酱色	0.04～1
生姜	0.3	八角茴香	0.02
花椒	0.02	桂皮	0.01
肉汤	78		

（2）配制方法　将生姜、八角茴香、花椒、桂皮加水熬煮成香料水，然后把上述配料在夹层锅中加热煮沸，临出锅前加入黄酒，每次配料汤汁得量为 100kg，过滤备用。调味液氯化钠含量为 5.5%～6.0%。

4. 装罐量

罐号	净重	排骨	汤汁
962	397g	285g	112g

5. 排气及密封

排气密封：热力排气，中心温度为 90～92℃。

6. 杀菌及冷却

杀菌公式（排气）：10min—45min—反压冷却/121℃

（反压：120.0kPa）。

三、红烧牛肉

红烧牛肉罐头是指将牛肉预煮、切块、调味后制成的产品。它具有肉块软烂、香酥、汤汁鲜美等特点。

1. 工艺流程

调味汤汁配制
↓
原料预处理→预煮→切块→装罐→排气及密封→杀菌→冷却→保温检查→包装→成品

2. 原料处理方法及要求

（1）切条　将去皮去骨牛肉除去过多的脂肪，将腿肉切成 5～6cm 的长条，肋条肉切成 6～7cm 条肉以供搭配使用。

（2）预煮　腿肉和肋条应分开预煮，置于沸水中煮 20min 左右，煮至肉中心稍带血水为准，然后切成厚 1cm、宽 3～4cm 的肉片。

3. 配料及调味

（1）香料水配制

配料　（单位：g）

姜	120	桂皮	60
花椒	22	八角茴香	50
大葱	600		

将以上香料加水大火熬制 30min 以上，过滤后制成香料水 9kg 备用。

（2）配汤汁　（单位：kg）

骨汤	100	酱油	9.7
精盐	4.23	砂糖	12.0
黄酒	12.0	琼脂	0.73
味精	0.24	香料水	9

（3）方法　先将琼脂在骨汤中加热溶化，再加入其他配料煮沸，临出锅时加入黄酒及味精，汤汁应经过滤后使用。

4. 装罐量

罐号	净重	牛肉	汤汁	植物油
781	312g	190g	112g	10g

5. 排气及密封

抽气密封：53.0kPa 以上。

6. 杀菌及冷却

杀菌公式（抽气）：15min—90min—反压冷却/121℃

（反压：100.0～120.0kPa）。

7. 说明及注意事项

（1）红烧牛肉、咖喱牛肉与咸牛肉应同时综合生产，以充分利用原料资源。

（2）装罐时，肉片的肥瘦大小要搭配均匀。

（3）香料水配制时，加水量不要太多，以熬煮后不大于 9kg 为宜，然后用开水调至 9kg。

四、红烧元蹄

红烧元蹄罐头是指将猪前后蹄髈预煮、油炸、调味后制成的产品。其色泽红润、肉酥汤鲜、气味芳香。

1. 工艺流程

上色液配制 调味汤汁配制

原料预处理→预煮→上色→油炸→装罐→排气及密封→杀菌→冷却

成品←包装←保温检查

2. 原料处理方法及要求

（1）原料预处理　剔去猪前后蹄髈骨头，蹄髈呈整只形态，无毛、无碎骨。拆骨后的蹄髈要求每只重 375～395g，拆骨得率约为 75%。

（2）预煮　水煮 30～40min，煮至肉皮发软有黏性，预煮时每 100kg 蹄髈加生姜、青葱各 200g（以布袋包扎好）及黄酒 125g，预煮得率约为 82%。

（3）油炸　煮后趁热拭干蹄髈表皮水分，涂上一层上色液，然后在 200～220℃油温下炸约 1min，要求炸后肉皮有皱纹并呈均匀的酱红色。炸后立即浸入冷水中冷却 1min 捞出，油炸得率约为 90%，然后修去蹄髈皮边及瘦肉的焦煳之处。

3. 上色液配配制

上色液由酱油（红）1 份、黄酒 2 份、饴糖 2 份混合而成。

4. 配料及调味

（1）配料（单位：kg）

肉汤（3%）	100	酱油	20.6
黄酒	4.5	砂糖	6.0
青葱	0.45	味精（80%）	0.15
精盐	2.1	生姜	0.45
酱色	0.2		

（2）汤汁配制　将上述配料在夹层锅中加热煮沸 5min，在临出锅前加入黄酒，然后用细筛过滤后备用。每次配料得量约为 125kg。

5. 装罐量

罐号	净重	蹄髈	汤汁
962	397g	300g	97g

6. 排气及密封

抽气密封：47.0kPa 左右。

排气密封：中心温度 60～65℃。

7. 杀菌及冷却

杀菌公式（抽气）：15min—65min—反压冷却/121℃

（反压：120.0kPa）。

8. 说明及注意事项

① 油炸修整后的蹄髈每只重量控制在 280g，超重或不够的可剪下瘦肉或嵌入瘦肉调整之。

② 本产品系整只蹄髈装罐，成品要保持蹄髈的形态，原料最好选用后蹄，后蹄可竖装罐，形态较好。

③ 应注意控制预煮的脱水率，防止固形物不足。

④ 取料时应使皮肉部分稍长于骨头，这样可使皮包住肉，外观美观。

⑤ 猪毛必须除净。

五、清蒸羊肉

清蒸羊肉罐头是指羊肉切块后与调味料直接装罐而制成的产品。具有肉块整齐、软嫩及肉鲜汤美的特点。

1. 工艺流程

原料预处理→切块→装罐→排气密封→杀菌→冷却→保温检查→成品
　　　　　　　　↑
　　　　　　辅料处理

2. 原料处理方法及要求

（1）羊肉预处理　将去皮去骨羊肉除去一切污物、异物后洗净，按部位割成大块，后背、臀、后腿为一等肉；前腿、肋条、腱子肉、脖头肉等为二等肉。

（2）切块　将一等、二等肉分别切成约 120～160g 重的肉块。

（3）洋葱经处理清洗后切碎。

3. 装罐量

罐号	净重	羊肉	熟羊油	洋葱	精盐	月桂叶	白胡椒
8113	550g	482g	44g	18g	6～7g	0.5～1 片	0.06g（2～3 粒）

4. 排气及密封

排气密封：中心温度不低于 65℃。

5. 杀菌及冷却

杀菌公式（排气）：15min—75min—20min/121℃（反压：115kPa）。

6. 说明及注意事项

一等、二等肉要搭配装罐。腱子肉、脖头肉每罐只允许装一块。

六、茄汁兔肉

茄汁兔肉罐头属于茄汁类产品，它是将兔肉预煮、切块后加茄汁制成的。具有兔肉鲜嫩、茄汁红亮、气味香的特点。

1. 工艺流程

```
                          茄汁配制
                            ↓
原料预处理→预煮→切块→装罐→排气及密封→杀菌→冷却
                                              ↓
                        成品←包装←保温检查
```

2. 原料处理方法及要求

（1）原料预处理　经解冻洗净的兔肉，劈成两半后剔除脊椎骨。

（2）预煮　每 100kg 兔片加洋葱 2.4kg、姜片 0.5kg、月桂叶 0.15kg、丁香 0.063kg、胡椒 0.10kg，加水量以浸没兔片为度。五种香辛料包扎于布袋里。预煮时先加香辛料煮沸 10min，然后投入兔片，预煮 10～12min（洋葱、生姜每煮 2h 更换一次，月桂叶、丁香、胡椒每煮 4h 更换一次）。

（3）切块　预煮后的腹部肉、背部肉、腿肉均切成 3～4cm 见方的小块，然后分别清洗复检并分别放置，以便搭配装罐。

（4）洋葱　经处理清洗后用孔径 2～3mm 绞板的绞碎机绞碎。

3. 茄汁配制

（1）配料（单位：kg）

番茄酱（12％）	100	精白面粉	6
黄酒	10	精盐	8
味精	2	精炼植物油	32
洋葱末	14	砂糖	11
肉汤	72		

（2）方法　将精炼花生油加热至 180℃左右，加入洋葱末炸至淡黄色，然后趁热加入精白面粉、肉汤、砂糖、食盐、番茄酱等不断搅拌，最后加入味精和黄酒，搅拌均匀，得茄汁 220～224kg 备用。

4. 装罐量

罐号	净重	兔肉	茄汁
860	256g	156g	100g

5. 排气及密封

抽气密封：53.0～60.0kPa。

6. 杀菌及冷却

杀菌公式（抽气）：15min—75min—反压冷却/118℃

（反压：150.0kPa）。

7. 说明及注意事项

（1）装罐时要注意不同部位肉块的搭配。

（2）茄汁配制过程中要注意搅拌，严防粘锅煳锅现象。

七、咖喱牛肉

咖喱牛肉罐头是指牛肉经预煮、切片后与调味汤汁一起装罐后制成的产品。具有肉嫩味鲜、营养丰富、风味别致的特点。

1. 工艺流程

调味汤汁配制
↓
原料预处理→切条→预煮→切片→装罐→排气及密封→杀菌→冷却
↓
成品←包装←保温检查

2. 原料处理方法及要求

（1）切条　将去皮去骨牛肉除去过多的脂肪，将腿肉切成 5～6cm 的长条，肋条肉切成 6～7cm 条肉以供搭配使用。

（2）预煮　腿肉和肋条应分开预煮，煮至肉中心稍带血水为准，然后切成厚 1cm、宽 3～4cm 的肉片。

（3）油炒面制作　将植物油 4 份加热至 120℃左右，然后加入过筛面粉 7 份，不断翻炒至面粉呈微黄色。

（4）油炸洋葱制作　将植物油 1 份加热至 140～160℃，然后加入切碎洋葱 2 份，炒至洋葱呈微黄色。

3. 配料及调味

（1）配料（单位：kg）

植物油	11.25	咖喱粉	2.83
精盐	4	油炒面	7.8
蒜泥	0.3	砂糖	2.5
姜	0.236	黄酒	1.15
骨汤	100	油炸洋葱	4

（2）方法　将植物油加热至100℃以上，加入咖喱粉，炒拌数分钟后，加入油炸洋葱、蒜泥、盐、糖、油炒面、姜、骨汤搅匀煮沸，临出锅前倒入黄酒，得量在125～128kg，装罐时温度掌握在75℃。

4. 装罐量

罐号	净重	牛肉	汤汁
854	227g	117g	110g

5. 排气及密封

抽气密封：50.0kPa以上。

6. 杀菌及冷却

杀菌公式（抽气）：15min—90min—反压冷却/121℃

（反压：100.0～120.0kPa）。

八、咸羊肉

咸羊肉罐头是将羊肉腌制、预煮、斩拌后制成的，具有质地软嫩、咸香适口的特点。

1. 工艺流程

淀粉（羊油）

原料预处理→切块→预煮→斩拌→装罐→排气及密封→杀菌→冷却

成品←包装←保温检查

2. 原料处理方法及要求

（1）切块　将去皮去骨羊肉除去过多的脂肪，切成宽15cm、厚5cm的条肉。

（2）腌制　每100kg肉加2.5kg 1号混合盐，在0～4℃冷库腌制4～72h。

（3）预煮　在连续预煮机或夹层锅内预煮，水沸后下肉煮沸7～10min（第一锅预煮水中加入约1%水量的食盐）。预煮得率为78%～80%。

（4）斩拌　煮后肉块经斩拌机斩成小块。斩拌时每100kg肉块加淀粉6kg。在使用三级羊肉时，每100kg肉块再加羊油0.5～1kg。

3. 装罐量

罐号	净重	咸羊肉
701或953	340g	340g

4. 排气及密封

抽气密封：53.0kPa 以上。

5. 杀菌及冷却

杀菌公式（抽气）：15min—80min—反压冷却/121℃

（反压：100.0～120.0kPa）。

九、回锅肉

回锅肉罐头是指猪肉经预煮、切块、拌料后制成的罐头，具有肉片香软、笋片嫩脆、酱辣味鲜的特点。

1. 工艺流程

笋预处理→预煮→切片→煮制→冷水漂洗→肉汤煮制

配调味酱料

原料预处理→切条→预煮切块→拌料→装罐→排气及密封→杀菌

成品←包装←保温←检查←冷却

2. 原料处理方法及要求

（1）原料预处理　将去皮去骨猪肉除去过多肥膘，肥膘厚度为 1～1.2cm，肋条肥膘厚度不超过 0.5cm。腿肉与肋条比例为 4：1。

（2）切条预煮　将肉块切成 7cm 宽的条肉，在夹层锅预煮约 35min，以猪肉煮熟为度，肉块得率为 76% 左右。

（3）切块　预煮条肉冷却后切成厚约 0.5～0.8cm、长约 5cm 的薄片，要求厚薄均匀、形态完整。

（4）笋处理　鲜笋去壳及粗纤维部分，修去笋衣及节点，剖开后预煮约 15min，然后将笋尖或嫩二节笋切成厚约 0.4cm、宽为 1.5～4cm、长约 5cm 的薄片，再放在夹层锅中预煮 30min。预煮后在流动水中漂洗 6h 以上，然后剔除杂质，再经肉汤预煮 5min，取出备用。

3. 配料及调味

（1）调味酱配料（单位：kg）

豆瓣酱	146	精盐	8.3
辣椒酱	83	砂糖	32.5
酱色	8.3～16.5	猪油	20.8
辣椒干	6.25～10.4	味精（80%）	12.5
紫草	8.3～16.5	肉汤	100

（2）方法　将猪油加热至 120℃，放入辣椒干，继续升温至 150～160℃，保温 10min，取出辣椒干待油温度稍低后，再加入紫草，待色素溶出后，过滤即成红

油。将红油及其他配料放于夹层锅中炒拌 15min，再加入味精搅拌均匀即得混合酱约 570kg，辣油应从调味酱中撇出以备装罐。

（3）拌料 将肉片 10kg（其中搭配肋条肉 2kg）与调味酱 2.9kg 混合并充分搅拌均匀。搅拌过程中要防止肉片破碎。

4. 装罐量

罐号	净重	肉片	笋片	辣油
854	198g	165g	23g	10g

注：笋片、肉片交替装罐。

5. 排气及密封

抽气密封：真空度 40.0～53.0kPa。

6. 杀菌及冷却

杀菌公式（抽气）：15min—65min—15min/118℃冷却。

7. 说明及注意事项

（1）配调味酱所用的豆瓣酱及辣椒酱要先绞碎然后经 0.8mm 筛孔打酱。

（2）搅拌过程中要防止肉片破碎。

（3）装罐时肉片、笋片要交替装罐并排列整齐。

第四节 肉类罐头常见质量问题及防止措施

（一）固形物不足

（1）加强原料的验收，不符合规格的不投产。

（2）控制预煮和油炸时的脱水率。

（3）肥瘦搭配合理，在保证质量标准的前提下，适当增加肥肉比例。

（4）调整装罐量。

（二）外来杂质

（1）原料运输、储藏管理时要防止杂质污染。

（2）健全车间卫生制度。

（3）加强预处理过程中原料的检查，装罐前必须复检。

（4）经常检查刀具、用具的完整情况，避免事故。

（5）部分原料如猪舌需经 X 射线检查，以防金属等杂质混入。

（三）物理性胀罐

（1）注意罐头顶隙度的大小。

（2）对带骨产品应增加预煮时间，根据标准要求块形尽可能小。

（3）提高排气的罐内中心温度，排气箱出罐后立即密封，提高真空封罐机真空室的真空度。

（4）严格控制装罐量，切勿过多。

（5）罐盖采用反打字，以增加膨胀系数。

（6）根据不同产品的要求，选用不同厚度的镀锡薄钢板。

（四）突角

（1）采用加压水杀菌和反压冷却，严格控制平稳的升压和降压。

（2）带骨产品的装罐力求平整。

（3）适当增加预煮时间和尽量减小块形。

（4）提高排气后的罐内中心温度或提高真空封罐机真空室的真空度。

（5）根据不同产品的要求选用不同厚度的镀锡薄钢板，罐底盖应选用较厚的镀锡薄钢板。

（6）封口后及时杀菌。

（五）油商标

（1）应经常用热水清洗杀菌锅和杀菌篮（车）上面的油污。

（2）含油量较多的产品，在杀菌前应对实罐表面进行去油污处理。含有淀粉等内容物（如午餐肉等）的产品，实罐外表常有含淀粉的油脂污染，经高温杀菌后清洗将十分困难，故一般应在杀菌前对实罐进行去油污处理。洗涤液的配方参见表4-6。

（3）含脂量较多的产品，杀菌后的冷却水不要回流使用。

（4）封口不紧是经常引起油商标的原因。

（六）平酸菌败坏

（1）严格执行车间卫生制度，防止和减少微生物的污染和繁殖，每一道工序都必须做好清洁卫生工作。封罐到杀菌间的半成品积压时间不要过长。

（2）加强进厂原辅料的质量检验，并彻底做好清洗工作，以减少微生物污染的机会。

（3）装罐前检查和控制半成品中的芽孢数，以便及时发现问题，采取必要措施。

（4）调整杀菌公式，杀菌后冷却必须充分。

（5）控制成品的温度，不能超过37℃。

（七）硫化物污染

（1）含硫量较高的产品，要严格检查空罐质量，力求减少空罐机械擦伤，必要时加补涂料。

（2）清蒸类产品用涂有专用抗硫涂料的空罐装罐。

（3）尽量避免产品与铁器、铜器接触。

（4）采用素铁罐装罐时，装罐前空罐要钝化处理。

（5）保证橡胶垫圈的硫化质量。

（八）流胶

主要是因橡胶的耐油性差或注胶过厚而引起。其防止方法有以下几种。

（1）增加氧化锌用量。

（2）提高烘胶温度。

（3）提高陶土用量（但用量过多易龟裂）。

（4）调节注胶量，控制在 0.5～0.7mm 厚度。

（5）尽可能采用抽气密封。

（九）罐外生锈

（1）空罐和实罐生产过程中所用制罐模具要光洁、无损伤，严格防止铁皮的机械伤。

（2）焊锡药水要擦干净。

（3）空罐洗涤后要及时装罐，不积压。封口后罐头力求保持清洁，封口的滚轮、六叉转盘及托罐盘要光洁、无刮伤。

（4）杀菌篮及冷却水应经常保持清洁，如杀菌锅水中加 0.05％亚硝酸钠。

（5）升温、冷却时间不宜过久，冷却后罐温以 38～40℃ 为宜，出锅后及时擦去水分，力求擦干并及时装箱。

（6）储放罐头的库温以 20～25℃ 为宜，梅雨季节门窗要关闭，刮北风时要开启门窗通风。

（7）罐头如果堆放，每堆不宜太大，堆与堆间隔保持 30cm，以利空气流通。

（8）装罐的木箱和纸箱的水分要控制，不宜太潮，黄板纸的 pH 值要求为 8～9.5。

复　习　题

1. 肉类罐头的种类有哪些？

2. 肉类罐头原料的解冻条件是什么？方法有哪些？

3. 原料肉的处理方法有哪些？

4. 原料肉预煮的基本要求有哪些？

5. 原料肉油炸的基本要求有哪些？

6. 肉类罐头的排气方法有哪些？各适用于哪类罐头？

7. 午餐肉罐头生产中常见的质量问题有哪些？如何防止？

8. 带骨类罐头生产中常见的质量问题有哪些？如何防止？

9. 如何防止罐头的平酸菌败坏？

10. 如何防止罐头的物理性胀罐？

参 考 文 献

[1] 葛长荣，马美湖．肉与肉制品工艺学．北京：中国轻工业出版社，2005．

[2] 天津轻工业学院，无锡轻工业学院合编．食品工艺学．北京：中国轻工业出版社，1995．

[3] 李慧文．罐头制品 323 例（下册）．北京：科学技术文献出版社，2003．

[4] 杨邦英．罐头工业手册．北京：中国轻工业出版社，2002．

第五章　禽类罐头

禽肉是人类食用肉的主要来源之一，它不仅营养丰富，而且味道鲜美。禽业已成为畜牧业中发展最快的一个产业，而禽类罐头的生产也成为最热门的分支。由于禽类罐头在加工过程中经过烧烤、油炸、调味等特殊工序，所以此类产品不仅具有禽类原有的风味，还增添了其他特有风味；且禽类罐头制品经过一定时间的储藏后，风味更佳，便于携带，食用方便，深受消费者的青睐。

禽类罐头按加工及调味方法不同，可以分成以下四大类。

（1）白烧类禽罐头　指原料经过初加工、不经烹调直接进行装罐，再加入少许盐（或香料或稀盐水）而制成的罐头产品。这类产品最大限度地保持了原料的特有风味。这类产品有白烧鸡、道口烧鸡、烧鸭等罐头。

（2）去骨类禽罐头　将处理好的原料经去骨、切块、预煮后，加入调味盐（精盐、胡椒粉、味精等）而制成的罐头产品。这类产品有去骨鸡、去骨鸭等罐头。

（3）调味类禽罐头　指原料经过初加工后切块（或小切块），再经调味、预煮、油炸或烹调之类的加工，或在装罐后加入调味汤汁、油等而制成的罐头产品。各种调味方式皆具特有风味。因此，又可将这类产品分为红烧、咖喱、油炸、陈皮、五香、酱汁、香菇等不同类别的产品。如红烧鸡、咖喱鸡、炸仔鸡、五香全鸭等罐头。

（4）内脏类罐头　指家禽的内脏及副产品经处理、调味或腌制加工后制成的罐头。这类产品有香菇鸡翅、五香鸡肫、软包装鸡腿等罐头。根据罐头容器的不同，禽类罐头又可分为玻璃罐罐头、金属罐罐头、软包装罐头。

第一节　禽类罐头原料

一、禽类罐藏品种及其性状

禽类原料包括鸡、鸭、鹅和火鸡等。这些禽类，我国南北各地均有大量饲养，适于罐藏的优良品种很多，现将几种常见家禽罐藏品种及其性状介绍如下。

1. 家禽鸡

（1）九斤黄鸡　主要产于长江以北地区，合肥一带饲养较多。其主要性状为头短而宽，体形方圆，单冠嘴短，脚短多毛，趾上有羽毛，有颈羽，全身羽毛黄色。

鸡体肥大，肉质柔嫩鲜美，体内充满脂肪，生长快。成年鸡体重为 4.5～6kg，为著名的罐藏优良肉用型鸡。

（2）狼山鸡　主产于江苏南通地区，属兼用型鸡。狼山鸡全身羽毛为黑色，鸡冠为单冠或玫瑰冠，有颈羽，但亦有无颈羽的。体大，结实，胸部肌肉发达，肉质嫩美。觅食性强，适应性强，屠宰率高。

（3）庄河鸡　又叫大骨鸡，主产于辽宁丹东、庄河、新金沿海诸县。全身羽毛为黄、褐、黑等色，或带有白色斑点，多单冠，颈色深浅不一，一般大多数无颈羽，骨骼粗大，抗寒力极强，蛋大，肉质好，易肥育。

（4）萧山鸡　主产于浙江萧山、余杭、绍兴、杭州等地，又称"越鸡"、"沙地鸡"，属肉蛋兼用型品种。公鸡羽毛为红黄色，尾蓝黑色；母鸡多黄色，其次为栗壳色，亦有黑色、灰白杂色者。单冠，眼棕黄色，喙黄褐色，脚黄色、间有趾羽，体大，生长较快，肉质好，成熟早，就巢性强。

（5）鹿苑鸡　主产于江苏常熟、沙州县一带。体形高大，体质结实，胸部较深，背平直，羽毛多黄色，喙与脚为黄色，单冠，肉质鲜嫩肥美。尤以体重1.75kg 时食用更佳，该阶段的肥美母鸡是煨制"叫化鸡"的原料。

（6）科尼什鸡　主产于英国康沃尔。体躯深宽硕大，胸角呈梯形，拥有斗鸡姿态，生长迅速。羽毛可分为白色、红色和浅黑色三个变种，引入我国的为前两种。具有鹰头的特点，豌豆冠，颈粗，颈上部稍呈弓形，翅小，尾羽短，两脚粗壮，喙与脚为深黄色，皮肤黄色。

另外，还有上海浦东鸡、江苏海科白鸡、英国浅花苏赛斯鸡、加拿大红布罗鸡、荷兰海布罗鸡、法国 D 型矮洛克鸡等品种均适合禽类罐头的加工。

2. 鸭子

（1）北京鸭　主产于北京京郊玉泉山一带，分布于国内外各地。羽纯白带有奶油光泽，头大，颈长而粗，胸部发达且宽而突出，腹部下垂，腿粗短，喙、蹼为橙黄色或橙红色，适应性强，发育快，成熟早，体重大，产蛋多，蛋重大，易肥育，肉质肥嫩鲜美。但皮下脂肪多，适宜烤制。烤制出的产品皮脆肉嫩，多汁适口，味道芳香。

（2）娄门鸭　又叫绵鸭，主产于江苏苏州地区。体形大，头大喙阔，颈较细长，胸部丰满，羽毛紧密，体躯为棕灰色。母鸭体羽为麻雀毛，眼敛上方有新月形的灰白羽毛，脚橘红色，爪黑色。整体美观，肉质优良，含脂量中等，口味鲜美。

（3）高邮鸭　主产于江苏高邮、宝应、兴化等地，是大型麻鸭品种，属肉蛋兼用型。体形较大，呈长方形，颈粗长，喙青而发光，嘴呈蓝黑色，脚为青色，爪黑，公鸭头部及颈上半部呈乌绿色且具光泽，颈下部及背部呈藕灰色，前胸红棕色，尾羽黑色，腹部白色；母鸭头部略小，颈细长，羽毛紧密，为淡棕褐色如麻雀毛，花纹细小，主翼羽为蓝黑色。

（4）番鸭 又名洋鸭、瘤头鸭、麝香鸭，主产于南美洲及中美洲地区。体躯前尖后窄，呈长椭圆形，头大颈细，喙短狭，基部和眼圈有不规则的红色或黑色肉瘤。公鸭肉瘤延展较宽，羽毛丰满美艳，带有金属光泽，羽毛有纯黑、纯白或杂色数种，较家鸭善飞，生长迅速，适于舍养，肉质呈红色且细嫩鲜美，无腥味，皮下脂肪发达。

3. 鹅

（1）狮头鹅 主产于广东潮汕地区，是世界上最大的三大鹅种之一。体形硕大，头部皮肤松软，前额肉瘤发达且向前生长，呈扁平状、质软，两颊各有肉瘤两个。喙下有肉垂，多呈三角形。头部正，正面看酷似狮头。全身背面、前胸羽毛及翼羽为棕褐色，由头顶至颈部的背面形成深褐色羽毛带。全身腹面的羽毛为白色或灰白色。生长迅速，肉用性良好，净肉率高。

（2）太湖鹅 主产于江苏苏南、浙江省太湖地区，是我国鹅种中的小型白鹅良种。体质强健结实，全身羽毛洁白，外貌酷似天鹅。头较大，喙的基部有一个大而突出的呈球形的肉瘤，颈长且弯曲成弓形，胸部发达，腿亦高，尾向上。生长迅速，肉质鲜嫩。

二、禽类的营养价值

禽肉通常是指鸡肉、鸭肉、鹅肉，此外，还包括鸽子肉、鹌鹑肉和野禽肉（如野鸡、野鸭等），它们所含的营养成分与大型牲畜肉的营养成分极为相近，是人类食物中优质蛋白的重要来源之一。

禽肉含有丰富的蛋白质、脂肪、糖类、无机盐及维生素等。一般含 20% 的蛋白质，可供给人体自身不能合成而必须从食物中摄取的必需氨基酸。禽肉中脂肪的熔点较低（33～44℃），易于消化，所含的亚油酸占脂肪总量的 20%，是人体的必需脂肪酸之一。各类禽肉脂肪含量不同，其中鸡肉的脂肪含量约为 2%，鸭肉、鹅肉脂肪含量较高，分别约为 7% 和 11%。各种禽类肝脏还富含维生素 A 和核黄素。鸡肝中维生素 A 的含量相当于羊肝或猪肝的 1～6 倍。禽肉中还含有维生素 E，由于维生素 E 具有抗氧化作用，所以一般禽脂肪在 −18℃ 冻藏 1 年也不会发生酸败。

禽肉中的结缔组织较为柔软，脂肪分布较为均匀，因此，禽肉比牲畜肉更鲜嫩、味美，而且容易消化吸收。禽肉汤汁中含氮浸出物的多少受禽类年龄和品种的影响。就同一种而言，幼禽肉汤中的含氮浸出物比老禽肉汤含量少，所以幼禽肉的汤汁不如老禽肉汤汁鲜美，这也是一般人喜欢用老母鸡煨汤而仔鸡爆炒的原因。就不同禽类来比较，野禽肉比家禽肉含有更多的浸出物质，会使肉汤带有强烈的刺激气味，从而影响肉汤的香味。

禽类内脏的营养也极为丰富，味道亦非常鲜美。因此，在禽类制品加工过程中，内脏也成为一类重要原料。一般认为，禽内脏是指在禽类加工过程中经加工处理后的禽的心脏、肝脏、胃（或称肫）和肠等。据有关测定数据，鸡肝、鸡心、鸡肫的蛋白质含量接近鸡肉，而鸭和鹅的肫、肝的蛋白质含量则高于鸭肉、鹅肉。由于禽内脏制品（如南京咸鸭肫、重庆辣味凤爪等）食用方便、口味鲜嫩，深受广大消费者喜欢。

目前，在国际上有很多国家已经培育饲养生产肥肝的家鹅品种，我国也开始了这方面的研究开发，禽内脏食品将越来越受消费者的欢迎，成为老少皆宜的美味佳肴。

第二节　工艺综述

禽类罐头是指将家禽原料加工处理后装入马口铁罐、玻璃罐及软包装等罐藏容器中，经高温处理，消灭掉绝大部分微生物，同时在防止外界微生物再次侵入的条件下借以获得在室温下长期储存的加工制品。由于禽类罐头食品的原料品种不同，各种禽类罐头的生产工艺亦不相同，但基本原理是一样的。

一、禽类原料的解冻

进入罐头厂的禽肉原料有两种：一种是新鲜的，另一种是冷冻的。新鲜禽原料要进行各种处理方能加工使用。若用冻结禽肉生产罐头时，在处理前必须进行解冻。解冻过程中除了保证良好的卫生条件外，对解冻的条件也要严格控制。控制不当，肉汁大量流失，营养成分损耗严重，可降低肉的保水性，影响产品质量。

解冻方法主要包括自然解冻（空气解冻）和淋水解冻两种方法。

自然解冻是指在解冻室室温低于15℃的情况下进行解冻的一种方法。解冻时间一般在15h左右。自然解冻法时间较长，若控制不恰当，极易受到微生物的污染，发生腐败变质。如果解冻室的温度不一致，则禽肉汁液的损失和干耗也有差异。淋水解冻法水温一般控制在20℃左右，解冻时间约为10h。这种方法简单易行、时间短、干耗少，但水溶性蛋白流失较多，肉色减退，影响禽肉的风味。自然解冻和淋水解冻都可用于禽类的解冻，主要根据加工品种及气候条件来决定，如清蒸类产品最好采用自然解冻法，以保持鲜味浓厚；夏季以淋水解冻法为宜，冬天则可采用自然解冻法。一般以淋水解冻方式为好。淋水解冻时，冷冻禽肉不允许浸泡在水中，也不可使用热水，以免大量营养物质流失和影响家禽外观。自然解冻前可用自来水先进行冲洗，以除去原料表面的污物。

验收合格的冷冻家禽放置于解冻室工作台或料架上进行解冻，不得直接接触地面，以免受到污染。

解冻应分批进行，边解冻边使用，遵循"先解冻好的先用"的原则，以保持原料的新鲜度。为了使解冻均匀，在解冻时要不断小心翻动，必须轻拿轻放，以防破皮。不宜过度解冻，以略带冰冻为宜。内脏在流动冷水中解冻至解冻完全且不变质为止，翅膀可摊在解冻台上或速冻盘中淋水解冻或自然解冻。解冻完毕应逐只进行验收，剔去不合格者。

二、禽类原料的预处理

新鲜的或解冻的原料肉需经过预处理即洗涤、修割、剔骨、去皮、去头、去内脏等，方能加工使用。将解冻后的家禽，逐只拔净所有的毛（包括血管毛，但头和翅的毛可不拔），用布擦干表面的水渍。如局部隐毛密集时可局部去皮，但面积不允许超过 $2cm^2$。绒毛可在火焰上烧去，但要防止表皮烧焦。用刀切去头部，留颈 $7\sim9cm$（光鸭留 10cm，光鹅留 $12\sim14cm$），沿膝宰去脚爪（有黑皮者应宰至黑皮以上），切除翅尖，去除尾梢上的骚蛋部分，并剪去肛门及尾部，拔去残余毛根。

用刀沿禽身脊椎骨中间（即从背部）劈开，切成两半，除去内脏、血管、气管、肺、食管、腰子、血块等，并在流动水中，用竹刷刷洗干净；剪去黑色皮膜、肛门及粗血筋等。禽油取出后应另行处理。取下禽肫，先剥去表面附着的黄皮及禽油，用刀将肫横切成两半，去除杂物，清洗干净，再用 3％盐水浸泡 30min 后冲洗干净。

净光鸡、鸭对半切开后斩成 $4\sim6$ 块，翅膀和腿骨中间斩一下，但不得斩下来，只将骨头斩断即可。净光鹅斩成 $6\sim8$ 块。将斩后的原料逐块进行检查，剔去碎骨、毛根、绒毛，去净黑皮、黑膜等杂质，然后用流动水将血污及其他杂质洗净。

去骨家禽拆骨方式有生拆和熟拆两种。熟拆就是将生禽原料煮熟后再将骨去除；生拆是指禽肉未煮前就拆骨。熟拆易把禽肉拆碎，且易残留碎骨。生拆优点多，但易漏拆细骨。在拆骨时，先将整只家禽用刀割断颈皮，然后划开胸部，拆开胸骨，割断腿骨筋，再将整块肉从颈部沿背部往后小心拆下。拆时不可把肉拆碎，防止骨头拆断，尤其注意膝盖骨及腕骨，最后拆去腿骨。

经预处理后的原料肉要达到卫生、营养及加工要求。卫生方面，要除净肉尸表面的污物，择净残毛；营养方面，不留粗筋膜、精血管等；加工方面，要除去头、翅尖等。全部处理流程应紧密衔接，不允许原料堆积。处理过程中应尽量避免用水刷洗，以防肉汁流失，或肌肉吸收大量水分而使纤维松软，失去保水性，降低产品质量。

三、预煮和油炸

禽类原料肉经预处理后，按工艺要求，有的要腌制，有的要预煮和油炸。预煮前按产品要求切成大小不同的块形，预煮时禽肉中的蛋白质逐渐凝固成不溶性物质。随着蛋白质的凝固，亲水胶体受到破坏，失去持水能力而脱水，使肉组织紧密而变硬，便于切条、切块。各种调味料渗入肌肉，赋予产品特殊的风味。预煮还能杀灭肉表面微生物。预煮时间视原料肉的品种、嫩度而定，一般为 30～60min。加水量以淹没肉块为准，一般为肉重的 1.5 倍。煮制过程中，适当加水以保证原料煮透。预煮过程中的重量变化主要是由于胶体中的水分析出所致。

为了减少营养流失，预煮过程中可将少量原料分批投入沸水中，加快原料表面蛋白质凝固，形成保护层，减少损失。适当缩短预煮时间也可避免营养流失。预煮的汤汁可连续使用，并添加少量的调味品，制成味道鲜美、营养丰富的液体汤料或固体粉末汤料。

原料肉预煮后即可油炸，脱水上色，增加产品风味。一般是在开口锅中放入植物油加热，再将原料肉分批入锅油炸，温度为 160～180℃。油炸时间依原料的组织密度、块形大小、厚薄及油温和成品质量而异，一般需 1～5min。油炸肉时，水分大量蒸发，一般失重 28%～38%。损失含氮物质 2% 左右，无机盐约 3%。肉类吸收油脂 3%～5%。成品香脆可口、色味俱佳。肉品油炸前涂上焦糖色液，油炸后将呈现美丽的酱黄色或酱红色。

四、其他工艺

同肉类罐头（详见肉类罐头"工艺综述"部分）。

第三节　禽类罐头加工工艺

禽类罐头品种较多，各种产品的加工又有一定的特殊性。下面列举几种典型的禽类罐头加工工艺、操作要点及其注意事项等。

一、烧鸡

烧鸡罐头是我国传统的家禽熟制品之一，色泽鲜艳、油光闪亮、香气四溢、风味独特，特别适合旅行和野外工作人员携带。

1. 工艺流程

原料验收→处理→整形→油炸→煮制→捞鸡→装袋→真空密封→常温杀菌→冷却→成品入库

2. 操作要点

（1）原料验收　应选用 2 年以内无病健壮白条鸡为原料，每只重量不低于1.5kg，肌肉发育良好。宰杀后放血干净，去除羽毛，表层呈淡黄色或稍带黄色。

若表皮不正常或出现青皮、黄骨或有严重烫伤者均不得使用。

(2) 洗涤处理　颈部割切三管放净血液，趁鸡体尚温时放到热水中浸烫，煺净羽毛，用凉水洗净浮毛和浮皮，切去鸡爪。从鸡脖根部切口，取出嗉囊和气管，再将其臀部和两腿间各切 7～8cm 长口，掏出内脏，割除肛门，用清水冲去鸡体腔内的残血和污物，然后在酒精火焰上烧去鸡表面的绒毛。

(3) 撑鸡整形　将洗净的鸡腹部朝上放在案板上，左手稳住鸡体，右手用刀将肋骨和椎骨中间切断（以刚好切断骨为度，肉和皮仍连接完好），并用手掰折。根据鸡的大小，选取一段竹杆放置腹内把鸡两侧撑开，再在下腹脯尖处切一小口，将双腿交叉插入腹腔内，两翅交叉插入口腔内，造型成为两头尖的半圆形。再用清水漂洗干净，挂晾，待鸡体表面水分晾干即可油炸。

(4) 油炸　沥干水分后，在鸡的表面均匀地涂上一层蜂蜜水（蜂蜜与水之比为 4∶6），随即将鸡放入 150～160℃ 的热油（鸡油或麻油、豆油、花生油）中翻炸，鸡体呈棕黄色即可捞起，约需 0.5min。

(5) 原辅配比　以煮 100 只鸡计料（单位：g）。

砂仁	15	良姜	90
丁香	3	陈皮	30
豆蔻	15	白芷	90
肉桂	90	硝石	18
草果	30	盐	2000～3000

(6) 焖煮　将上述配料（中药）砸碎平铺在夹层锅内，然后把经油炸的鸡按顺序一层一层地平放在锅内（视锅的大小决定每锅煮制数量），加入老汤，以淹没鸡体为度，调整食盐用量，上压竹箅子和小石块，以防鸡体翻动。用旺火将汤煮沸，加入硝石溶化，然后改用小火焖煮 2～5h（其中嫩鸡 2h 左右、老鸡 4.5h 左右），成熟度掌握在七成为宜。捞出时注意保持鸡体造型的美观。

(7) 捞鸡　事先备好捞鸡和盛鸡的用具，捞时先将汤面上的浮油撇去，然后夹住鸡颈，同时用其他用具配合轻轻地把鸡捞出。

(8) 装袋　采用三层铝箔袋进行罐装，每袋 1 只，每罐添加红油或麻油 20g，允许少量剔骨鸡肉添秤，塞入腔内。

(9) 真空密封　装袋后立即进行真空抽气密封，真空度为 0.0467～0.0533MPa。

(10) 杀菌冷却　包装时完全是手工操作，产品难免会受到污染。因此，真空包装密封后，应进行二次杀菌。为了不影响产品的风味，采用常温杀菌，同时还可使鸡肉进一步达到熟制的目的。即将真空包装好的鸡放入开水锅内，水温 85～90℃，杀菌 30min，之后用流动冷水冷却至 38℃ 左右即可。

3. 成品要求

鸡体完整，连头带脚整只装袋，无绒毛，色泽鲜艳，呈棕黄色或黄褐色。肉质软硬适度，熟烂离骨，口咬齐茬，具有道口烧鸡特有的风味，无异味，允许有轻度脱骨、破皮现象，并允许搭配鸡肫一个与去骨鸡肉一块放入腹腔内。

4. 说明及注意事项

① 适当选用鸡的品种，老嫩适度，以免焖煮过度骨肉分离。

② 焖煮时间要控制恰当，以免过生或过烂，影响产品质量。

③ 捞出时要注意鸡体造型的美观。

④ 抽气要充分。

二、辣味炸仔鸡

辣味炸仔鸡外层松软，鸡肉鲜嫩，色泽黄亮，吃起来脆嫩香滑，略有辣味，蘸以甜酱、椒盐，食之别有风味。

1. 工艺流程

原料→切块→腌渍→油炸→装罐→注油→排气密封→杀菌冷却→成品

2. 操作要点

（1）原料验收　采用来自非疫区、健康良好、饲养半年以内、宰前宰后检验合格的半净膛（或净膛）仔鸡，不得采用乌骨鸡和火鸡。

（2）切块　将处理后的鸡切成 4～5cm 的小方块。按部位把背部肉、胸部肉、腿部肉、颈及翅分开，以便搭配装罐。

（3）腌渍　将切好的鸡块与调味盐和混合酒拌匀进行腌渍，背部肉单独腌渍。背部肉腌渍时间为 20min，其余部位肉腌渍 25min。

调味盐配制：精盐 8.75kg、味精 1kg、白胡椒粉 250g、洋葱粉 550g，混匀。

混合酒配制：甲级白酒 5kg、苏州黄酒 4kg、丹阳黄酒 1kg，混合摇匀。

（4）油炸　按部位分别进行油炸。将腌渍好的鸡肉投入油锅中，油温为 180～200℃，炸至酱黄色或浅酱红色时即可捞出，约需 2～5min。脱水率控制在 33%～35%。

（5）辣油配制　精炼花生油 100kg、辣椒粉 2.75kg、紫草 450g、水 10kg。先用水将辣椒粉、紫草浸透，再加入花生油，待加热蒸发掉全部水分后停止加热，静置澄清后，从表面取出清油，沉渣中的油过滤备用。

（6）装罐量

罐号	净重	鸡肉	辣油
962	227g	210g	17g

（7）排气密封　排气温度 90～95℃，罐内中心温度不得低于 65℃，时间为 12min。真空密封：真空度为 0.060MPa 以上。

（8）杀菌冷却　杀菌公式（热力排气）：10min—75min—反压冷却/121℃。将杀菌后的罐头反压冷却至 38℃ 左右，冷却反压力为 0.0980MPa，冷却后擦去罐外水分，入库。

注意：抽气杀菌升温延长 5min。

3. 成品要求

肉呈酱黄色或浅酱红色，辣油呈橙黄色或橙红色，具有辣味炸仔鸡罐头应有的滋味和气味，无异味，肉块软硬适度，块形约 40mm，部位搭配和大小大致均匀；每罐允许搭配颈（不超过 40mm）或翅（翅尖必须斩去）各一块和添秤小块鸡肉一块；允许稍有露骨和稍有汤汁。采用 962 号罐型，净重 227g，允许公差±4.5%，氯化钠含量为 1.5%～2.5%。

4. 说明及注意事项

若加工控制不当，会出现鸡骨漏出的现象。

三、去骨鸡

传统做法上，中国人吃鸡多半是带着骨头，啃着带骨的东西总是觉得不雅观，有时还会影响食欲，所以把骨头去掉再来处理、加工制成去骨鸡罐头，这样既方便、爽口又雅观。

1. 工艺流程

原料验收→解冻→处理→预煮→拆骨→切块→配料→装罐→排气密封→杀菌冷却→成品

2. 操作要点

（1）原料验收　应采用来自非疫区、健康良好、经检验合格的鸡。若表皮不正常的或出现青皮、黄骨或有严重烫伤者均不得使用。

（2）处理　按公鸡、母鸡各半或 4∶6 取料，在 25℃ 以下解冻。解冻后擦净鸡体表面的解冻水，用酒精火焰烧去表面的绒毛，并用拔毛夹拔除毛根，剖腹取出内脏，割去头、颈、尾、脚爪，除去血筋、气管、杂质等，然后用清水洗净。

（3）预煮　公鸡、母鸡、老鸡、嫩鸡应分开预煮。加水量以恰好淹没鸡体为度，并加入适量洋葱。预煮时间，一般嫩鸡不超过 0.5h，老鸡不超过 1h，以达到剔去骨为准。当每锅预煮汤汁干物质达 3% 左右时，即可将汤汁取出，过滤备用。

（4）拆骨　预煮后的鸡坯趁热拆骨，先将整只家禽用刀割断颈皮，然后划开胸部，拆开胸骨，割断腿骨筋，再将整块肉从颈部沿禽背往后小心拆下。拆时注意保持肉块的完整，不使鸡皮脱落。

（5）切块　将鸡肉切成 4～6cm（采用 747 号罐型装）或 6～8cm（采用 962 号罐型装）左右的小方块，块形要方整，皮肉连接在一起。

（6）调味盐配方

调味盐配方：精盐 100g，白胡椒粉 8.8g，味精 8.4g。

（7）装罐量

罐号	净重	鸡肉	调味盐	鸡汤	鸡油
747	142g	115g	2g	20g	5g
962	383g	210g	6g	150g	17g

采用抗硫涂料罐，装罐前将调味盐按比例放入鸡汤中溶解混匀，配制成调味液。装罐时先定量地将鸡肉、调味液装入罐内，均匀浇入鸡油，然后立即排气、密封。

（8）排气密封　采用热力排气法，排气中心温度不得低于 70℃。真空密封，真空度为 0.060MPa 以上。真空密封罐头，杀菌升温时间延长 5min。

（9）杀菌冷却　净重 747g 杀菌公式：15min—60min—10min/118℃；净重 962g 杀菌公式：15min—60min—10min/121℃。

将杀菌后的罐头立即冷却至 38℃ 左右，取出擦罐入库。

3. 成品要求

具有去骨鸡罐头应有的滋味和气味，无异味；肉质软硬适度，允许有少量脱骨和破皮现象；块形整齐，大小搭配大致均匀；每罐允许另加碎肉一块。

4. 说明及注意事项

① 溶化油过多时应控制原料的肥瘦搭配和加油量。

② 有油哈喇味时应提高真空度和不使用储藏过久的鸡油。

③ 鸡皮黑点：加强原料的验收和选用抗硫性能好的镀锡薄钢板，或加复合磷酸盐及乙二胺四乙酸二钠（EDTA-Na$_2$）。

④ 有碎骨：把好拆骨关。

⑤ 密封后装篮杀菌时罐盖向下。

四、葱油鸡

葱油鸡罐头没有酱油鸡那么口味浓，带有浓浓的葱油香，不需要酱料，吃起来爽口、清香，使消费者随时随地都能品尝到葱油鸡的香味。

1. 工艺流程

原料验收→原料处理→预煮→切块→调味油→装罐→排气密封→杀菌冷却→成品

2. 操作要点

（1）原料验收　应采用来自非疫区、健康良好、经检验合格的鸡。若表皮不正常或出现青皮、黄骨或有严重烫伤者均不得使用。

（2）原料处理　原料鸡的处理：若采用冷冻鸡，处理前先需解冻。待鸡解冻后擦净鸡体表面的解冻水，用酒精火焰烧去表面的绒毛，并用拔毛夹拔除毛根，剖腹取出内脏，割去头、颈、尾、脚爪、翅膀，除去血筋、气管、杂质等，将鸡肫和翅膀分别放置，然后用清水洗净鸡体、鸡肫、翅膀。

大葱处理：将大葱除去绿叶和外皮，清水洗净后，切成长 4cm 左右的长段，然后再纵切成宽度为 3～4mm 的丝。

生姜处理：生姜洗净后，切成长 4cm 左右的段，然后切成宽为 3～4mm 的丝。

（3）预煮 将处理后的鸡按大小分别进行预煮，预煮时间各异。整只小鸡预煮时间约为 15min；大鸡劈半预煮时间约为 20min；翅膀、鸡肫煮至无血水为止。

（4）切块 将预煮后的鸡用刀切成约 4cm×5cm 见方的小方块，块形要方整，大小基本一致，要求皮肉连接在一起。

（5）调味油的配制

① 配方（单位：kg）

葱丝	姜丝	胡椒粉	甘草粉	精盐	味精	鸡板油	鸡汤油	花生油
6	1.2	0.09	0.03	0.6	0.28	1.6	1.6	1.6

② 配制 将准备好的葱丝和姜丝放在容器中，并拌入调味盐 1kg，然后将加热至 175～180℃ 的混合油 4.8kg 倒入容器内，拌匀后备用。

调味盐的配制：将胡椒粉、甘草粉、精盐、味精按比例拌匀即可。

混合油的配制：按鸡板油、鸡汤油、花生油各 1/3 的比例混合（若鸡板油、鸡汤油不够，可以用花生油来代替）。

（6）装罐量

罐号	净重	调味油	鸡块
962	370g	110g	260g

（7）排气密封 抽气密封：压力为 0.0533～0.0667MPa。

（8）杀菌冷却 杀菌公式（抽气）：15min—60min—20min/118℃。杀菌后立即冷却至 38℃ 左右，取出擦罐入库。

3. 成品要求

表皮呈黄色或黄褐色，皮色油亮，具有葱油鸡罐头应有的滋味和气味，香美爽口，无异味；肉质软硬适度，允许稍有脱骨及破皮现象；块形整齐，每罐 3～5 块，搭配大致均匀。

4. 说明及注意事项

在装鸡块时，肉厚的鸡块与肉薄的鸡块要搭配均匀。

五、咖喱鸡

咖喱是以姜黄为主料，多种香辛料为配料，复合配制而成的调味料。咖喱具有特别的香气。在许多东南亚国家中，咖喱是必备的重要调料。在许多西餐中也会用到咖喱。咖喱中含有辣味香辛料，能促进唾液和胃液的分泌，增加胃肠蠕动，增进食欲。咖喱能促进血液循环，达到发汗的目的。所以在亚热带，人们特别喜欢吃咖喱菜肴。旧金山美国癌症研究协会的最新研究指出，咖喱内所含的姜黄素具有激活肝细胞并抑制癌细胞的功能。咖喱还具有协助伤口愈合，甚至预防老年痴呆症的作用。

咖喱鸡罐头属广东风味，色泽金黄，鸡肉软烂，香气浓郁，味略带辣，椰油咖喱香气四溢。它既具有丰富的营养价值和药膳价值，口味又独特，是老少皆宜的佳品。

1. 工艺流程

原料验收→处理→咖喱酱调制→油炸→装罐→加入咖喱酱→密封→杀菌→冷却→成品

2. 操作要点

（1）原料验收　应采用来自非疫区、健康良好、经检验合格的鸡。若表皮不正常或出现青皮、黄骨或有严重烫伤者均不得使用。

（2）原料处理　新鲜鸡或解冻鸡先脱去鸡毛，再割下头、脚、颈、腿，剖腹去除鸡肫及内脏等，然后在流动水中洗去表面杂质和腹腔内血污。将处理后的鸡身和鸡腿切成 4cm×4cm×4cm 的小方块，分别放置。颈和翅膀油炸后，再斩成不超过 4cm 的小段。面粉炒至淡黄色，过筛。咖喱粉、胡椒粉、红辣椒粉及姜黄粉均需过筛，筛孔为 223～250 目。

（3）咖喱酱的调制

① 咖喱酱配方（单位：kg）

精制植物油	炒面粉	咖喱粉	姜黄粉	红辣椒粉	精盐
20	8.5	3.75	0.5	0.05	3.7

洋葱末	蒜头末	味精	砂糖	清水	生姜末
4	3.5	0.575	2.25	100	2.5

② 调制方法　将油加热至 180～210℃ 时取出，依次冲入盛装洋葱末、蒜头末、生姜末的桶内，搅拌煎熬至有香味。将炒面粉、精盐、砂糖先用水调成面浆，过筛。用水在配料中扣除。然后将油炸的洋葱末、蒜头末、生姜末和植物油的混合物倒入夹层锅，加入清水，一边将姜黄粉、红辣椒粉、咖喱粉、味精逐步加入，一边搅拌均匀，再煮沸后加入面粉，迅速搅拌，浓缩 2～3min，防止面粉结团，控制得量为 145～150kg。

（4）油炸　先将鸡块 100kg 与黄酒 0.15kg、精盐 0.15kg 拌匀，再加入面粉 0.45kg 拌匀，翅膀和头、颈、鸡身、鸡腿分别拌料。将精制植物油（或鸡油）加热至 180～210℃，油炸 1.5min，至鸡块表面呈淡黄色取出。鸡块得率为 80%、鸡腿为 85%、颈和翅为 90%。

（5）装罐量

罐号	净重	鸡块	咖喱酱
781	312g	160g	152g

（6）排气密封　排气密封时中心温度不低于 65℃；抽气密封真空度为 0.051～0.056MPa。

（7）杀菌冷却

杀菌公式（热力排气）：15min—66min—反压冷却/121℃

（反压：0.143MPa）；

杀菌公式（抽气）：20min—60min—反压冷却/120℃

（反压：0.143MPa）。

3. 成品要求

肉色呈油炸黄色，酱体为褐黄色；具有咖喱鸡罐头特有的滋味及气味，无异味；肉质软硬适度，酱体稠度适中，每罐装 5～7 块（搭配带皮颈不超过 4cm）或翅（翅尖斩去）1 块。块形大致均匀，允许另添小块鸡肉 1 块。

4. 说明及注意事项

咖喱酱在调制过程中要严格控制，否则会影响口感和外观。

六、烧鹅

烧鹅是来自广东的美食，鹅肉营养丰富，肉嫩味美，自古流传"喝鹅汤，吃鹅肉，一年四季不咳嗽"的谚语。烧鹅脂肪含量低，不饱和脂肪酸含量高，蛋白质含量比鸭肉、鸡肉、牛肉和猪肉都高，赖氨酸含量比鸡肉高出 30％。鹅肉味甘平，有补阴益气之功、暖胃生津之效。

1. 工艺流程

原料验收→解冻、预处理→预煮→上色→油炸→斩拌→烤煮→切块→配调味液→装罐→排气密封→杀菌冷却→擦罐、入库

2. 操作要点

（1）原料验收　应采用来自非疫区、健康良好、宰前宰后经检验并附有合格证书的半净膛（或净膛）的鹅，每只重量不低于 1.5kg，肌肉发育良好，尾部稍有脂肪，允许稍有血管毛。不得采用表皮色泽不正常、严重烫伤及冷冻两次的鹅。

（2）解冻、预处理　原料若为冻光鹅，先用冷水解冻，水温不超过 25℃。热鲜鹅用清水冲洗。用夹子拔除鹅体表面的血管毛，并在尾部开直口以除去气管、色素肉、淤伤等，切除肛门和骚蛋。鹅坯表面的绒毛用酒精火焰燎去。斩去翅尖后，将翅膀斩下，部位要适当，防止鹅身开口太大或留翅过长。切除淤血部位，用流动水清洗表面和腹腔中的污物、血块等杂质。烤鹅是带骨制品，因此在处理时，去头而不去颈，颈长 5～10cm。

（3）预煮　将处理好的光鹅，放在夹层锅中，加水量以淹没鹅为度。预煮时，加入适量的生姜和青葱（拍碎生姜和青葱，并用纱布包好）。预煮得率约为 83％。

（4）上色　预煮后的鹅只，擦去表面水分，趁热在表面均匀涂上一层上色液，稍干后上第二遍，即上色两遍。

上色液的配制：白酒 50g、焦糖 100g、转化糖 200g，三者混匀即可。

转化糖的配制：砂糖 80g、柠檬酸 0.9g、清水 200g。先将水加热至 70℃，放入砂糖，待完全溶解后，加入柠檬酸，保持 20min，冷却至常温，备用。

（5）油炸 上色后的鹅只，放入油温为 160～180℃ 的油锅中，炸至鹅只表面呈浅酱红色为止，约需 2min。油炸过程中，应经常捞净油中碎肉屑，以免产生焦苦味。每锅下油 50kg 时，投料 6～8 只鹅为宜。油炸得率约为 82%。

（6）斩拌 将油炸后的鹅只，沿脊骨对切为两半，并检查，除去腹腔内残余的血块和渣滓，注意轻拿轻放，防止破皮。

（7）烤煮 将烤煮香料水与辅助材料（除黄酒、味精外）一起放入夹层锅内，待煮沸后，将鹅肉投入锅中烤煮。烤煮时应经常翻动，以防烤焦，时间为 15～20min，鹅翅膀烤煮 7～9min。出锅汤汁约 15kg 左右，过滤后备用。

（8）切块 烤煮后的鹅斩去头颈，再切成 5～7cm 大小见方的块状；翅膀先切去翅尖，再切成两段。鹅颈切成 5cm 长的小段。

（9）调味液的配制

① 配方（单位：kg）

红酱油	白酱油	精盐	砂糖	鹅汤汁	黄酒	味精
5	10	4	20	5	10	0.2

② 配制 将上述配料放入夹层锅内，加热煮沸 10min，出锅时加入黄酒和味精。过滤，汤汁得率约为 50kg，备用。汤汁含盐量为 10%～12%。汤汁保温 70℃左右。

（10）装罐 采用抗硫涂料罐 962 号罐型，装罐前应先对空罐进行检查、清洗、消毒、沥干。先定量地将鹅肉、调味液装入罐内。注意，装罐时胸脯肉和腿肉应搭配均匀，每罐允许搭配鹅颈、翅膀各一块；鹅应平放于罐内，罐底处鹅皮朝下，罐面处鹅皮朝上。装罐后立即排气密封。

（11）排气密封 采用加热排气，温度为 100℃，时间为 15min。真空密封：真空度为 0.060MPa。密封后立即杀菌。

（12）杀菌冷却 杀菌公式（抽气）：15min—85min—20min/121℃。杀菌后立即冷却到 38℃ 左右，擦罐入库。

3. 成品要求

鹅表皮呈酱红色或酱褐色，具有烤鹅罐头应有的滋味和气味，无异味；肉质软硬适度，允许稍有脱骨及破皮现象；块形整齐，每罐 3～5 块，搭配大致均匀；每罐允许另加鹅颈（不超过 40mm）和翅（翅尖必须斩去）各一块。

4. 说明及注意事项

① 鹅翅膀单独油炸，时间为 7～9min，油炸过程中应及时捞出肉屑，防止产生焦苦味。

② 烤煮时应经常翻动，防止烤焦。烤煮时，鹅皮向内排列，不得贴锅，要注意汤汁与肉的比例，否则影响口味和色泽。

③ 装罐时，老鹅与仔鹅的装罐量要适当搭配。

④ 装罐时，鹅皮朝底盖。鹅骨不得接触罐内壁，以免造成罐内壁损伤而产生硫化污染。

⑤ 密封后，罐头应倒置装篮杀菌。

⑥ 恒温杀菌结束后，降温要均匀、缓慢，以免外压下降太快而造成突角。

七、五香鸡肫

鸡肫性平味甘，含蛋白质、脂肪、钙、磷、硫胺、核黄素、尼克酸等营养成分。鸡肫还含有胃激素、消化酶等，可使胃液及胃酸分泌量增加，促进胃蠕动，有消食积、健脾胃之功效。五香鸡肫肉质紧密，富有弹性，鲜嫩味美，咸淡适宜，老少皆宜。

1. 工艺流程

原料处理→预煮→配料调味→装罐→真空密封→杀菌冷却→成品

2. 操作要点

（1）原料验收　采用来自非疫区的健康鸡，宰杀良好且无寄生虫的新鲜或冷冻鸡肫。

（2）原料处理　将处理后的鸡肫和混合盐按 100∶1.2 的比例进行腌制。混合盐要先用 8kg 的水溶解后，搅拌均匀，倒入缸中。然后再放入鸡肫，在室温为 2～4℃下腌渍 72～96h，以鸡肫内无黑心、泛红色为度。在腌制过程中，至少要上下翻动两次，以保证腌制鸡肫色泽均匀一致，并可防止鸡肫腐败变质。

（3）预煮　腌制后，每 100kg 鸡肫加水 100kg，再加准备好的生姜、青葱、黄酒各 400g，在夹层锅内煮沸 10～15min，预煮后的鸡肫得率为 65%～70%。预煮水使用两次后便要更换。

预煮后要修除肫外膜、污物和污染部分，并修除肫周围形态较差的肉，修正后鸡肫的得率为 88%～90%。

（4）配料及调味

① 配方（单位：kg）

鸡肫（预煮修正后鸡肫）	混合盐	预煮料	麻油	味精
167（100）	2	2	5	0.390

精盐	肉骨头汤	黄酒	酱油（含氯化钠19%）	八角茴香
0.320	42	3	9	0.390

生姜	砂糖	桂皮	青葱	熟精炼植物油
0.640	3.8	0.320	0.640	4

混合盐配制：按照精盐 98%、砂糖 1.5%、亚硝酸钠 0.5% 的比例，将三者混匀后备用。

预煮料配制：生姜、青葱、黄酒各占 1/3，放入夹层锅内，煮沸 10～15min，备用。

② 调味　在调味前，先要熬煮骨头汤，每 100kg 肉骨头加清水 200kg，用焖火熬煮 10h 左右，过滤后，将骨头丢弃，不再使用。熬煮后的汤汁质量要求不浑浊、不发白，浓度为 2%（折光计）。

制调料时，先将桂皮、八角茴香、香葱和生姜加水熬煮 2h，调成香料液，待浓郁的料香味散出后，再进行过滤。随后将肉骨头汤和香料液一同放入夹层锅内，再放入鸡肫加热调味，30min 后取出鸡肫。注意：调味时每锅汤汁保持在 10～11kg。

（5）装罐量

罐号	净重	鸡肫	麻油	汤汁
854	227g	195g	10g	22g

（6）真空密封　排气密封条件为 85～90℃，时间为 10min，真空度为 0.047MPa。

（7）杀菌冷却　杀菌公式：15min—70min—反压冷却/118℃（反压：0.143MPa）。将杀菌后的罐头冷却至 38℃ 左右入库。

3. 成品要求

鸡肫表面呈酱红色，切面无明显黑心，汤汁呈酱褐色；具有五香鸡肫罐头应有的滋味和气味，无异味；组织有韧性、脆嫩，每只肫纵剖成相连的两瓣，形态整齐，大小均匀，每罐允许添调味后的不完整鸡肫一瓣。

4. 说明及注意事项

预煮后的鸡肫一定要进行修整，以免影响成品质量。

八、鸡腿软罐头

鸡腿软罐头通过特殊腌制再经上色、油炸、包装而成。"鸡腿"外形逼真，表层香脆，里边鲜嫩，卤汁颜色鲜红，油润光亮，酸、香、咸、鲜、甜多味俱备且复合成一种特殊的美味。

1. 工艺流程

冻鸡大腿→解冻→漂洗→腌制→上色→油炸→真空包装→常温杀菌→冷却→保温检验→成品

2. 操作要点

（1）原料验收　采用来自非疫区的健康鸡，宰杀良好且无寄生虫的新鲜或冷冻鸡大腿。

（2）解冻　解冻应在 0～4℃ 条件下自然解冻 18～20h。然后用清水漂洗数次，沥干水分后称重。

（3）腌制液配制　腌制的目的不仅在于增加咸味，改善产品风味，同时可以延长产品的保藏期。一般采用浸泡法进行腌制。

① 香辛料的配制

香辛料配方（以 100kg 水计）（单位：g）

花椒	八角茴香	丁香	砂仁	桂皮	陈皮	生姜	葱
100	50	20	20	50	60	150	200

香辛料按配方比例称好后，用纱布包好，放入适量水中煮沸熬制 30min，备用。

② 腌制液配制　配方：食盐 10%、复合磷酸盐（焦磷酸钠 21.8%，三聚磷酸钠 45.6%，六偏磷酸钠 32.6%）0.4%、白糖 2%、葡萄糖 0.5%、亚硝酸钠 0.01%、抗坏血酸钠 0.003%、味精 10%、白酒 150g、香辛料适量。

腌制液配制：先将三种磷酸盐按比例称好后，加少量热水溶解，必要时可在火上加热以促使其溶解，边加热边依次加入白糖、葡萄糖、亚硝酸钠、抗坏血酸钠及食盐，搅拌均匀后，倒入煮好的香辛料液中，冷却后加入白酒和味精。

（4）腌制　先将鸡大腿逐只放入腌制容器内，然后倒入配好的腌制液，并压上适当重物，使鸡大腿全部浸泡在腌制液中。腌制室温为 4～6℃，腌制期间适当翻动 2～3 次，以保证其腌制均匀。腌制结束后，用清水冲洗表面，以降低表层食盐含量。

（5）烫皮上色　烫皮上色两道工序同步进行。白糖与水的比例为 3∶100。先将白糖在锅内熔化，当糖液开始变色且稀糖化时喷入少量开水，按比例倒入开水锅中，即得浸烫皮液。

将腌制好的鸡大腿放入煮沸的浸烫皮液 1～2min，至表皮微黄绷紧，捞出晾干，待油炸。

（6）油炸　待油炸锅中油温升至 150～160℃时，将鸡大腿放入炸篮中，盖上油炸锅盖维持 3～4min，当鸡大腿炸成金黄色时即可出锅。

（7）真空包装　油炸后的鸡大腿在无菌室晾凉后真空包装。

（8）常温杀菌　由于包装时完全是手工操作，产品仍可能会受到污染。因此，真空包装后，应进行二次杀菌。为了不影响产品的风味，采用常温杀菌，同时还可使鸡大腿达到熟制的目的。将真空包装好的鸡大腿放入开水锅内，水温 85～90℃，杀菌 30min。

（9）冷却　杀菌后立即将产品放入流动冷水中，冷却至 38℃左右，入库冷藏。

3. 成品要求

鸡腿表皮呈油炸黄色或黄褐色；具有腌制鸡腿软罐头特有的滋味及气味，无异味；肉质软硬适度，每袋仅装一只鸡腿。成品鸡腿食盐含量为 1.2%～2.0%。

4. 说明及注意事项

① 鸡腿在腌制期间应适当翻动，以确保腌制均匀。

② 杀菌时，为保持鸡腿原有的风味，一般采用常温杀菌。

九、陈皮鸭

陈皮是一种调味料，也是一味中药材，具有行气健脾、降逆止呕之功效。陈皮鸭罐头吃起来清香可口，鸭肉中渗着陈皮的芳香味道。

1. 工艺流程

原料验收→处理→预煮→上色→油炸→调味→装罐→注汤→排气密封→杀菌冷却→成品

2. 操作要点

（1）原料验收　采用来自非疫区健康良好的鸭，宰杀良好，丰嫩、无伤疤的新鲜或冷冻鸭。

（2）处理　将鸭倒挂，用刀在鸭颈处切一小口，随即用右手捏住鸭嘴，把脖颈拉直，使血滴尽，待鸭停止抖动时，便可进行热烫。热烫时，水温不宜过高，一般61～62℃为佳，以免烫破皮。当鸭毛轻轻一推即可脱掉时，便可取出。趁热先煺毛，沿脊椎骨剖开，并切除部分脊骨，去除内脏及杂物，用流动水清洗干净。

（3）预煮　放清水 35kg 在夹层锅中，煮沸后，将处理后的鸭只 50kg 放入沸水中预煮，预煮时间为 12～15min。

（4）上色油炸　在鸭表面均匀地刷一层白酱油，然后放入油温为 160～170℃的锅内油炸，炸至金黄色即可，时间大约为 5min。

（5）配方及调味

① 配料（单位：kg）

鸭肉	鸭汤	酱油	白酱油	砂糖	50°白酒
50	40	1.35	2	1.25	0.750

精盐	味精	生姜	陈皮	猪油
0.400	0.67	0.250	0.600	1.15

② 调味　油炸后，先将鸭肉 15kg 放入夹层锅内，上面铺上陈皮及生姜一层，再将剩余鸭肉放在上面。其余配料用鸭汤溶解，经过滤后倒入锅内，煮沸 60～70min 后将鸭肉取出。从过滤后的汤汁上面取出油汁 5kg，与胡椒粉 20g 搅拌均匀，作为汤汁，备用装罐。

（6）装罐量

罐号	净重	鸭肉	汤汁
962	340g	285g	55g

装罐时，如果鸭只肥度不够，则装罐时需加猪油 10g，可相应减少汤汁 10g。为整块装罐，鸭只腹部向上，腹腔内装入鸭肫 1 个，罐底放入陈皮 1 块。

（7）排气密封　排气密封：真空度为 0.040～0.0467MPa。

（8）杀菌冷却　杀菌公式（抽气）：12min—68min—15min/121℃。将杀菌后的罐头冷却至 38℃左右，擦去罐外壁附着的水分，入库保温。

3. 成品要求

鸭肉表面呈金黄色，且均匀一致；汤汁鲜美；具有陈皮鸭肉罐头应有的滋味和气味，无异味；组织有韧性且脆嫩。

4. 说明及注意事项

热烫时不宜过度，以免烫伤鸭皮；装罐时应注意使鸭腹部朝上。

十、香菇全鸭

香菇又称香菌、冬菇。由于它味道鲜美，香气沁人，营养丰富，不但位列草菇、平菇之上，而且素有"植物皇后"之誉，为"山珍"之一。香菇具有高蛋白、低脂肪、多糖、多种氨基酸和多种维生素的营养特点。由于香菇含有一般食品中罕见的伞菌氨酸、口蘑酸等，故味道特别鲜美。

经预煮、上色、油炸后的鸭子，浇上配制好的香菇汤汁制成的香菇全鸭罐头浓郁芳香，软滑可口，营养丰富，深受人们的青睐。

1. 工艺流程

原料验收→原料处理（脱毛、去头脚、去颈、去内脏及斩骨等）→预煮→上色、油炸→香菇处理→汤汁制备→装罐→排气密封→杀菌冷却→成品

2. 操作要点

（1）原料验收　采用来自非疫区健康良好的鸭，宰杀良好，丰嫩、无伤疤的新鲜或冷冻鸭。经（去头、去颈、去肫、去脚等）处理后的鸭重应在 $1\sim1.2kg$，过大过小的鸭只必须舍弃，另作他用。

（2）原料处理　新鲜或解冻鸭子先脱去鸭毛，再除去头、脚、颈，剖腹去除鸭肫及内脏等，然后在流动水中洗去表面杂质和腹腔内血污。将洗净鸭只的脊椎骨用刀背斩 5～7 刀，胸骨斩 2～3 刀，腿骨斩 1 刀，刚好斩断鸭骨即可，鸭肉与鸭皮仍连接完好，斩断骨后再清洗 1 次。

（3）预煮　按老嫩鸭分别预煮，老鸭预煮 20min，嫩鸭预煮 10min。脱水率控制在 25％左右。预煮 3 次后的鸭汤过滤，以备调味用。

（4）上色、油炸　将预煮后的鸭子放在上色液内浸一下，取出沥干，随即投入油温为 160～180℃ 中炸至淡黄色，即可捞出沥油，冷却。

上色液的配制如下。

① 配方　饴糖 0.5kg、清水 8kg、黄酒 1kg、酱色 0.5kg。

② 配制　将饴糖放入装有清水的夹层锅中搅拌混合，待饴糖完全溶于水中后，加入黄酒和酱色调和均匀即可。

（5）敷料的制备

① 汤汁的配制

配方（单位：kg）

酱油	味精	青葱	香菇汤（过滤后）	砂糖	生姜
17	0.850	0.420	13	8.5	0.420

黄酒	精盐	八角茴香	鸭汤	酱油	桂皮
3.5	2.95	0.140	100	210	140

按配方先将青葱、生姜、八角茴香、桂皮熬成香料水，再将配料放在夹层锅内煮沸，调和均匀，总量为140kg，备用。

② 笋片的准备　将清洗干净的鲜笋去皮后，切成长5～6cm、厚2～3cm的笋片，然后用鸭汤预煮5min，备用。

③ 香菇的准备　先用清水淋洗香菇，去除灰尘及污物，再以10倍之清水浸软，剪去香菇根，清洗干净，备用（香菇根和浸香菇的水可调味用）。

（6）装罐量

罐号	净重	鸭只	鸭油	香菇	笋片	汤汁
1589	1360g	700g	100g	25g	50g	485g

（7）排气密封　装罐后的全鸭先预封或加专用盖放入杀菌锅内进行热排气，在95℃以上排气15min，中心温度不低于85℃，趁热迅速密封。

（8）杀菌冷却　杀菌公式（热排气）：20min—85min—反压冷却/118℃（反压：0.1274MPa）。将杀菌后的罐头立即冷却至38℃左右，取出擦罐入库。

3. 成品要求

鸭肉色泽正常，呈黄色，富有光泽；香菇呈棕褐色；具有香菇全鸭罐头应有的滋味和气味，汤鲜味美，无异味；鸭肉酥软，无脱骨现象。

4. 说明及注意事项

严格控制炸鸭的油温；排气后应立即进行密封；斩骨时，用力应适度，仅斩断鸭骨，不斩断鸭肉和鸭皮。

十一、香菇鸭翅

精选优质新鲜鸭翅，配以香菇汤汁，可使人享受纯正原味鸭翅，香气逼人、味道醇厚、老少皆宜。

1. 工艺流程

原料验收→水烫→预煮→装罐→加香菇→注汤→排气密封→杀菌冷却→成品

2. 操作要点

（1）原料验收　采用来自非疫区、健康良好的鸭，宰杀良好，丰嫩、无伤疤的新鲜或冷冻鸡翅。

（2）水烫　新鲜鸭翅或冷冻鸭翅经解冻后投入沸水中烫漂10min，捞出沥干，冷却，用酒精灯火焰燎去残毛，再用清水漂洗一次。

（3）预煮液的配制　10%复合磷酸盐溶液1.7kg、乙二胺四乙酸二钠（EDTA-

Na$_2$）70kg加沸水至总量为167kg，待溶化过滤后备用。

10%复合磷酸盐溶液的配制：三聚磷酸钠145g、六偏磷酸钠201g、焦磷酸钠5g、水1.53kg，配成溶液1.7kg。

（4）预煮　将处理后的鸭翅与预煮液按1：1配比，煮沸20min，煮时不断搅拌，煮后捞出，自然冷却，煮后预煮液控制为75%即可。

（5）辅料的制备　香菇的准备：先用温水将香菇泡软，然后用剪刀将香菇根剪去，留10mm以下的香菇柄，挑除虫蛀及腐烂的香菇，并剔除杂质，逐个用流动水清洗，去净泥沙。

配汤的制备：将味精（766g）、精盐（3.5kg）放入预煮汤（96kg）中，调和均匀，加热，待味精和精盐充分溶解后过滤备用。

（6）装罐量

罐号	净重	鸭翅	香菇	汤汁
7114	425g	225g	20g	180g

（7）排气密封　采用真空封罐机进行封罐，真空度0.0533～0.0667MPa。

（8）杀菌冷却　密封后的罐头必须及时杀菌，杀菌公式（抽气）：10min—40min—10min/120℃。杀菌后用流动冷水分段冷却至38℃左右，擦罐入库。

3. 成品要求

鸭翅肉色正常，呈黄色，富有光泽；香菇呈棕褐色；具有香菇鸭翅罐头应有的滋味和气味，无异味；组织软硬适度，无脱骨现象；整只翅膀装罐，排列整齐，大小大致均匀；每罐允许翅膀一节以添称。

4. 说明及注意事项

香菇浸泡后不能有硬心，并要去净泥沙。

十二、乌鸡

随着生活水平的提高，人们对食品的要求越来越高，不仅要求食用方便快捷，还讲究营养和风味，并具有保健的功效。由于乌鸡肉味甘性微温，具有温中益气、滋养五脏、补精、添髓、固胎、利产等广泛的医疗功能，更值得一提的是乌鸡肉不但肉味鲜美，而且历来被视为妇科圣药，对治疗虚劳、消渴、滑泄及妇女不育症、产后虚损均有疗效。

乌鸡罐头既有药膳食品的特点，又兼罐头食品的优点，可使消费者随时随地品尝到乌鸡的美味。

1. 工艺流程

原料验收→处理→预煮→装罐→加汤→排气密封→杀菌冷却→成品

2. 操作要点

（1）原料验收　采用非疫区、健康良好的乌鸡，每只重0.65～0.8kg。

（2）乌鸡处理　先将鸡闷死，在 70～80℃热水中稍烫（以能去毛为准），之后进行去毛，并去掉鸡表面的杂物（注意不要弄破鸡皮），用清水洗净鸡表面，剖腹去除内脏（注意不要将胆囊弄破，以免带苦味），鸡肫清洗后备用。清洗腹腔，将污血、杂物洗掉，最后用刀割去鸡的肛门。处理完毕的乌鸡用啤酒浸 1～2min。

（3）预煮　加水量以恰好淹没鸡体为度。预煮时间一般为 1.5～2h。成熟度为七成时最佳。当每锅预煮汤汁干物质达 3％左右时，即可将汤汁取出，过滤备用。

（4）汤汁配制

① 配方（单位：g）

食盐	党参	黄芩	枸杞子	桂圆	红枣	汤汁
7.7	1	1	5	2只	2只	350

② 配制　将食盐、党参、黄芩、枸杞子、桂圆、红枣放在汤汁中，煮沸 1h 左右，控制得率在 90％左右。冷却后加入适量味精，备用。

（5）装罐量

罐号	净重	鸡	汤汁
9124	800g	450g	350g

（6）排气密封　热力排气，要求罐中心温度达 80～85℃。真空密封：真空度为 0.0533MPa。

（7）杀菌冷却　杀菌公式：15min—70min—15min/118℃。杀菌后立即进行冷却，至 38℃左右。

3. 成品要求

正宗乌鸡经加工后呈乌黑色；具有乌鸡加中药后应有的香味和气味；鸡体完整，头、脚在鸡腹腔中；每罐允许鸡肫一块以添称，氯化钠含量为 1％～1.2％。

4. 说明及注意事项

装罐时鸡头和鸡腿应插入腹腔内，且腹部朝下放置。

第四节　禽类罐头的常见问题及解决方法

鸡、鸭、鹅等禽肉蛋白质含量高，硫、磷等含量也相当丰富，在生产罐头制品时如果控制稍有不当，就易出现异常情况，常见的有平盖酸坏、硫化斑、油脂污染、假胀罐等。

下面介绍几种禽类罐头生产过程中的常见问题及解决方法。

1. 硫化物污染

鸡、鸭、鹅等罐头，由于蛋白质中的胱氨酸、半胱氨酸等在加热或高温杀菌过程中分解产生挥发性硫，与损伤的罐壁锡层反应生成紫黑色的硫化斑（硫化锡），与铁反应生成硫化铁，使罐内壁出现青紫色，甚至为黑色，严重时内壁上的黑色物质还会析出来污染内容物。

挥发性硫生成量的多少与禽的种类、品种、pH 值、新鲜度、年龄等有关。一般新鲜度差，碱性条件下产生的多；加热杀菌时会黑变，罐头冷却不充分时在储藏期间也会黑变。

解决方法有以下几点。

① 加工过程中严禁与铁、铜等机械器具直接接触，注意控制用水及配料中这些金属离子的含量。

② 采用抗硫涂料铁制罐作为容器。

③ 应严格检查空罐及橡胶垫圈的质量，如果在加工过程中空罐涂料层破坏要及时涂补。

④ 若采用素铁罐，装罐前空罐要进行钝化。

⑤ 预煮时沸水中加入少量有机酸，用 0.1％的柠檬酸将半成品浸泡 1～2min，装罐后 pH 值要控制在 6 左右。

⑥ 装罐时，将肥膘部位接触罐壁，底盖处要避免与瘦肉直接接触，且禽肉表面应与罐底盖接触。

2. 突角和爆节

大多数禽类罐头在加工过程中是未去骨的。禽骨中特别是关节部位的骨头，内部含有较多的空气。如果排气时不够充分，就立即进行杀菌，在杀菌冷却过程中底盖很易发生不可逆的变形。或由于禽骨顶底盖而造成角状突起，此种现象称为突角。由于排气不充分，罐内空气含量又较大，真空度过低，冷却操作不良时会在罐身接缝处爆裂，这种现象称为爆节。因此，若排气不充分、排气温度不高或装量不足，都可能造成禽类罐头在杀菌冷却或储藏期间出现突角和爆节现象。

解决方法有以下几点。

① 带骨的禽类罐头尽量采用热力排气。

② 应严格控制排气时间和排气温度，保证排气的充分。

③ 装罐时注意不使禽骨触及罐壁和底盖。

④ 严格控制装罐量，以确保适当的顶隙度。

⑤ 热排气时，一般要求罐内中心温度达到 75℃以上，罐出箱后应立即密封以免外界空气再次侵入，或提高真空封罐机真空室的真空度。

⑥ 对带骨产品应增加预煮时间，根据标准要求块形应尽可能小。

⑦ 杀菌时，升温、降温要平稳，冷却反压要严格控制。

⑧ 在原料处理时，将禽类关节部位折断，使空气逸出。

3. 油脂污染

鸡、鸭、鹅等禽类原料中含有大量的油脂类物质，若在加工过程中控制不恰当，油脂受热会从肉中分离浸出。浸出的油脂氧化产生油哈喇味，或污染罐外商标，或污染设备和工具，从而影响成品的质量。

解决方法有以下几点。

① 根据禽只肥瘦程度搭配装罐，适当增减禽油加入量。

② 应经常用热水清洗杀菌锅和杀菌篮（车）上面附着的油污。

③ 对于禽类产品，因含油脂类物质较多，故在杀菌前应对空罐表面进行去污处理。

④ 杀菌后的冷却水，不应回流使用。

⑤ 密封时应采用较高的真空度，以防油脂浸出液流出罐外。

4. 平盖酸坏

在禽类罐头生产过程中，常因卫生条件差、加工过程不严密或不连贯而造成平酸菌污染，发生平盖酸坏现象。此菌嗜盐、耐热，最适生长温度为 $50\sim55℃$，pH＝6.8～7.2。平盖酸坏会造成罐内禽肉变红、肉质变酸，影响产品质量。

解决方法有以下几点。

① 严格执行车间卫生制度，防止和减少微生物的污染和繁殖，保证每道工序都能在清洁卫生的工作环境下操作。

② 封罐到杀菌的滞留时间不应过长。

③ 加强进厂辅助材料的质量检验，并彻底做好清洁工作，以减少微生物污染的机会。

④ 装罐前检查和控制半成品中的芽孢数，以便及时发现问题，采取必要措施。

⑤ 调整杀菌公式，对平酸菌采用 121℃的杀菌公式比采用 118℃效果要好。杀菌后冷却必须充分，冷却后的温度不能超过 37℃。

5. 罐外生锈

禽类罐头若采用马口铁罐包装，如果罐外壁镀锡层在搬运、操作过程中被破坏，当遇到水分或在空气潮湿、pH 较低的环境下，罐外壁常会被腐蚀，形成锈斑，使产品外观严重受损，影响产品质量。

6. 禽皮黑点

在生产带皮禽类罐头中，有时禽皮上会出现黑点，严重影响成品的外观。

解决方法有以下几点。

① 加强原料的验收，对本身表皮上的黑点或黑皮应剔除干净。

② 选用抗硫性能好的马口铁制罐，保证空罐质量。

③ 罐内加入适量的复合磷酸盐及乙二胺四乙酸二钠（EDTA-Na_2）可防止禽皮黑点。

7. 去骨禽的拆骨

禽只经预煮后拆骨，由于肉质变硬，有些碎骨不易检出，造成去骨禽带骨的质量问题。

解决方法：可采用生鸡拆骨工艺。生拆骨后，由于肉质比较柔软，在检查时较易发现残骨的存在。生拆骨后的禽肉先切块，后预煮。预煮时间根据禽类品种、老嫩程度及公母鸡而不同。

<h2 style="text-align:center">复 习 题</h2>

1. 禽类罐头的分类有哪些？

2. 简述禽类罐头原料的主要品种及其主要性状。

3. 简述禽类罐头加工工艺。

4. 禽类原料解冻条件是什么？解冻时应注意哪些？

5. 概述禽类罐头原料预处理过程。

6. 禽类原料解冻方法有哪些？并谈谈其优缺点。

7. 简述去骨鸡罐头的工艺流程及操作要点，并说明其注意事项。

8. 简述烧鹅罐头的工艺流程及操作要点，并说明其注意事项。

9. 禽类罐头常出现的质量问题有哪些？应采取哪些措施？

10. 什么是禽类罐头的突角和爆节？

<h2 style="text-align:center">参 考 文 献</h2>

[1]　孔保华，罗欣，彭增起.肉制品工艺学.哈尔滨：黑龙江科学技术出版社，1996.

[2]　陈伯祥.肉与肉制品工艺学.南京：江苏科学技术出版社，1993.

[3]　天津轻工业学院，无锡轻工业学院合编.食品工艺学.北京：中国轻工业出版社，1995.

[4]　葛会贤，张万国.农畜产品开发指南.北京：中国农业出版社，2000.

[5]　李慧文.罐头制品323例.北京：科学技术文献出版社，2003.

[6]　杨邦英.罐头工业手册.北京：中国轻工业出版社，2002.

[7]　李惠娟.禽、蛋、奶类美食品.北京：科学出版社，2000.

[8]　董开发，徐明生.禽产品加工新技术.北京：中国农业出版社，2002.

[9]　王忠山.肉类制品加工技法.北京：金盾出版社，2002.

[10]　马美湖.特种经济动物产品加工新技术.北京：中国农业出版社，2002.

第六章　水产类罐头

水产类罐头是指将水产品经过预处理后装入密封容器中再杀菌、冷却的制品。水产类罐头按加工及调味方法不同，分成下列种类。

（1）油浸（熏制）类水产罐头　将处理过的原料预煮（或熏制）后装罐而制成的罐头产品。如油浸鲭鱼、油浸烟熏鳗鱼等罐头。

（2）调味类水产罐头　将处理好的原料盐渍脱水（或油炸）后装罐，加入调味料而制成的罐头产品。这类产品又可分为红烧、茄汁、葱烤、鲜炸、五香、豆豉、酱油等，如茄汁鲢鱼、葱烤鲫鱼、豆豉鲮鱼等罐头。

（3）清蒸类水产罐头　将处理好的原料经预煮脱水（或在柠檬酸水中浸渍）后装罐，再加入精盐、味精而制成的罐头产品。如清蒸对虾、清蒸蟹、原汁贻贝等罐头。

水产类罐头由于在加工过程中需经过油炸、蒸煮、调味、盐渍、烟熏等特殊工序，所以此类产品不仅具有水产品原有的风味，还增添了其他特有风味；且水产罐头制品经过一定时间的储藏后风味更佳，便于携带，食用方便，深受消费者的青睐。

第一节　水产类罐头原料

由于我国沿海及内陆水域面积广阔，海岸线长，自然条件优越，水产资源丰富。因此，水产品在罐藏原料中占有重要地位。我国现有的鱼、虾、蟹、贝等水产品约有2000多种，是世界上鱼、贝类品种最多的国家之一。在品种众多的水产品中，有经济价值的约有300多种，其中较为著名的海产品有大黄鱼、小黄鱼、带鱼、墨鱼等；淡水鱼类有青鱼、草鱼、鲢鱼、鳙鱼等；还有名贵水产如鲑鱼、鲥鱼、银鱼、对虾、鲍鱼等。随着养殖业和罐藏工业的发展，水产类罐头食品加工会得到更大的发展。

水产原料品种很多，但由于受各种条件限制，目前我国用于罐藏加工的品种约有70多种。现将介绍主要水产罐藏原料的品种、质量规格及其加工的处理、预处理。

1. 水产罐藏原料的种类和质量规格

为了对水产罐藏原料的形态、特点有全面的了解，现将我国主要罐藏水产原料的名称、质量规格及适于罐藏加工的产品种类等内容列于表6-1。

表 6-1　部分水产罐藏原料的名称、质量规格和产品种类

品名(别名)	质 量 规 格	适合罐藏种类
鲚鱼(凤尾鱼、烤子鱼)	体长在 12cm 以上,要求带子饱满	适于油炸调味罐藏
海鳗(鳗鲡鱼、狼牙鳝勾鱼、灰海鳗)	条重 0.75kg 以上	适宜于加工油浸、烟熏罐头,品质优良
大黄鱼(黄鱼、大黄花鱼、大鲜桂花鱼、金龙鱼、红口鱼)	条重 0.5kg 以上	适于加工油浸调味及油浸罐头,为品质优良的罐藏原料
带鱼(刀鱼、白带鱼)	条重 0.2kg 以上	适于加工油炸调味罐头,为我国主要经济鱼类中品质优良原料
墨鱼(乌贼、乌鱼、墨斗鱼)	条重 100g 以上,宜用新鲜或冷冻良好的肥满墨鱼,鱼体完整,色泽正常	适于加工调味及茄汁类罐头,为优良加工原料
银鲳(鲳鱼、镜鱼、白鲳)	条重 0.25kg 以上,要求新鲜良好,但允许鱼鳞有轻微脱落	适于加工调味类罐头,为名贵罐藏品种
鲫鱼(河鲫鱼、鲋鱼、喜头)	条重 0.15kg 以上	适合加工调味罐头,荷包鲫鱼、葱烤鲫鱼为我国传统的罐藏产品
鲤鱼(鲤子、鲤拐子)	条重 1.0kg 以上	适合加工调味类红烧及茄汁罐头
草鱼(鲩鱼、草根、草青、白鲩)	条重 1.0kg 以上,宜采用活的或新鲜良好、肌肉有弹性、骨肉紧密连接的鱼	适合加工调味类罐头,为制熏鱼罐头的优良原料
青鱼(乌青、青鲩、黑鲩)	条重 1.0kg 以上,宜采用活的或新鲜良好、肌肉有弹性、骨肉紧密连接的鱼	适合加工调味类罐头,特别适宜加工熏鱼
鲢鱼(白鲢、鲢子鱼)	条重 1.0kg 以上,宜采用活的或新鲜良好、肌肉有弹性、骨肉紧密连接的鱼	适合加工茄汁及红烧罐头,原料来源丰富
鲮鱼(土鲮鱼、鲮公、鲮箭鱼)	条重 0.125~0.25kg,宜采用活鲮鱼加工	肉质鲜美,加工成的豆豉鲮鱼罐头品质优良
黄鳝(鳝鱼、长鱼)	条重 0.15kg 以上	适合加工调味类罐头,味鲜美,为我国特有的名贵产品
乌鳢(乌鱼、斑鱼、生鱼、孝鱼、黑鱼)	条重 0.5kg 以上	肉质味美、营养丰富,适于加工成具有滋补作用的汤品罐头
鳖(甲鱼、团鱼、水鱼、圆鱼)	条重 250g 以上,宜用活鲜或冷冻良好的鳖,不得使用变质的鳖	可加工成具有滋补作用的汤品罐头
红螺(海螺、辣螺)	条重 40g 以上。宜用活鲜肥满或者良好的海螺肉,肉色正常,清洁,无异味,取自非污染水域。不得使用死海螺或变质的螺肉	肉肥嫩而大,适于调味罐藏
对虾(明虾、大虾)	条重 30g 以上。宜用鲜虾或冻虾,色泽正常,允许有轻微黑箍或黑斑,肉质有弹性,气味正常,不得使用不新鲜或冷冻两次的虾	适于加工调味及清蒸罐头,清蒸对虾罐头为名贵产品
三疣梭子蟹(梭子蟹、蟹子)	条重 200g 以上。宜用活鲜或新鲜肥满的蟹,色泽、气味正常,肉质坚实,不得使用蟹壳纹理不清、蟹爪下垂和肉质松软的蟹、拉花蟹(已产卵的蟹)、软壳蟹不宜使用	清蒸蟹肉罐头为名贵产品

2. 水产罐藏原料的验收

对于水产罐头生产而言，原料质量与最终产品质量之间有密切的关系。罐藏水产原料的验收首先应注意其鲜度。由于捕后装运和储藏不善，会使水产品的新鲜品质迅速丧失。一般建议对刚捕捞上岸用于制造罐头的水产品采用冷冻或冷藏，迅速抑制因温度造成的腐败。罐头制造商希望得到的是大小一致的优质鱼，以便成品达到固定标准，所以在罐头加工前，对水产品的质量，必须从感官、理学、微生物学等多方面加以评定并进行验收。其中以感官评价（参见表6-2和表6-3）为主。各项理化、安全卫生指标应符合《无公害食品·青、草、鲢、鳙、尼罗罗非鱼（NY 5053—2001）》、《无公害食品·中华绒螯蟹（NY 5064—2001）》等的有关规定。如含有农药、兽药、生物毒素、重金属等有害物质时，其含量必须符合要求方可使用。具体的安全卫生指标可参见《无公害食品·水产品中有毒有害物质限量（NY 5073—2001）》及《无公害食品·水产品中渔药残留限量（NY 5070—2002）》的有关规定。

表 6-2　鱼类感官指标

项目	新鲜	较新鲜	不新鲜
眼部	眼球饱满，角膜透明、清亮	角膜起皱，稍变浑浊，有时稍溢血发红	眼球塌陷，角膜浑浊，眼腔被血浸润
腮部	色泽鲜红，腮丝清晰，黏液透明，无异味	开始变暗，呈暗红色或紫红色，黏液带酸味	呈褐色至灰白色，附有浑浊黏液，带酸臭味、陈腐味
肌肉	坚实有弹性，用手压后凹陷立即消失，肌肉的横断面有光泽，无异味	肌肉稍松软，手压后凹陷不能立即消失，稍有酸腥味，横断面无光泽	肌肉松软，手压后凹陷不易消失，易与骨骼分离，有霉味及酸味
体表	有透明的黏液，鳞片鲜明有光泽，贴附鱼体牢固，不易脱落（鲳鱼、鳓鱼例外）	黏液增加，不透明，有酸腥味，鱼鳞光泽较差并易脱落	黏液污秽，鳞无光泽易脱落，并有腐臭味
腹部	腹部完整、不膨胀，内脏清晰可辨，无异味	腹部完整且膨胀不明显，内脏清晰，稍有酸腥味	腹部不完整、膨胀破裂或变软凹下，内脏黏混不清，有异味
水煮试验	鱼汤透明，有带油亮光及良好气味	汤稍浑浊，脂肪稍乳化，气味和口味较正常	汤浑浊，脂肪乳化，气味和口味不正常

表 6-3　其他水产品感官指标

种类	新鲜	不新鲜
软体类	色泽鲜艳，表皮色泽正常，有光泽，黏液多，体形完整，肌肉柔软而光滑	色泽发红，无光泽，表皮发黏，已略有臭味
虾类	外壳有光泽，半透明，肉质紧密、有弹性，甲壳紧密附着虾体，色泽、气味正常	外壳失去光泽且浑浊，肉质松软、无弹性，甲壳与虾体分离，从头部起逐渐发红，头脚易脱落，有氨臭味
蟹类	蟹壳纹理清楚，用手指夹持背腹两面平置，脚爪伸直不下垂，肉质坚实，体重、气味正常	蟹壳纹理不清，蟹脚下垂并易脱落，体轻，发腐臭味
贝类	受刺激时贝壳紧闭，两贝壳相碰发出实响	贝壳易张开，两贝壳相碰发出空响

第二节 工 艺 综 述

一、冷冻原料的解冻

罐藏制品生产和其他制品的生产一样，需要大量原料。鱼类是水产品原料中产量最大的品种，其中淡水鱼罐头制品的品种和原料消耗量相对较少，且多为活、鲜原料，而海产鱼类由于捕获、运输等原因必须进行冻藏，因此，这类原料在加工前需要先进行解冻。用于再加工的鱼的解冻操作对于保持鱼的质量至关重要。解冻过程要注意：①避免鱼的局部过热，否则体内蛋白质会发生变性（如在北极地区捕获的鳕鱼，体内的蛋白质在30℃以上就会变性）；②避免过多的汁液流失，以防降低制品的食用价值；③避免严重脱水；④抑制腐败菌的生长。

水产原料解冻方法有多种，如空气解冻法、水解冻法、真空解冻法、电解冻法等。目前，罐头厂常采用空气解冻和水解冻两种方法。空气解冻法是一种最简便的解冻方法，它依靠空气把热量传递给冻结水产原料，不需要特殊设备。一般空气温度为14~15℃，通常使用带饱和水蒸气的空气来解冻，空气流速为2m/s。此法解冻速度慢，干耗损失大，适于体形较大的水产原料。水解冻一般又分为流动水解冻和喷淋水解冻两种方法。流动水解冻是将定量的鱼置于解冻容器中，加水淹没鱼体，并不断更换新水以保持水温，从而使水产原料解冻的一种方法；喷淋水解冻是指向冷冻的水产原料喷淋微细水滴，使水产原料升温解冻，微细水滴易蒸发，从而使冷冻的水产原料在周围较低气温条件下快速解冻。水解冻法很简单也很便宜，解冻时间明显缩短，但可能导致风味和外观方面的质量损失，适合于体形较小的水产原料。

水产原料的解冻程度需根据原料特性、工艺要求、解冻方法、气温高低等来掌握。如在炎热季节只要求基本上达到解冻即可；对鲐鱼等容易产生骨肉分离、肉质碎散的原料，只需达到半解冻即可。

二、原料处理

水产类罐头对原料的鲜度、种类、规格等都有专门的规定，要求较高，因此加工前必须对整批原料进行验收，并在原料处理时仔细挑选，在热处理前还需经过一系列预处理加工操作，具体包括原料的清洗、不可食部分的剔除、洗净、剖开、分档、盐渍、油炸和烟熏等。一般先将原料在流动水中清洗，清除表面黏液及污物，同时发现和剔除变质、不合格的原料。用手工或机械去除鱼的鳞、鳍、头、尾、鳃，并剖开以去除内脏，再用流动水洗净腹腔内的淤血等残留物，以保持水产品固有的色泽。洗净后大型、中型的鱼身需切段或切片，再按原料的厚薄、鱼体或鱼块的大小、带骨或不带骨等进行分档。各项预处理加工操作应当在良好的操作条件下进行，如经常清洗产品、生产线和辅助设备，以免微生物的污染和滋生。

（1）去皮 尽管鱼皮是完全可食用的，但很多鱼种特别是金枪鱼和鲭鱼，在加工时还是要将皮去除。去皮方法一般采用化学去皮法，通常是将鱼浸在 pH＝14 的 70～80℃ NaOH 溶液中几分钟，取出后以水力喷射法去除疏松的表皮，然后在 pH＝1 的溶液中浸泡几分钟，以中和残存的碱。

（2）剔骨、切片 许多适宜于罐藏的鱼，包括沙丁鱼和三文鱼，不需要剔骨、切片就可以直接装罐。因为鱼骨在经过预煮、油炸、热杀菌等加工处理后会变软，可以食用，而且经剔骨、切片后的鱼也与传统消费方式不同。除此之外，剔骨、切片处理还会严重破坏鱼体的组织结构，使鱼体完整性在杀菌时丧失，影响最终产品的质量。而另外一些鱼种，由于鱼骨经预煮、热杀菌等处理后仍然很硬且无法食用，这时必须切片、剔骨。对于油脂含量很高的鱼，切片操作会严重破坏结构；尽管用于开背的鱼片，杀菌前的冷熏操作引起的脱水会使鲜鱼肌肉变硬并且减少破碎的容易程度。鲭鱼需要在 90℃ 下预煮，直至鱼肉从脊骨上完整地分成两片而不破裂为止。

（3）盐腌 盐腌的目的是利用盐液的渗透脱水作用均匀地调整食品咸淡度，同时改善产品的感官性质，使鱼肉组织变得较坚实，以便于预热处理或装罐。除此之外，盐腌还会使鱼体蛋白质变性并脱水，否则这些水分会在杀菌操作时溢出。因此，通过预处理可使这些会在杀菌后的溶液中形成轻微凝乳状的蛋白质溶出物降到最少。盐腌方法有盐水湿腌法和干腌法（拌盐法）两种。

① 盐水湿腌法 盐水湿腌是先将精盐用洁净的冷水（20℃ 以下）稀释到所需浓度，盐水浓度用波美比重表测定（1°Bé 大致相当于食盐含量为 1％ 左右的溶液，常温下食盐的饱和浓度约为 24～26°Bé），然后将原料按规模大小分档，分别放入盐水中浸渍，盐水用量以原料完全浸没为度，并须经常搅动，使盐液浓度均匀。这种腌渍方法通常作为以冷藏形式销售的海产品的主要加工方式；湿腌法也用于在玻璃罐中保藏的各种贝类食品，这种方法在巴氏杀菌或热杀菌方式出现前使用较多。盐水湿腌的目的主要是提高最终产品的风味。通常操作时间较短，在去内脏、去头和其他分离操作之后进行，湿腌后进行蒸煮、干燥或烟熏，再接着进行连续的装罐、密封等操作。因此，在盐水湿腌时，鱼中水分去除的很少。事实上，如果在低于 80°Bé 盐水中（21％NaCl 体积分数），甚至有可能使净重增加。在短时间的盐水浸渍中，肌浆蛋白和肌纤维蛋白均变性。溶解的这些蛋白质在湿腌后随着水分蒸发被转移到表面。在此阶段，能形成表面发亮的吸引人的外观，在随后的烟熏操作中还能促进水分散失及内部挥发性组分扩散。盐水也有可能会带走其他一些增强感官的物质如色素、烟熏风味物质或乳酸等，后者能使大西洋幼鲱和柔鲱的表皮收紧，并防止杀菌时粘在罐壁上。

在盐渍过程中，盐水浓度越高，盐渍时间越短，反之亦然。在实际生产中，盐水浓度通常控制在 6～15°Bé。盐渍时间 10～20min 为宜。对一些块形较大、生产中又有预煮脱水工序、容易流失盐分的原料，则要适量增加盐分。一些小形原料，如凤尾鱼、银鱼等，则无须盐渍，可在预加工时进行咸淡调节。此外，盐渍时间的长短还受季节气温、鱼肉性质（肌肉组织紧密程度、脂肪含量等）、解冻程度、鱼块厚薄、肉面大小等因素的影响，其盐渍浓度和时间并不完全一致，应根据产品对盐分的要求、原料性质、加工特点等来决定，必要时可通过试制样品、测定成品氯化钠含量来确定。具体生产中可参照表 6-4。

表 6-4　不同水产原料盐渍法的盐水浓度和盐渍时间

原料种类	罐藏品种	盐水浓度/%	原料盐水比例	盐渍时间/min
带鱼、杂鱼	辣味	8	1∶2	8～10
鲭鱼、马面鱼等	浓汁	10	1∶2	18
鲅鱼	油浸	鲜鱼 0,冻鱼 10	1∶1	鲜鱼 20；冻鱼 10
鲭鱼	油浸	鲜鱼 0,冻鱼 10	1∶1	20
鳗鱼	油浸烟熏	8	1∶1	10～30
带鱼	油浸烟熏	4.5～5.5	1∶2	20
参鱼	茄汁	8	1∶1	15
鳗鱼	茄汁	15	1∶1	10～12
鲤鱼	茄汁	3～5	1∶1	5～8
鲤鱼	红烧	3	1∶1	5～10
带鱼	五香	10	1∶2	8～12
狮子鱼	鲜炸	8	1∶1	4

② 干腌法　干腌法是将颗粒状干盐与水产原料按照一定的比例混合而进行腌渍的一种方法，又可称为拌盐法。此方法脱水的速度比湿腌法要快得多，但盐渗透的量要控制在口味可接受范围内。可通过干腌时间加以控制。以"段"或"块"的形式装罐的大鱼可采用干腌方式。不论是采用哪种预处理方式，都不能完全防止鱼体内水分和肌浆蛋白的损失。因此，这些蛋白质通常出现在它们天然的汁液中。

拌盐法盐渍，即在处理好的原料中均匀拌入适量精盐，并放置一段时间。其优点是使原料脱去部分水分，但由于盐渍不够均匀，故实际应用较少。

三、原料预加工

原料盐渍后，通常需要进行预加工处理，处理方法有油炸、预煮或烟熏等。其主要目的是进一步去除原料中的水分，并使蛋白质产生热变性，制品定型，组织紧密坚实，不易变形或破碎。同时，脱水后调味料较易渗透进原料内部，有利于食物风味内外的均匀一致。此外，预热加工还可以杀灭附着在原料表层的大部分微生物并对组织的自身酶起着灭活作用。有的预加工处理能改变产品的色泽并增加某种特殊风味。

(1) 预煮　将腌煮后沥干水的原料定量装入罐内，然后放入排气箱（蒸缸、杀菌锅亦可）内直接用蒸汽加热蒸煮，预煮温度约为 100℃，时间一般为 20~40min，可使制品脱水 15%~25%，实际生产中以鱼块表面硬结、脊骨附近肉质已蒸熟为度，然后将罐头倒置控水片刻，为避免控水后制品暴露在空气中，可在罐上加盖纱布，也可在蒸煮前加入适量盐水或调味液共煮。

(2) 油炸　将食物油（动、植物油均可）加热至沸腾时，按大小分档投入原料进行油炸，每次投入量为油量的 10%~15%，待原料表面结皮（鱼）或壳脆（虾）时，要翻动以防互相粘连，当制品有坚实感并变为金黄色或黄褐色时，可捞起沥油。油炸得率和原料水分有关，一般为 55%~70%。油温高低和油炸时间应根据原料品种和大小而灵活掌握，通常温度为 200~220℃，时间为 2~5min。在油炸过程中，要及时捞去碎屑，以防产生焦苦味。部分水产原料油炸的油温和时间见表 6-5。

表 6-5　部分水产原料油炸的油温和时间

原料品种	罐藏品种	油温/℃	时间/min	油炸程度	脱水率/%
青鳞鱼	鲜炸	180~200		鱼体表面呈金黄色	45
黄鱼	茄汁	185~210		鱼块表面呈金黄色	25
带鱼	五香	180~200		鱼块坚实呈黄色	50
鲤鱼	茄汁	170~180	2~4	鱼块表面呈金黄色	
鲤鱼	红烧	180~210	3~6	鱼块表面呈金黄色	
凤尾鱼	五香	200	2~3	鱼体表面呈金黄色	42~45
青鱼、草鱼、鲤鱼	熏鱼	180		鱼块呈茶黄色	52~54
鲅鱼	豆豉	170~175		鱼体呈浅茶褐色	
鲫鱼	荷包	180~210	3~6	鱼体呈棕红色，手按背部有弹性	

(3) 烟熏　在生产烟熏类水产罐头过程中，烟熏是必不可少的预加工工序。烟熏不仅使水产类具有独特的色泽和风味，同时也可使组织坚实并起到杀菌和抑菌的作用。烟熏方法一般包括冷熏（40℃以下）和温熏（40~70℃）两种。由于温熏的熏制时间比冷熏短，制品的色、香、味都比较好。因此，生产上大多采用温熏法。

温熏法分为烘干和烟熏两个阶段。烘干就是将水产品按大小分档串挂或平摊在网片上，在 50~70℃温度中烘至表面干结不粘手，脱水率约为 15% 为止。烘干的时间和温度要适度把握，温度应由低逐步升高。干燥程度要适宜，烘制过干烟熏时不易渗透、上色；太湿又会使熏烟在制品表层过多沉积，色泽发黑，味变苦。一般烟熏温度不超过 70℃，熏 30~40min 左右，使水产品表面呈黄色或淡棕黄色即可。

在烟熏过程中发生的干燥脱水也会使蛋白质变性和凝固，因此，在后序的加热过程中汁液基本上不会渗出。

用于烟熏和罐藏的多脂鱼的初始组分对终产品的质量有很大影响。脂肪含量低的原料在烟熏时易失去更多的水分，尽管这会使鱼肉组织变得更坚实，在充填阶段易于操作，但不免使制品在杀菌后变老变韧。另一方面，脂肪含量高的原材料在充填时比较容易破裂，结果使终产品太软。

第三节　水产类罐头加工工艺

水产类罐头品种较多，各种产品的加工又有一定的特殊性。下面列举几种典型的淡水鱼水产罐头加工工艺、操作要点及其注意事项等。

一、茄汁鲢鱼

茄汁类水产罐头是指将经过原料处理、盐渍脱水后的鱼块，生装后加注茄汁，或生装经蒸煮脱水后加注茄汁，或先预煮再装罐加注茄汁，或经油炸后装罐加注茄汁等，然后经排气、密封、杀菌等过程制成的罐头。其调味液以茄汁为主，兼有鱼肉及茄汁两者风味，储藏一定时间（即经过成熟期），使鱼、香、味充分调和后再食用风味更佳。不少海水鱼和淡水鱼，如鳗鱼、鲭鱼、鲅鱼、鱿鱼、鲳鱼、乌贼、青鱼、草鱼、鲢鱼、鳙鱼等，均可制成茄汁类罐头。

茄汁类水产罐头的关键技术是茄汁的配制，通常由番茄酱、糖、盐、植物油、黄酒等按照一定比例调和配制而成。

茄汁的配制方法如下。

方法一：按配方规定称取配料量，将香料水放入夹层锅内，加入糖、味精等配料，溶解后再加入番茄酱及预先加热到 $180\sim190℃$ 并维持 5min 的精制植物油，充分搅拌均匀后，再加热至 $90℃$ 备用。

方法二：将精制植物油加热至 $180\sim190℃$，放进洋葱炸至黄色，再加入番茄酱、糖、精盐、辣椒油等，加热煮沸。出锅前加入黄酒、味精、冰醋酸等，充分拌匀备用。

经油炸过的鱼，配方中的植物油用量可酌情减少。配方中的番茄酱因生产厂家不同，其中干物质含量也不同，需进行折算来确定用量。配方中精盐用量应根据成品含盐标准，结合半成品中鱼的含盐量来折算。

茄汁用香料水配方见表 6-6。

表 6-6　茄汁用香料水配方

配料名称	用量/kg		
	适用茄汁配方 1 号	适用茄汁配方 2 号	适用茄汁配方 3 号
月桂叶	0.02	0.08	0.035
胡椒	0.02	—	0.075
洋葱	2.5	—	3.0
丁香	0.04	0.025	0.075
芫荽子	0.02	—	0.035
精盐	—	0.01	
水	12	10	14
配制总量	12.5	10	17

将香料放入夹层锅内,加水煮沸,并保持微沸状态 30～60min,用开水调整至规定的总量,过滤备用。其中胡椒、月桂叶、丁香、芫荽子可复煮一次,第一次煮后其渣可代替半量供下次使用,香料水随配随用,以防积压,并防止与铁、铜等金属接触。

葱头油制备:将精制植物油 10kg 置于夹层锅中,加鲜葱头泥 10kg,加热煮沸,至葱头泥呈淡黄色时即可出锅备用。

辣椒油的制备:先放 14kg 精制植物油于夹层锅中,加干红尖头辣椒,加热煮沸,至呈鲜红色时即可出锅备用。

洋葱泥与蒜泥的制备:将剥去外壳的新鲜洋葱头、大蒜头绞碎成泥状即可。

醋精的配制:3 份冰醋酸加 7 份水混合均匀即成,或直接购买市售醋精(30%)。

下面以茄汁鲢鱼罐头为例,来介绍茄汁类罐头的加工工艺及操作要点。

1. 工艺流程

原料验收→原料处理(清洗、去头、去尾、去鳞等)→盐渍→油炸→装罐加茄汁→排气密封→杀菌冷却→成品检验入库

2. 操作要点

(1)原料验收 选用新鲜或冷冻的鲢鱼作原料,鱼体完整、气味正常、肌肉有弹性,不得使用变质鱼。

(2)原料处理 将新鲜鱼用清水洗净,冷冻原料鱼在不超过 20℃的水中解冻洗净。将洗净的鱼去鳞、去头尾、去鳍,剖腹去内脏,洗净腹腔内的黑膜及血污。按罐高切成长 5～6cm 左右的鱼块。

(3)盐渍 将鱼块浸没于 3～5°Bé 盐水中,鱼与盐水之比为 1∶1,盐渍时间为 5～8min,视鱼块大小而定。盐渍后用清水漂洗一次,沥干。

(4)油炸 将鱼块放入 170～180℃油中,油炸时间为 2～4min,炸至鱼块表面呈金黄色时即可捞起沥油,鱼块得率为 83%～85%。

(5)茄汁的配制

① 参考配方(单位:kg)

番茄酱	洋葱油	香料调味液	白胡椒粉	冰醋酸	
66	16.5	17.3	0.05	0.1～0.4	(配成总量 100kg)

② 葱头油熬制 精炼植物油 100kg,加热后放入洋葱末 25kg,熬至呈褐黄色,过滤后备用。

③ 香料调味液熬制 将丁香、月桂叶投入清水 9kg 中,煮沸 1.5h 后加入白砂糖 5kg、精盐 3.3kg,经溶解过滤备用,调整至 173kg(10 个配料用量)。

④ 茄汁配制方法 12%番茄酱 66kg,加入洋葱油 16.5kg,边搅动边烧沸,再加入香料调味液 17.3kg,搅匀煮沸,然后放入白胡椒粉 0.05kg,边加边搅以免结块。装罐前加入冰醋酸,调整至总质量为 100.6kg。

（6）装罐

① 装罐量

罐号	689	604	860	601
净重/g	156	200	256	397

② 装罐　将空罐清洗消毒后，先在罐底放月桂叶 0.5～1 片，胡椒 2 粒，装鱼块 170～185g。鲢鱼每罐不超过 4 块，鲤鱼每罐不超过 5 块。竖装，大小搭配均匀，排列整齐。加茄汁 71～86g，汁温保持在 75℃以上。

（7）排气密封　将罐预封后热排气时，罐头中心温度达 75℃以上。趁热密封，真空封罐，真空度为 0.047～0.053MPa。

（8）杀菌冷却

杀菌公式（热排气）：10min—70min—反压冷却/118℃

（反压：0.143MPa）。

杀菌公式（真空抽气）：15min—70min—反压冷却/118℃

（反压：0.143MPa）。

将杀菌后的罐头冷却至 40℃左右，取出擦罐入库。

3. 成品要求

鱼体表面颜色正常，茄汁为橙红色至红色。具有茄汁鲢鱼罐头应有的风味，无异味。肉质软硬适中，鱼块竖装、排列整齐，块形大小较均匀，脊椎骨无明显外漏，每罐不多于 4 块，允许另添加 1 小块。

4. 说明及注意事项

茄汁配制过程中应防止与铁、铜等金属接触。

二、红烧鲤鱼

红烧鱼类罐头的加工，主要采用我国烹饪技术中红烧的工艺特色。鱼块先油炸后装罐，再注入调味液；或经脱水后装罐，再注入调味液；或直接生装后装入调味液；也可将鱼块与调味液一起焖烤后再装罐，并注入适量调味液等。根据烹调方法的不同，产品名称也不同（如香酥、红烧、油焖等）。成品一般汤汁较多，色泽深红，具有红烧鱼的风味。常见的品种有红烧鲐鱼、红烧鲤鱼、红烧杂鱼、香酥黄鱼、酱油墨鱼等。

1. 工艺流程

原料验收→原料处理→盐渍→油炸→调味→装罐→排气密封→杀菌冷却→成品检验入库

2. 操作要点

（1）原料验收　选用鱼体完整、气味正常、肌肉有弹性、鲜度良好、每条 500g 以上的鲜鲤鱼或冷冻鲤鱼，不得使用变质鱼，原料须产自无公害水产品生产基地。

（2）原料处理　先将鲜鲤鱼或解冻鲤鱼刮去鱼鳞，再除去头、尾、鳍，剖腹后剪下腹肉、去除内脏，然后在流动水中洗去表面杂质和腹腔内的黑膜、血污。剪下的腹肉单独清洗，除净黑膜、血污，另行存放。将洗净的鱼体横切成约 5.5cm 长的鱼块，再清洗一次。

（3）盐渍　鱼块按大小分级，并分别浸没于 3% 的盐水中，鱼块与盐水之比为1∶1，盐渍时间 5～10min（根据鱼块大小来控制盐渍时间）。盐渍后的鱼块用清水冲洗后沥干水分。

（4）油炸　将大小鱼块分别进行油炸，鱼块与油之比为 1∶10，油温为 180～210℃，油炸时间为 3～6min，炸至鱼块呈金黄色、鱼肉有坚实感为准。鱼肉炸透后即可捞出沥油冷却。

（5）调味液的配制

① 配方（单位：kg）

砂糖	精盐	味精	琼脂	清水	花椒	五香粉	鲜姜	洋葱	酱油
6	3.5	0.045	0.36	88	0.05	0.08	0.5	1.5	10

② 配制　将香辛料加水于夹层锅内微沸 30min。过滤去渣后，再加入糖、盐等其他配料，煮沸溶解过滤，最后加入味精，用开水调整至总量为 110kg 的调味液，备用。

（6）装罐量

罐号	净重	鱼肉	麻油	调味液
860	256g	150g	0.45g	106g

（7）排气密封　热排气罐头中心温度达 80℃ 以上，趁热密封。真空封罐真空度为 0.053MPa。

（8）杀菌冷却　杀菌公式：15min—90min—15min/116℃。将杀菌后的罐头冷却至 40℃ 左右，取出擦罐入库。

3. 成品要求

肉色正常，具有红烧鲤鱼之酱红色且略带褐色，具有红烧鲤鱼罐头应有的滋味和气味，无异味，咸淡适中，鱼块组织紧密，块形大小均匀，竖装，排列整齐。

4. 说明及注意事项

① 严格控制炸鱼的油温。如油温过高，易使鱼块变成暗红色；油温过低，易使油炸时间过长。

② 封罐后应尽快杀菌。

③ 装罐时，鱼块不多于 3 块且竖装排列整齐，调味液温度应保持在 80℃ 以上。

三、豆豉鲅鱼

1. 工艺流程

原料验收→原料处理→盐腌→清洗→油炸调味→装罐→排气密封→杀菌冷却→成品

2. 操作要点

(1) 原料验收　选用鱼体完整、气味正常、肌肉有弹性、鲜度良好的活鲜鲮鱼或冷冻鲮鱼。条装豆豉鲮鱼罐头用的鲮鱼每条重 0.11～0.19kg，段装用的鲮鱼每条重 0.19kg 以上。不得使用变质鱼。采用无变质无异味的黑豆豉。

(2) 原料处理　将活鲜鲮鱼去头、去鳞、去鳍，剖腹后去内脏，用刀在鱼体两侧肉层厚处划 2～3mm 深的线，按大小分成大、中、小三级。

(3) 盐腌　100kg 鲮鱼的用盐量：4～10 月生产时为 5.5kg，11 月至翌年 3 月生产时为 4.5kg。将鱼和盐充分拌和，装于桶中，上面加压重石，鱼和石重量之比为 1∶(1.2～1.7)。4 月以后生产的鱼压 5～6h，11 月以后生产的鱼压 10～12h。

(4) 清洗　腌渍后移去重石，迅速将鱼块取出，避免鱼在盐水中浸泡。用清水逐条洗净，刮净腹内黑膜，鱼体在水中浸泡时间不要太长，取出后沥干。

(5) 调味液配制

① 配方（单位：kg）

丁香	桂皮	甘草	沙姜	八角茴香	酱油	砂糖	味精
1.2	0.9	0.9	0.9	1.2	1	1.5	0.02

② 配制　将备好的丁香、桂皮、甘草、沙姜、八角茴香放入夹层锅内，加入 70kg 的水，微沸熬煮 4h，去渣后得香料水，调节至 10kg，备用。

将配制好的香料水与酱油、砂糖、味精混合搅拌，待溶解后过滤，总量调节至 12.52kg 备用。

(6) 油炸调味　将腌渍好的鲮鱼投入 170～175℃ 的油中，炸至鱼体呈茶褐色，炸透但不过干为准，捞出沥油后放入 65～75℃ 调味液中浸泡 40s，捞出沥干。

(7) 装罐　采用抗硫涂料罐，按表 6-7 要求装罐。豆豉去杂质后水洗一次，沥水后装入罐底，然后装油炸鲮鱼，鱼体大小均匀、排列整齐，最后加入精制植物油（净含量为 227g 者加油 5g，净含量为 300g 者加油 75g）。

表 6-7　豆豉鲮鱼罐头净含量和固形物含量

空罐编号	净 含 量				固 形 物				
	标明净含量/g	允许公差/%	含量/%	规定质量/g	鱼		豆豉		鱼允许公差/%
					含量/%	质量/g	含量/%	质量/g	
501	227	±3	≥90	204	60	136	≥15	≥40	±11
603	227	±3	≥90	≥204	60	136	≥15	≥40	±11
500ml 玻璃瓶	300	±3	≥90	270	60	136	≥15	≥45	±9

(8) 排气密封　热排气罐头中心温度达 80℃ 以上，趁热密封。采用真空封罐，真空度为 0.047～0.05MPa。

(9) 杀菌冷却　杀菌公式（热排气）：10min—60min—15min/115℃。将杀菌后的罐头冷却至 40℃ 左右，取出擦罐入库。

3. 成品要求

鱼体表面呈茶褐色至棕红色，油为深褐色。具有豆豉鲮鱼罐头应有的滋味及气味，无异味。组织紧密，软硬及油炸适度。条装的排列整齐，每罐装 2～4 条以上，允许添加鱼一小块；段装的鱼块较整齐，块形部位要搭配，一般碎块不超过鱼块重量的 35%。

4. 说明及注意事项

油炸时以炸透但不过干为度。

四、清蒸蟹肉

清蒸类水产罐头又称为原汁水产罐头，是指将处理过的水产原料经预煮脱水（或在柠檬水中浸渍）后装罐，加入精盐、糖、味精等制成的罐头产品。此类罐头保持了原料特有的风味，成品口味鲜美而清淡，还可根据消费者的嗜好自行适当调味。常见的清蒸类罐头水产原料有鲭鱼、鳓鱼、鲅鱼、虾、蟹、蛏等。

1. 工艺流程

原料验收→清洗→捆扎→蒸煮取肉→浸泡→装罐→排气密封→杀菌冷却→成品

2. 操作要点

（1）原料验收　应采用肥壮、未产卵、完整无缺的新鲜蟹为原料，如是冷冻品也应采用新鲜的冻品。

（2）清洗　用毛刷逐只刷洗表面污物，并漂洗干净。

（3）捆扎　将蟹足、螯用棉线捆扎，以防蒸煮时爬动影响蒸煮。

（4）蒸煮取肉　将蟹用蒸汽高温蒸煮 20min，自然冷却，脱水率为 35% 左右。蒸煮后逐只进行处理，掀去蟹盖壳，用不锈钢小刀去除浮鳃、嘴脐、蟹黄（另有用途）等，将蟹身和螯分开取肉，力求完整，保留或除去肌间肉膜。

（5）浸泡　蟹身肉和螯内肉分开浸于含有 0.2% 柠檬酸的水中，蟹肉与柠檬酸水之比为 1∶2，浸泡 15min，取出后用清水漂洗，沥干，浸泡增量以 10%～12% 为宜，浸泡液需用每次更换的新液。

（6）装罐　采用抗硫氧化锌涂料罐 854 号，净重 200g，装蟹肉 197g，加精盐 2g、味精 1g。装罐时，蟹肉用硫酸纸包裹，硫酸纸需经 0.5% 柠檬酸液沸煮 30min，螯肉搭配均匀。

（7）排气密封　加罐盖，用硫酸纸遮盖，中心温度达 95～100℃，时间为 30～35min，趁热密封。

（8）杀菌冷却　杀菌公式：15min—70min—15min/110℃。将杀菌后的罐冷却至 38℃ 左右，取出擦罐入库。

3. 成品要求

蟹肉呈白色或黄白色，腿肉呈红褐色，允许有少量灰色肌肉。具有清蒸蟹肉应有的滋味和气味。肉呈条状，罐内衬有白色硫酸纸，允许有少量汤汁及磷酸盐白色结晶，腿肉允许带有筋膜。

4. 说明及注意事项

① 尽可能地缩短加工时间，严禁蟹肉与铁、铜等金属接触，否则蟹肉会变为灰黑色。

② 硫酸纸在装罐使用前需经 0.5％柠檬酸液煮 30min，然后漂洗备用。

③ 密封后应在 30min 内杀菌。

五、五香凤尾鱼

五香鱼罐头主要是指运用我国烹饪技术将鱼油炸后进行五香调味的制品。因此，成品汤汁不多，但香味浓郁、色黄显目、味美可口。各种五香鱼罐头的调味有所不同，但其加工方法基本类似。常见的品种有：五香凤尾鱼、五香带鱼、五香鳗鱼、五香小杂鱼等。五香凤尾鱼罐头的制作如下。

1. 工艺流程

原料验收→原料处理(清洗、去头、去内脏等)→油炸→调味→装罐→排气密封→杀菌冷却→成品

2. 操作要点

(1) 原料验收　选用鱼体完整带子、鱼鳞光亮、鳃呈红色、体长在 12cm 以上的新鲜或冷冻凤尾鱼，不得使用变质鱼，其卫生质量应符合相关规定。

(2) 原料处理　用流动水清洗鱼体，去净附着在鱼体上的杂物。剔除变质、无子、破腹等不合格鱼。然后摘除鱼头，同时拉出鱼鳃及内脏，力求鱼体完整，保留下颌，鱼腹带子饱满不破损。摘去内脏后的得率约为 83％～85％。按鱼体大小分为大、中、小三档，分开装盘。

(3) 油炸　按档次分别进行油炸，鱼与油之比约为 1：10，油温为 200℃左右，油炸时间约 2～3min。炸至鱼体呈金黄色，鱼肉有坚实感为准。油炸后的鱼体无弯曲、断尾或没炸透现象。油炸得率为 55％～58％。

(4) 调味　将油炸后的凤尾鱼捞起，稍经沥油，随即趁热浸没于调味液中，浸渍时间约 1min 左右，捞出沥去鱼体表面的调味液，放置回软。

调味液的配制：按配方准确称取生姜、桂皮、茴香、陈皮、月桂叶等，加入适量清水煮沸 1h 以上，捞去料渣，加入其他配料，再次煮沸，最后加入酒并过滤，用开水调整至总量为 100kg 的调味液备用。五香凤尾鱼罐头调味液参考配方见表 6-8。

(5) 装罐

① 装罐量

罐号	净重/g	凤尾鱼/g
401	184	184
602	184	184
962	184	184
500ml 玻璃罐	250	184

表6-8 五香凤尾鱼罐头调味液参考配方

配 料 名 称	用量/kg	配 料 名 称	用量/kg
精盐	2.5	生姜	5
酱油	75	桂皮	0.19
砂糖	25	茴香	0.19
黄酒	25	陈皮	0.19
高粱酒	7.5	月桂叶	0.125
味精	0.075	清水	50

② 装罐 装罐时，将鱼腹部朝上，头尾交叉，整齐排列于罐内，同一罐的鱼体大小和色泽应大致均匀，每罐内断尾鱼不得超过2条。

（6）排气密封 真空抽气真空度为0.053MPa，冲拔罐为0.035～0.037MPa，装罐后及时送真空封罐机抽气及密封。

（7）杀菌冷却 杀菌公式：10min—55min—反压冷却/118℃（反压：0.143MPa）。冷却至38℃左右，出锅擦罐入库。

3. 成品要求

鱼体呈金黄色至黄褐色，组织软硬适度，不过韧、不松烂；鱼体完整，带子饱满，大小均匀，排列整齐；具有五香凤尾鱼罐头的特有风味，香味浓郁；咸淡适中，无异味；氯化钠含量为1.5％～2.5％。

4. 说明及注意事项

① 严格控制炸鱼的油温。如油温过高，易使鱼尾变成暗红色；油温过低，易造成鱼体弯曲变暗。

② 封罐后应尽快杀菌。

③ 冲拔罐在杀菌结束后须先用70℃热水降温，降温要缓慢，以防突角和爆节，出锅后再放入水池中冷却至40℃左右。

六、荷包鲫鱼

1. 工艺流程

原料验收→原料处理→填馅→油炸→调味→装罐→排气密封→杀菌冷却→成品

2. 操作要点

（1）原料验收 选用新鲜或冷冻的鲫鱼作原料，各项理化、安全卫生指标应符合有关规定。如含有农药、兽药、生物毒素、重金属等有害物质时，其含量必须符合要求方可使用。

（2）原料处理 将活鲜鲫鱼去鳞、去头尾、去鳍，掏净内脏，用流动水充分刷洗以去净腹腔黑膜及污物，沥水6～10min。

（3）填馅 肉馅配方见表6-9。猪肉中肥肉约占6％。将猪肉用孔径为0.5cm

表 6-9　荷包鲫鱼肉馅配方

配料名称	碎猪肉	碎生姜	花椒粉	丁香粉	碎洋葱	五香粉	水
用量/kg	10	0.1	0.01	0.005	0.4	0.01	1.0

的绞肉机绞碎，然后加上其他配料，充分搅拌混合均匀即成肉馅。再将肉馅填入鱼腹内，填满塞紧。

（4）油炸　将鲫鱼放入 180～210℃ 的油锅中炸 3～6min，炸至鱼体呈棕红色，背部按之有弹性，肉馅表面不焦煳为宜，捞出沥油。

（5）调味汁的配制　荷包鲫鱼调味汁配方见表 6-10。将生姜、花椒粉放入夹层锅内，加水煮沸 30min 后去渣，加入其他配料，再次煮沸过滤，调整至总量为 50kg 的调味汁。

表 6-10　荷包鲫鱼调味汁配方

配料名称	砂糖	酱油	精盐	味精	生姜	花椒粉	水
用量/kg	3.0	7	4	0.3	0.5	0.125	35

（6）装罐量

罐号	净重	鲫鱼	调味汁	黄酒
602	312g	265g	47g	6g

（7）排气密封　真空封罐机密封，真空度为 0.033～0.036MPa，密封后罐头倒放。

（8）杀菌冷却　密封后的罐头应立即进行杀菌，杀菌公式为：30min—90min—30min/116℃。出锅后自然冷却 5min，再用冷水冷却至 38℃ 左右，擦罐入库。

3. 成品要求

呈酱红色或红褐色。具有荷包鲫鱼应有的滋味，无异味。鱼肉组织紧密、柔嫩，鱼骨酥软，小心地从罐内倒出鱼体时不碎散，允许有脱皮现象，鱼体完整。每罐装 2～12 条，大小大致均匀，且整齐排列于罐内。602 罐型净重 312g，固形物≥85%，氯化钠 1.4%～2.4%。

4. 说明及注意事项

装罐时，调味汁的温度应保持在 80℃ 以上。

七、油浸烟熏类水产罐头

油浸调味工序是鱼类罐头所特有的。其加工工艺与茄汁类水产罐头大致相似，只是注入罐内的调味液不是茄汁而是精制植物油及其他简单的调味料如糖、盐等。注入方法有以下几种：①将生鱼肉装罐后直接加注精制植物油；②生鱼肉装罐后经蒸煮脱水再加注精制植物油;③生鱼肉经预煮再装罐后加注精制植物油;④生鱼肉经油炸再装罐后加注精制植物油。采用这种方法制成的鱼类罐头称为油浸鱼类罐头。凡预热处理中采用烘干和烟熏工序制成的油浸鱼罐头称为油浸烟熏鱼类罐头。同样,这类罐头经储藏成熟使色、香、味充分调和后再食用,味道更佳。一般宜加工成茄汁类罐头的各种鱼都可加工成此类罐头,常用的原料有鳗鱼、黄鱼、带鱼等。下面以油浸烟熏鳗鱼罐头为例,来介绍油浸烟熏类水产罐头的加工工艺及操作要点。

1. 加工工艺流程

原料验收→原料处理(去鳍、去头尾、去内脏、切片、分档等)→盐渍→调味液浸渍→烘干、烟熏→切块→装罐、油浸→排气密封→杀菌冷却→成品检验入库

2. 操作要点

(1)原料验收 选用新鲜或冷冻的鳗鱼作原料,各项理化、安全卫生指标应符合有关规定。

(2)原料处理 用清水清洗新鲜鳗鱼或冷冻鳗鱼(解冻后),去除鱼体表面的黏液及污物,去头尾、去鳍,剖腹去内脏,洗净腹腔内的黑膜及血污,然后沿脊部剖开,去除脊骨后得两条带有鱼皮的鱼片,过大的鱼片可再纵切或横切成两条鱼片,修除腹部肉,切成 1.2~1.5cm 厚的鱼块。1kg 以上的鱼可切成 2cm 厚的鱼块,块形应整齐,按鱼片大小厚薄分成若干等级,分别装盘,以便于盐渍时盐分的渗透均匀一致。

(3)盐渍 每 100kg 鱼块加食盐 0.92kg 和白酒 100g,拌和均匀,盐渍时间为 10min,捞出沥干。

(4)调味汁的配制

① 香料水的配制 烟熏鱼罐头用香料水配方见表 6-11。将配料放入夹层锅内,熬煮 2h 后过滤成总量为 7.5kg 的香料水。

表 6-11 烟熏鱼罐头用香料水配方

配 料 名 称	用量/kg	配 料 名 称	用量/kg
桂皮	0.4	生姜	1.0
陈皮	0.18	花椒	0.18
月桂叶	0.12	青葱	1.5
八角茴香	0.15	水	10

② 调味汁的配制 烟熏鱼罐头调味汁配方见表 6-12。在夹层锅内加入除味精、黄酒以外的各种配料,煮沸溶解,出锅前加入味精、黄酒,过滤备用。

(5)油炸调味 油温为 180~200℃,鱼块按大小并与腹肉分开油炸,炸至呈茶黄色,脱水率为 52%~54%。将炸后的鱼捞出趁热浸没于调味汁中 1~2min,取出沥干,增重率约为 20%。鱼块较厚而未炸透的应挑出再于 150℃油中进行第二次油炸。

表 6-12　烟熏鱼罐头调味汁配方

配 料 名 称	用量/%	配 料 名 称	用量/%
香料水	7.5	黄酒	40
酱油	40	胡椒粉	0.03
精盐	1.24	砂糖	25
丁香粉	0.037	味精	0.2
甘草粉	0.5		

（6）调味油的配制　烟熏鱼罐头用调味油配方见表 6-13。先将香辛料放入夹层锅内，加水后加热，微沸 1h 至水近干，加入精制植物油，继续加热至香气浓郁时出锅，过滤备用。

表 6-13　烟熏鱼罐头用调味油配方

配 料 名 称	用量/%	配 料 名 称	用量/%
月桂叶	0.12	八角茴香	0.3
生姜	1.0	青葱	4.0
桂皮	0.4	花椒	0.2
陈皮	0.18	精制植物油	42

（7）装罐量

罐号	净重	鱼块	调味油
953	198g	190g	8g

（8）排气密封　装罐后先预封或加专用盖进行热排气，排气温度为 95℃，排气时间为 10min，趁热密封。采用真空封罐时，真空度为 0.04MPa。

（9）杀菌冷却　杀菌公式（热排气）：15min—65min—反压冷却/118℃（反压：0.143MPa）。将杀菌后的罐冷却至 40℃左右，取出擦罐入库。

3. 成品要求

鱼体表面呈深黄至棕红色，有光泽，油应清晰，汤汁允许有轻微浑浊及沉淀。具有烟熏鳗鱼罐头的特有风味，无异味。组织紧密适度，鱼块排列整齐，块形大小大致均匀，每罐不得多于 8 块，允许另添加 1 小块，尾部宽度不小于 2cm。946 罐型净重 250g，鱼和油的重量≥90%，其中油为鱼的 12%～17%，氯化钠为 1%～2%。

4. 说明及注意事项

鱼块较厚而未炸透的应挑出再进行第二次油炸。

第四节　水产类罐头的常见问题及解决方法

水产品中蛋白质含量高，硫、磷等含量也丰富，加上罐制品加工工艺本来就复杂，所以加工过程中控制稍有不当，就易出现异常情况。下面介绍几种常见问题和解决方法。

1. 硫化物污染

鱼、虾、贝等水产罐头，由于蛋白质在加热或高温杀菌过程中分解产生挥发性硫，与罐壁锡层反应生成紫黑色的硫化斑（硫化锡），与铁反应生成硫化铁，使罐内壁出现青紫色，甚至为黑色，严重时内壁上的黑色物质还会析出来，污染内容物。

挥发性硫生成量的多少与鱼的种类、pH 值、新鲜度等有关。一般新鲜度差，碱性条件下挥发性硫产生的量多；加热杀菌时会引起黑变，罐头冷却不充分时在储藏期间也会黑变。

解决方法有以下几种。

① 加工过程中严禁与铁、铜等机械器具接触，注意控制用水及配料中这些金属离子的含量。

② 采用抗硫涂料铁制罐作为容器。

③ 应严格检查空罐及橡胶垫圈的质量，如果在加工过程中空罐涂料层被破坏要及时补涂。

④ 控制原料新鲜度。

⑤ 预煮时沸水中加入少量有机酸，以 0.1% 的柠檬酸将半成品浸泡 $1\sim2min$，装罐后 pH 值要控制在 6 左右。

2. 血蛋白凝结

清蒸类水产罐头、茄汁类水产罐头与油浸烟熏水产类罐头内容物表面及空隙间常有豆腐状物质，一般称之为血蛋白。血蛋白是热性可溶性蛋白，由于加热变性凝固而成豆腐状，有损于产品的外观。血蛋白的产生与鱼的种类、新鲜度、洗涤及盐渍、脱水条件等有密切的关系。为了防止和减少血蛋白的产生，应采用新鲜原料，并充分洗涤以去尽血污，经盐渍除去部分盐溶性热凝性蛋白。此外，鱼肉在脱水前应洗净血水，加热时迅速升温，使热凝性血蛋白在渗出鱼肉表面前即在鱼肉组织内部就发生了凝固。

3. 粘罐

开罐时鱼肉或鱼皮粘在罐内壁上，影响形态的完整。产生粘罐的原因是生鱼肉及鱼皮本身具有黏性，加热时接触罐壁处首先凝固，同时鱼皮中的生胶质受热水解后变成明胶，极易粘在罐壁，而鱼皮与鱼肉之间有一层脂肪，受热后熔化，致使皮肉分离而产生粘罐现象。

解决方法有以下几种。

① 选用新鲜度较高的原料。

② 采用脱膜涂料或在罐内壁涂一层精炼植物油，或在罐内衬以硫酸纸。

③ 鱼块装罐前稍烘干表面水分，或以稀醋酸溶液浸渍（只适用于茄汁鱼类罐头），这样可减少粘罐现象。

4. 茄汁水产类罐头茄汁变暗

茄汁水产类罐头在生产中常常出现茄汁变暗、变褐，从而降低产品质量。茄汁水产类罐头茄汁色泽的变化，一般与番茄酱的色泽、鱼的种类与新鲜度、加工方法、茄汁配制过程的工艺条件及制品储藏条件等有关。例如，配制番茄汁时，影响茄汁色泽的重要因素即番茄红素，若高温长时间受热，或与铜接触时氧化变褐，或与铁接触变成鞣酸铁，这都会使茄汁变暗、变褐；配制茄汁用的香料一般含有较多的鞣质（单宁）成分，若香料水煮沸或放置时间过长，其色泽则变为深黄褐色，这也会影响茄汁色泽；处理鱼类时，若淤血洗涤（特别是脊骨附近的血）不净及腹腔中黑膜去除不净，也会使茄汁色泽变暗、变褐。

解决方法有以下几种。

① 鱼块盐渍时宜采用盐水渍法，可除去部分血液，有利于改善茄汁的色泽。

② 装罐时宜注入冷的茄汁，然后真空密封，可使茄汁受热时间较短，成品色泽较好。

③ 罐头在加热杀菌前勿积压，杀菌时温度不能偏高，冷却应充分，以免温度对成品色泽造成影响。

④ 罐头成品应储藏在 20℃ 以下，储藏温度过高会加速茄汁变暗。

5. 玻璃状结晶

清蒸鱼类、虾类、蟹类及酱油墨鱼、油浸烟熏带鱼和鳗鱼等罐头，在储藏期间会产生无色透明玻璃状结晶，可显著降低商品价值。

预防结晶析出的方法如下。

① 采用新鲜原料 原料越新鲜，蛋白质因微生物作用和肉质自溶作用所分解的氨量也越少。如蟹肉罐头，若使用新鲜度较差的原料制成的清蒸蟹罐头，储藏不到半年就有结晶析出。如在产地采用新鲜原料（活蟹）加工罐头，储藏 2 年也未发现结晶析出。

② 控制 pH 值 在水产品罐头中经常会有玻璃状的磷酸铵镁（$MgNH_4PO_4 \cdot 6H_2O$）结晶析出。磷酸铵镁结晶在 pH6.3 以上时易形成，在 pH6.3 以下溶解度较大，难以析出。因此，在生产虾、蟹罐头时，加入植酸、酒石酸、柠檬酸等调节pH 值，能防止结晶析出。但对酸液浓度、浸酸时间应严格掌握。浓度大、时间长则对产品风味有不良影响。

③ 避免使用粗盐和海水处理原料 粗盐和海水含镁量较高，加工如用粗盐盐渍或海水洗涤，可促进结晶析出。据报道，当镁的含量达到 0.0012％ 时，即可形成肉眼可见的结晶。因此，在加工时应严禁使用粗盐和海水。

④ 杀菌后应立即冷却 冷却迅速则形成均匀细小结晶；冷却缓慢则易形成粗大结晶。因此，杀菌后应立即冷却至 30℃ 以下，使内容物温度尽快通过 50～30℃的最大结晶生成带，可尽量避免生成粗大结晶。

⑤ 添加增稠剂 添加明胶、琼脂（冻粉）、羧甲基纤维素等增稠剂，可提高罐内液汁黏度。虽不能完全防止结晶析出，但可减缓结晶的析出。

⑥ 添加螯合剂 添加 0.05％乙二胺四乙酸二钠（EDTA-Na$_2$）或六偏磷酸钠

螯合剂或 0.05％植酸，可使镁离子生成稳定的螯合物，从而防止结晶析出。1964年美国食品及药物管理局（FDA）允许金枪鱼罐头添加焦磷酸盐（0.9％以下），但需在商标上加以注明。

6. 虾蟹肉变软

虾蟹类罐头储藏几个月后，由于其自溶作用和微生物作用肉质往往软化而失去固有弹性，用手指压有如糊状，失去食用价值。这种现象称为虾蟹肉的软化或液化。虾蟹肉软化时，部分蛋白质逐渐分解，蛋白质氮和不溶性氮减少，而可溶性蛋白质氮及非蛋白质氮增加。虾蟹肉软化的主要原因是原料不新鲜、杀菌不充分、微生物（耐热性枯草杆菌等）作用而引起。

解决方法有以下几种。

① 在加工虾蟹类罐头时应选用新鲜原料，减少土壤微生物等对食品的污染。

② 保证罐头的杀菌温度和时间符合操作规程。

③ 在加工过程中可用加冰的方法来降低虾蟹肉温度，防止半成品变质。

④ 装罐前宜将虾肉在 1％柠檬酸与 1％食盐混合液中浸渍 1～2min，对防止软化有一定的效果。

复 习 题

1. 水产类罐头的分类有哪些？

2. 水产类罐头原料的主要品种及其主要性状有哪些？

3. 简述水产类罐头加工工艺。

4. 水产类原料解冻条件是什么？解冻时应注意哪些？

5. 概述水产类罐头原料预处理过程。

6. 水产类罐头烟熏方法有哪些？特点分别是什么？

7. 茄汁类水产罐头工艺流程如何？茄汁如何配制？

8. 什么是红烧水产类罐头？简述红烧鲤鱼罐头工艺流程及操作要点。

9. 水产类罐头盐腌的方法有哪些？其特点是什么？

10. 水产类罐头生产过程中的常见问题及解决方法有哪些？

参 考 文 献

[1] 沈月新. 水产食品学. 北京：中国农业出版社，2001.

[2] 霍尔著. 水产品加工技术. 第二版. 夏文水等译. 北京：中国轻工业出版社，2002.

[3] 吴光红. 水产品加工工艺与配方. 北京：科学技术文献出版社，2001.

[4] 曾潴青，费志良. 水产品加工 7 日通. 北京：中国农业出版社，2004.

[5] 汪之和. 水产品加工与利用. 北京：化学工业出版社，2002.

[6] 王丽哲. 水产品实用加工技术. 北京：金盾出版社，2000.

[7] 李慧文. 罐头制品 323 例. 北京：科学技术文献出版社，2003.

[8] 天津轻工业学院，无锡轻工业学院合编. 食品工艺学. 北京：中国轻工业出版社，1995.

第七章　水果和果酱类罐头

第一节　水果类罐头

水果是人们日常生活中的主要食品，是植物体上可供食用的部分。其营养丰富，是人类所需矿物质、维生素、纤维素等营养素的重要来源。因此，把水果原料加工成食品是很重要的。

我国大部分地区处于亚热带和温带，水果十分丰富，为水果食品罐头的发展创造了有利的条件。但也必须有计划地选择和培育适合水果食品加工的优良品种，提高设备及加工技术，才能使水果食品加工业得到进一步发展。

一、水果类罐头原料

（一）我国水果分类

我国水果原料种类繁多，从食品加工角度讲，按可食用部分分类如下。

1. 温带落叶水果

① 仁果类　苹果、沙果、海棠果、梨、山楂等。

② 核果类　桃、李、杏、梅、樱桃等。

③ 坚果类　核桃、胡桃、西洋胡桃、栗、山核桃、榛子等。

④ 浆果类　葡萄、无花果、猕猴桃、草莓、醋栗等。

⑤ 其他　柿、枣等。

2. 温带和亚热带常绿水果

① 柑橘类　甜橙、橘、柑、柚、柠檬、金橘等。

② 多年生草本类　菠萝、香蕉等。

③ 其他常绿木本类　荔枝、龙眼、枇杷、杨梅、番石榴等。

上述大部分水果原料虽然都可以加工，但加工适应性差别很大，若原料选择不当，会使产品质量受到影响。选择水果加工原料时，应从产量、供应期、储藏期及可食部分的比例、物理性质、化学组成和感观质量等方面来考虑。

水果的组织结构及化学成分取决于原料品种及成熟度。水果加工及采收期均与品种直接有关。因此，正确选择原料品种，对发展水果食品加工有着重要的意义。

（二）罐头加工中的一些常见水果

① 苹果 果实新鲜良好，成熟适度（八成熟以上），组织紧密，风味正常，无畸形、霉烂、冻伤、病虫害和机械伤，果实横径在 60mm 以上。现多采用国光、红玉、青香蕉等品种。

② 梨 果实新鲜饱满，成熟适度（八成熟），肉质细，风味正常，无霉烂、冻伤、病虫害和机械伤，大型果（莱阳梨、雪花梨）果实横径 65～90mm，中型果（鸭梨、长把梨）果实横径 60mm 以上，小型果（秋白梨）果实横径 55mm 以上。现多采用莱阳梨、雪花梨、秋白梨等品种。

③ 洋梨 果实新鲜饱满，成熟适度，种子呈褐色，肉质细，呈黄绿色、黄白色或青白色，无霉烂、黑铁头、病虫害、畸形果及机械伤等。果实横径在 60mm 以上，纵径不宜超过 110mm。现采用巴梨、秋洋梨等品种。

④ 桃 新鲜饱满，成熟适度（八成熟），风味正常。白桃为白色至青白色，黄桃为黄色至青黄色，果尖、核窝及合缝处允许稍有微红色，无畸形、霉烂、病虫害和机械伤。果径 55mm 以上，个别品种可在 50mm 以上。现采用京玉、大久保、白风、黄露等品种。

⑤ 菠萝 果实新鲜良好，成熟适度（八成熟），风味正常，无畸形、过熟、病虫害，无灼伤及机械伤所引起的腐烂，沙劳越、巴厘种横径在 80mm 以上。现多采用沙劳越、巴厘、菲律宾等品种。

⑥ 橘子 果实新鲜良好，大小及成熟度适宜，无病虫害及机械伤所引起的腐烂。果实横径以 40～60mm 为宜。多采用温州蜜柑等品种。

⑦ 荔枝 果实新鲜或冷藏良好，成熟适度（八至九成熟），肉质致密，风味正常，无开裂、流汁、干硬、霉烂、病虫害及机械伤，果实横径在 28mm 以上，个别品种可在 25mm 以上。现采用乌叶、兰竹、槐枝等品种。

⑧ 龙眼 果实新鲜或冷藏良好，成熟适度（八成熟左右），肉质致密，风味正常，无霉烂、病虫害及机械伤，果实横径在 24mm 以上，个别品种可在 20mm 以上。现采用福眼、石峡等品种。

水果原料优良品种的选育是发展水果食品加工的根本，因此，国内外对此极为重视。目前国内各地工业、农业和科研单位相结合，培育出不少优良品种，各厂大办原料基地，为发展水果食品加工提供了所需的原料。国外多设立种子公司从事良种的选育、繁殖，提供适合食品加工所需要的原料。他们对优良品种的水果要求标准主要是：①稳产、高产；②供应期长；③便于机械化耕作及收获；④抗病虫害能力强，耐储运，适应性强；⑤感观质量符合食品加工要求。

二、工艺综述

（一）原料处理

原料在装罐前必须除去不可食部分及一切杂质。为了做好准备工作，需经过分选、洗涤、去皮、去核、切割和预煮处理等过程。

1. 投料温度

水果罐头生产遇到的关键问题之一是要通过各种方式使酶失去活性。酶的活性与操作温度关系密切，因此对某些水果原料，特别是需经过预煮处理的水果，要求投料时的果心温度是必要的。不同种类的原料，投料时的果心温度要求不同。例如，洋梨5℃以上，苹果7℃以上，樱桃、海棠、梨10℃以上，桃、李、杏15℃以上。实际生产时，如果果心温度比规定的标准稍低，可以适当地提高果块护色液的温度来补救。

2. 洗涤

为了除去果实表面附着的尘土、泥沙、部分微生物及可能残留的化学杀虫剂，所以果实在去皮前必须进行洗涤。最简单的洗涤方式就是把果实装在专用器具内在水槽内浸洗，大型生产都采用洗涤机洗涤。不论采用哪一种方式，一般都需经过浸洗和喷洗过程，即先把果实在水槽中浸泡润湿，使泥沙松脱，再以提升输送带将果实升起并经高压水喷洗。杨梅、草莓等浆果类原料应小批淘洗，在水槽内通入压缩空气翻洗，防止机械伤及水中浸泡时间过长，以免影响色泽和风味。喷过农药的水果应先用稀盐酸（0.5%～1.0%）浸洗再用清水洗净。

3. 分级

为保证罐头制品的质量、便于加工和操作、提高劳动效率、降低原料的耗用，对原料必须进行分级。可以按照大小分级，也可以按照品质分级。

（1）按大小分级　同一批产品用同一大小果实制成的罐头，其外形美观，且便于去皮、预煮和装罐处理。如果把大小不同的果实混在一起，则不利于去皮，也不利于预煮、装罐和杀菌处理。大小分级方法有手工分级和机械分级两种，大型生产都用分级机进行大小分级。分级的级距根据原料种类和品质而不同，一般按果实最大横径分级，每隔5～10mm分为一级。樱桃、杨梅、荔枝、草莓、枇杷等小型果，一般以目测分大、中、小三级或大、小两级。

（2）按品质分级　按果实色泽、成熟度、形态等不同品质标准将果实分开加工，这对保证产品质量有决定性的影响。若将不同成熟度的原料混在一起加工，则制成的罐头内容物色泽不一、组织软硬不一，会严重影响产品的品质标准。

4. 去皮

果实去皮可以改进制品的色泽和风味。去皮的方法通常有手工去皮法、机械去皮法和化学去皮法。机械去皮法就是用去皮机去皮，如菠萝、苹果、梨等都用机械去皮。化学去皮法通常用氢氧化钠的热溶液去皮，如桃子去皮。还有一些品种采用热力去皮法，如成熟度高的桃子、枇杷用蒸汽加热去皮。不论采用何种去皮法，以达到除尽外皮不可食部分、保持去皮后果实外表光洁为度，防止去皮太厚，增加原料耗用。

5. 护色

有些水果去皮后暴露在空气中，会迅速发生色泽变化。因此，水果去皮后必须迅速浸于稀酸、稀食盐水或酸盐混合液中护色。需预煮的品种应迅速煮透后快速冷却，尽量缩短去皮至装罐、密封的时间，像荔枝、龙眼等剥壳后必须迅速装罐、密封、杀菌和冷却。采用浓碱液去皮的水果去皮后，应迅速用清水冲洗一次，或再用0.3％稀酸液洗涤中和一次，以洗除残余碱并防止变色。

去皮的碱液浓度和时间，因水果的种类、品质和成熟度及碱液温度而不同，必须结合具体情况进行试验。

6. 切块和修整

根据原料的种类和制品的要求而不同，大型水果需切片或切块，如菠萝一般切成环形圆片或扇块，桃子、苹果、梨等切片或切半。果实切块后，除个别品种外，大多数需去籽（核）、去梗处理，以达到符合产品组织形态的标准。

7. 抽气处理

水果内部都含有一定量的空气，其含量因品种、栽培条件、成熟度不同而异。如（以容量计）桃子3％～4％，莱阳梨3％～5％，洋梨5％～7％，杏6％～8％，草莓、海棠10％～15％，樱桃12％～20％，国光苹果18％～25％。如水果含有空气，则不利于加工，还可造成不利的影响，如变色、破裂、煮烂、装罐困难、腐蚀管壁、降低罐内真空度等。因此，一些含空气较多或易变色的水果如苹果、梨、菠萝等，必须进行真空抽气处理。

抽气方法分干抽和湿抽两种。

（1）干抽法　处理好的果块装于容器中，置于0.091MPa以上的真空室或锅内以抽去果肉组织中的空气，然后吸入规定浓度的糖水，使糖水淹没果面5cm以上，当糖水吸入时，应防止真空室或锅内的真空度下降。菠萝的抽气处理，是将处理好的果块（片）装罐后，经真空加汁机抽气后立即加入糖水。

（2）湿抽法　将处理好的水果浸没于糖水中（糖水浓度根据果实品种及成熟度而定，温度控制在50℃以下，糖水与果肉之比为1：1.2)，置于0.091MPa以上的真空室或锅内，抽去果肉组织中的空气，时间一般为5～30min，以抽至果块透明度达3/4以上为准。

（3）抽气注意事项

① 真空度　真空度越高，空气逸出越快，一般要求真空度达到0.093MPa以上为宜。但成熟度较高、细胞壁较薄的水果，在不能使用高浓度糖水的情况下不宜用高真空抽气。

② 抽气液　目前采用糖水、盐水、护色液三种抽气液，因品种而异。抽气液浓度越低，渗透越快；浓度越高，成品色泽越好。

③ 温度　抽气液温度越高，渗透效果越好，但一般不宜超过50℃。

④ 时间　根据原料成熟度等情况做实验确定。用糖水抽气者，抽气后应浸泡适当时间，但应防止浸泡时间过长导致果块起毛边。

⑤ 水果受抽面积　水果受抽的有效面积越大，则抽气效果越好。小块好于大

块，切开好于整个，去皮核好于带皮核。抽气容器浅而粗，果肉受压轻，抽气效果好。

⑥ 用抽气法生产的糖水水果罐头，果肉有时发生轻度褐变。如：苹果有两种情况的褐变，即果肉局部褐变和罐内上部果肉由上到下变色。因此要求原料不受冻，抽气渗透 3/4 以上，杀菌时升温要快，降温时冷却要快，使用素铁罐，控制顶隙度，抽气用的糖水每使用 1～2 次后予以加热过滤，及时装罐，防止积压。

⑦ 抽气后露出液面的变色果块必须去除。

（二）糖液的配制

1. 糖液浓度

装罐时需用的糖液浓度，一般因水果的种类、品种和产品的质量标准要求而异。我国目前生产的各类水果罐头，除芒果、杨梅、金橘、杏等少数产品外，均要求产品开罐后糖液浓度为 14%～18%。每种水果罐头装罐的糖液浓度，可结合装罐前水果本身可溶性固形物含量、每罐装入果肉量及每罐实际注入的糖液量，按下式推算：

$$w_2 = \frac{m_3 w_3 - m_1 w_1}{m_2}$$

式中 m_1——每罐装入果肉量；
　　　 m_2——每罐加入糖液量；
　　　 m_3——每罐净重；
　　　 w_1——装罐前果肉可溶性固形物含量，%；
　　　 w_2——糖液浓度；
　　　 w_3——要求开罐时糖液浓度。

2. 糖液配制时的注意事项

砂糖溶液调配时必须煮沸过滤，糖液加酸要做到随用随加，必须防止积压，免使蔗糖转化为转化糖，促进果肉色泽变红。一般要求糖液灌注时温度为 85℃。荔枝用的糖液，加热煮沸后应迅速冷却到 40℃ 再加酸，对防止果肉变红有明显效果。

3. 糖液配制方法

糖液配制方法有直接法和稀释法两种。

（1）直接法 根据装罐需要的糖液浓度，直接称取砂糖和水，在溶糖锅内加热搅拌溶解并煮沸过滤，校正浓度后备用。例如：装罐需用 30% 浓度的糖液，则可按砂糖 30kg、清水 70kg 的比例放入锅内加热溶解过滤，测定校正浓度后备用。

（2）稀释法 先配制高浓度的浓糖液，称为母液，装罐时再根据需要浓度用水稀释。浓糖液稀释或不同浓度糖液混合，可采用下列计算方法。

① 浓糖液稀释计算 65% 的浓糖液稀释到 35% 的糖液，问浓糖液和水各需要多少？

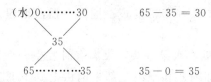

大数减去小数，得数即为需用的浓糖液及水量。

上式中：水 30 份，65％的浓糖液 35 份，即 6：7（质量比），混合后即得浓度为 35％的糖液。

② 不同浓度的糖液混合计算　现有 40％及 25％两种浓度的糖液，问配成 30％浓度的糖液，需两种浓度的糖液各多少？

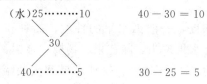

大数减去小数，得数即为两种浓度的糖液需要量。

上式中：25％的糖液 10 份与 40％浓度的糖液 5 份混合，即得浓度 30％的糖液。

4. 糖液浓度的测定

测定糖液浓度的仪器，一般采用折光计，亦可采用白利糖表、贝林糖表或波美表。

（三）分选装罐

按产品标准要求，选除变色、软烂、斑点、病虫害、切削不良等不合格果实，并按大小、成熟度分开装罐。同罐中要求果实的大小、色泽、形态大致均匀。有个（块）数要求者，应控制每罐的装入个（块）数。每罐装入果实重量，应根据开罐固形物量要求（按规定净重计）并结合原料品种、成熟度等条件通过试验决定。每罐加入的糖水量，一般应较规定净重稍高，但必须防止果肉露出液面。使用电素铁的产品，为防止罐内液面氧化圈及空罐腐蚀，应提高装罐时糖液温度并适当加满，以产品开罐时保持约 3mm 的顶隙度较适宜。

（四）排气和密封

糖水水果罐头装罐加液后一般需经过排气处理，然后迅速进行密封。

1. 排气方法

（1）加热排气法

① 内容物加热至一定温度时趁热装罐，立即密封。

② 内容物装罐后加入糖液，通过排气箱加热至罐内中心温度达到要求，立即密封。

排气的温度和时间，根据不同品种、罐型及注入罐内的糖液温度而异。一般排气箱温度为 82～96℃，时间 7～20min，以密封前罐内中心温度达到规定要求为准。

加热排气的温度越高、时间越长，则罐内及食品组织中的空气被排除得越多，密封后罐内真空度则越高。但过高的排气温度，易引起罐面果肉组织软烂及糖液溢出，同时密封后罐内真空度过高也易引起瘪罐现象。一般水果罐头的真空度大多为0.027～0.040MPa。

（2）真空排气法　真空封罐机抽气密封很适用于水果类罐头。对于空气含量多的原料，若封罐机真空度过高，常易使罐内糖液被抽出，过低则罐头成品真空度又往往偏低。因此，对苹果、菠萝等果实装罐前应先进行真空抽气处理，或装罐后经真空加液机抽气加液或加热糖水，以弥补真空封罐机的不足。

注意事项有以下几点。

① 加热排气传导慢的产品，宜于真空抽气密封。

② 减少内容物受热时间，保持内容物色、香、味，特别是一些受热时间不宜过长的产品，如荔枝、杨梅、梨等。

③ 卫生条件要好，需注意密封后及时杀菌。

2. 密封

罐头排气后，必须迅速密封，注意防止糖液溢出（或抽出）罐外，影响净重和密封。密封后迅速杀菌。使用电素铁罐时，宜将罐头倒置杀菌，进库后正放，这样可减轻氧化圈的产生。

（五）杀菌和冷却

水果罐头属酸性食品，其 pH 一般在 4.5 以下，故都采用沸水或沸点以下的温度杀菌。杀菌条件因产品种类、工艺过程的卫生条件、罐型大小等不同而异。杀菌方法有水浴加热和蒸汽加热，一般水浴加热较蒸汽加热传热均匀而迅速。杀菌设备以采用转动式常压连续杀菌冷却机为好。

水果罐头杀菌以达到杀灭罐内有害微生物，防止罐头败坏，并使果肉适当煮熟，改善组织风味即可。过度的加热易使果肉软烂，汁水浑浊，色泽风味恶化。因此，在保证罐头安全储藏的前提下，应最大限度地降低杀菌温度和缩短杀菌时间。目前一些厂家采用低温（85℃）杀菌的产品，其组织形态及色泽风味均较沸水杀菌好，价格也高。但成品 pH 应控制在 3.5 以下。

罐头杀菌终了必须迅速以冷水冷却，防止罐头继续受热，以免造成内容物色泽、风味、组织恶化和罐内壁腐蚀等质量问题。冷却温度以罐头摇匀后罐内温度达 37℃左右较合适，防止罐头冷却温度过低或冷水浸泡时间过长，引起罐外生锈。罐头冷却后，应及时擦去罐外水珠，并以热风吹干。

冷却方法以淋水冷却较好，冷却用水应保持清洁。

三、水果类罐头加工工艺

（一）糖水橘子（半去囊衣）

1. 工艺流程

原料处理→热烫→分级→酸处理→碱处理→整形→装罐→加热排气→封罐→杀菌冷却

2. 制作方法

（1）备料　选择成熟适度、肉质致密、色泽鲜艳、酸甜可口的蜜橘作原料。剔除生青、病虫、腐烂的果实，按大小分级（以果实横径为准，每隔10mm分成一级）。

（2）热烫　置于95～100℃水中烫煮25～45s（以易于剥皮、去橘络为度），趁热剥去橘皮、橘络。按瓣大小分别浸在清水中备用。

（3）分级　以果实横径为准，每隔10mm分成一级。

（4）酸处理　将橘片投入浓度为0.15％～0.2％的盐酸溶液中（橘片与酸液的比例为1∶1.3），在常温下处理40～50min，并稍加搅拌。

（5）碱处理　经酸处理后的柑橘片用清水冲洗干净，然后浸入28～30℃的0.05％氢氧化钠溶液中处理3～6min（以去囊衣适度为准），立即放掉碱液，用流动清水漂洗1～2h，然后用1％的柠檬酸液中和，以改进风味。

（6）整形　用弧形剪剪去心，用镊子除去残余的囊衣、橘络、橘核等。同时拣去破碎、僵硬、萎缩的橘片。按片形大小分级，并用流动清水淘洗一次。

（7）分级装罐　按大小、色泽、形状分级，达到无核、无橘络、剪口整齐，同一罐中果实大小、色泽应大致均匀，分别装罐。装罐量按下面的标准执行。

罐　号	净重	果　肉	糖　水
8113	567g	380～400g	167～187g

（8）排气及密封　将装好橘片和糖液的罐头放在热锅中或通过排气箱加热排气，要求罐内中心温度达到75℃，时间5～10min。真空抽气时真空度保持在47～53kPa时立即封罐，封罐后马上杀菌。

（9）杀菌冷却　封罐后立即投入沸水中杀菌20～25min，然后分段冷却，即为成品。

3. 注意事项

① 橘子酸碱处理需用的酸碱浓度，需依产品种类、原料品种及处理温度而异。

② 柑橘原料若放置时间较长，容易引起剥皮、去络困难，但福橘相反，因此需要根据原料品种注意储藏温度和湿度。

③ 半去囊衣橘片，若酸处理不当或者碱处理温度低于35℃，食用时囊衣易产生粗硬感。

④ 若原料含酸量低（如蕉柑），注入罐内的糖水应加入适量的柠檬酸，以调整成品适宜的含酸量。一般成品含酸量应控制在0.3％～0.4％。

⑤ 加工时尽量选用含橘皮苷低的原料品种，提高原料的成熟度；降低碱处理的浓度和适当延长漂洗时间；糖水中加入羧甲基纤维素0.0025％；减少加工过程中橘片受热时间和罐头振动，降低仓储温度，可以有效防止罐头汁水浑浊及白色沉淀。

⑥ 加工流程快，采用低温短时杀菌能明显提高橘片色香味和组织形态质量，

如 85℃、15min 或用 76℃、15min。

⑦ 橘子罐头生产用水宜用饮用水。硬度最高不超过 50mg/kg。

（二）杨梅罐头

杨梅味道鲜美，营养丰富，果实含糖 12%～13%、有机酸 0.5%～1.56%，并含有多种维生素，具有消食、除湿、御寒、止泻、利尿、治痢疾和霍乱等功能。由于果实不耐储藏和运输，加工制作成罐头就可长时间储藏，并可延长食用期。

1. 工艺流程

原料选择→分级→清洗→浸盐水→挑拣→装罐→加热排气→封罐→杀菌→冷却→擦罐入库、检验

2. 制作方法

（1）原料选择　选择新鲜、风味好、呈紫红色或鲜红色、不过熟的果实作原料。果实横径在 22mm 以上。

（2）分级　剔除霉烂、不成熟、有机械伤的果实和夹杂物，摘去蒂柄，按果实大小、色泽分开装篓。

（3）清洗　用流动清水漂洗，不能搅拌过度，以免碰伤。

（4）浸盐水　在罐内配制 5% 的食盐水，将果实在盐水中浸 10min，可祛虫并提高果实硬度。浸后再在流动水中淘洗以洗去泥沙等杂质。

（5）挑拣　应选呈红色或紫红色、果形完整、无软烂的果实，同一罐中果实大小及色泽应大致均一。

（6）装罐　装罐量按下面标准添加。

罐号	净重/g	果肉/g	糖水/g
8113	567	290～280	277～287
7113	425	200～210	215～225
783	312	155～160	152～157

（7）加热排气　装罐后在排气箱中加热排气 5～10min。

（8）封罐　排气后趁热在封罐机上封口，罐中心温度在 75℃ 以上。

（9）杀菌　将封口后的罐头投入沸水中煮 8min 左右。

（10）冷却　将杀菌后的罐头立即放入冷水中，分段冷却至 40℃ 以下。

3. 注意事项

① 在加工过程中，应防止突然高温与长时间加热。杀菌后要求快速冷却，否则易发生裂果。

② 因杨梅组织软嫩，易碰伤和霉烂，所以原料应尽量采用小包装，并迅速运到厂里加工。

③ 杨梅是富含花色素的水果，对空罐腐蚀力较强，因此加工好的糖水杨梅宜用抗酸涂料罐和玻璃罐。

④ 糖水浓度不宜过高，否则易产生裂果。

（三）糖水梨

1. 工艺流程

原料选择→分级→去皮→切块→去果心、果柄→盐水浸泡→烫煮→装罐→封罐→杀菌→冷却

2. 制作方法

（1）原料的选择　选用鲜嫩多汁、成熟度在八成以上、果肉组织致密、风味正常的果实。剔除有病虫害、机械损伤和霉烂的果实。

（2）分级　按梨横径分为 60～67mm、68～75mm、75mm 以上三级。

（3）去皮　用手工或机械去皮法，去皮后立即浸入盐水中。

（4）切块　用不锈钢水果刀对半纵切，大型果实可切四块，切面要光滑。

（5）去果心、果柄　用刀挖去果心、果柄和花萼，消除残留果皮。

（6）盐水浸泡　切好的果块立即浸入 1‰～2‰ 的盐水中护色。

（7）烫煮　将果块倒进 80～100℃ 水中烫煮 10min，取出，去杂碎，沥干水分。

（8）装罐　装罐量按下面标准添加。

罐号	净重/g	果肉/g	糖水/g
7113	425	290（碎块块数不限）	135
7116	425	240（1/2 开 3～8 片）	185
783	300	170（1/2 开 6 片、1/4 开 10 片以下）	130
9116	822	450（1/2 开 4～12 片）	372

（9）封罐　趁热封罐密封，罐盖与胶圈要预先消毒。

（10）杀菌、冷却　封罐后立即投入沸水浴中杀菌 15～20min，然后分段冷却。

3. 注意事项

① 莱阳梨等酸度低于 0.1‰ 的品种，易发生细菌混汤变质，糖水中需加 0.15‰～0.2‰ 的柠檬酸。

② 成熟度低的梨风味差且易使产品色泽灰暗。冬季生产雪花梨，经 30℃ 左右的煮梨水浸泡 30min，可防止预煮时梨肉变色。

③ 梨罐头的生产过程必须快速，尤其是抽空和密封杀菌等环节。

④ 梨预煮时要水多、汽足、量适中，达到"透而不烂"。

⑤ 糖水应加满，防止果肉露出液面而变色。

（四）糖水桃子

1. 工艺流程

原料选择→分级→切分→去核→去皮→预煮→冷却→修整→装罐、注糖水→加热排气→封罐、杀菌→冷却

2. 制作方法

（1）原料选择　采用新鲜良好、未成熟过度和不过生的桃子，剔除有机械伤、腐烂和表面呈青色的果实。

（2）分级　将桃子分为 50～60mm 及 60mm 以上两级，每级中再分生熟两级，

共为四级。

（3）切分　先将桃子表面的泥沙、桃毛洗净，用不锈钢水果刀沿缝合线切下，防止切偏。

（4）去核　用圆形挖桃圈挖出桃核（去核的桃片要立即放入稀盐水中，以防变色）。

（5）去皮　切半后将桃半反扣，进行淋碱去皮，氢氧化钠溶液浓度为13％～16％、温度80～85℃，时间为50～80s。淋碱后迅速搓去残留果皮，再以流动水冲洗果实表面残留碱液。

（6）预煮　将桃片放在95～100℃热水中煮4～8min，以煮透为度。预煮前，先在水中加入0.1％的柠檬酸，待水煮沸后再倒入桃片。

（7）冷却　煮后急速冷却，以冷透为止。

（8）修整　对经水煮冷却后的桃片进行修整，割除表面斑点及部分残桃皮，使切口无毛边、核窝光滑、果块呈半圆形。

（9）装罐　装罐量按下面标准添加。

罐号	净重/g	果肉/g	糖水/g
7113	425	275～280（1/2 开 3～10 片）	145～150
8113	567	360～370（1/2 开 4～14 片）	197～207
783	300	195～200（1/4 开 4～8 片）	100～105
9116	822	530～540（1/2 开 5～16 片）	282～292

（10）加热排气　在排气箱中放置12min，至罐中心温度达75℃即可。

（11）封罐、杀菌　趁热封罐。封罐后在沸水中煮10～20min。

（12）冷却　玻璃罐用60℃、40℃温水逐步分段冷却。

3. 注意事项

① 装罐前须剔除白桃核尖、核注部分的紫红色果肉。

② 氢氧化钠溶液的浓度和使用时间，应根据原料成熟度而定。

③ 用碱液去桃皮，去皮后必须迅速预煮透以抑制酶的活性。在预煮水中可加0.1％柠檬酸（pH值为5以下），以防变色。

④ 成熟度高的软桃，可用100℃蒸汽加热8～12min，然后迅速淋水冷却，冷却后剥皮。软桃杀菌时间一般比硬桃少5min。

⑤ 在糖水中加入0.02％～0.03％的维生素C，能控制储藏期间桃块的氧化变色。

（五）糖水黄桃

1. 工艺流程

原料选择→选果→清洗→去皮→切半→挖核→预煮→修整→装罐→排气→封罐→杀菌→冷却→擦罐、保温、贴商标

2. 制作方法

（1）原料选择　选用不溶质性的韧肉型品种。要求果形大，肉质厚，组织细

致，果肉橙黄色，汁液清，加工性能良好。果实宜八成熟时采收。常用品种有丰黄、连黄及日本罐桃 2 号、5 号、12 号和 14 号等。

（2）选果　选用成熟的黄桃，剔除机械损伤、腐烂果实和残次果实等。

（3）清洗　用流动清水冲洗黄桃，洗净表皮污物。

（4）去皮　配制浓度为 4%～8% 的氢氧化钠溶液，加热至 90～95℃，倒入黄桃，浸泡时间为 30～60s。经浸碱处理后的黄桃用清水冲洗，反复搓擦，使表皮脱落。再将黄桃倒入 0.3% 的盐酸液中中和 2～3min。

（5）切半　沿缝合线用刀对切，注意防止切偏。

（6）挖核　用挖核刀挖去果核，防止挖破，保持离核处光滑。

（7）预煮　在 95～100℃ 的热水中预煮 4～8min，以煮透为度。煮后急速冷却。

（8）修整　用小刀削去毛边和残留皮屑、挖去斑疤等。并选出果形完整、表面光滑、核洼圆滑、果肉呈金黄色或黄色的桃块，供装罐头之用，剔除不合格的果块。

（9）装罐　装罐量按下面标准添加。

罐号	净重/g	果肉/g	糖水/g
7113	425	275～280	145～150
8113	576	365～370	197～202

（10）排气　将罐头放入排气箱，罐内中心温度在 80℃ 以上。

（11）封罐　从排气箱中取出后要立即密封，罐盖放正、压紧。

（12）杀菌　密封后及时杀菌，500g 玻璃罐在沸水中煮 25min，360g 装四旋瓶在沸水中煮 20min。

（13）冷却　杀菌后的玻璃罐头要用冷水分段冷却至 35～40℃。

（14）擦罐、保温、贴商标　擦去罐头表面水分，放在 20℃ 左右的仓库内储存 7 天，即可进行敲验。贴商标、装箱后出厂。

3. 注意事项

① 预煮后仍带严重红色的桃片，可在装罐糖水中添加 0.05%～0.1% 的维生素 C 和 0.05% 的柠檬酸钠，在储藏过程中可以使红色褪去。

② 装罐糖水中加入 0.1% 的柠檬酸。

③ 空罐也可以采用低铬铁，因为桃肉内含有 0.56%～1.25% 的胶体状果胶附着于罐壁，减轻了果酸对罐壁的腐蚀。

（六）糖水染色樱桃

1. 工艺流程

原料选择→分枝→分级→漂洗→染色→固色→分选→装罐→加热排气→封罐→杀菌冷却

2. 制作方法

（1）原料选择　应选新鲜饱满、成熟度在八九成、风味正常的果实。

（2）分枝　将连接在一起的樱桃分成单枝，并选除霉烂、病虫害、机械伤和畸形的果实。

（3）分级　按果形大小分为 3～4.5g、4.6～6.1g 和 6.1g 以上三级。

（4）漂洗　将果实放入竹篮，在清水中漂洗干净，沥干水分。

（5）染色　染液配比如下。

清水	赤藓红	柠檬酸
50kg	25g	10g

染色方法：将染液倒入夹层锅中加热至 75℃，再将 25kg 樱桃装于尼龙网袋中，连袋浸入染液，加热 5～10min，使温度升至 75℃并保持 15min，取出后立即以流动水漂洗浮色。从第二锅起，染液用清水补充至原重，并补加赤藓红 12.5g，再以碳酸氢钠调节 pH 为 4.5～4.7 后继续进行染色。

（6）固色　将染色冷却后的樱桃，在 0.3％的柠檬酸液中固色 10min，酸液与樱桃之比为 4∶1，水洗 1 次。

（7）分选　挑选完整无破裂的果实，染色红而均匀，带果柄的按果实大小分开装罐。

（8）装罐　装罐量按下面标准添加。

罐号	净重	果实	糖水
7116	425g	260g	165～175g

（9）加热排气　放入排气箱中加热，排除罐内空气，至罐中心温度达 80℃为止。

（10）封罐　压紧瓶盖，不得漏气。

（11）杀菌冷却　封罐后放入沸水中杀菌 5～15min，然后分段冷却。

3. 注意事项

在注入罐内的糖水中加入 0.15％的柠檬酸。

（七）糖水荔枝

1. 工艺流程

原料选择→洗果→剥皮、去核→分级、整理、漂洗→装罐→注糖水→排气密封→杀菌冷却

2. 制作方法

（1）原料选择　选八九成成熟的果实，果皮绝大部分呈鲜红色，绿色部分不得超过果面的 1/4。选好后分级，一般分为 2.8～3.2cm 和 3.2cm 以上两级。小于 2.8cm 的，则用于做荔枝汁的原料。果实要新鲜，要求采收后 24h 内运到工厂，最迟不得超过 36h。进厂后要进行选果，凡果小、果皮变褐、软腐出水或生霉破裂的都要剔除。

（2）洗果　先用清水洗涤，然后用 0.1％高锰酸钾溶液浸 5min 消毒，再用流动清水漂洗 5min。浸洗时操作要仔细，以免污染果肉。

（3）剥皮、去核　用大小穿心圆筒（大头直径 1.5～1.6cm，小头直径 1.3～1.4cm，头端磨成锋利状）及尾端带有尖刀的镊子，按果皮大小用穿心筒的大头或

小头对准果蒂插入，稍转动一下，用力不要过大，以能触动种核为度。用刀尖沿穿心筒的切痕插入稍转一圈，使果肉与种核完全分离，然后用镊子夹出种核，从洞口附近撕去果皮。在操作时，要保持果肉的完整性。剥去核后，立即将果肉投入清水中，不得污染，并避免与任何铁制工具接触。果肉应随剥随收，每盆果肉约 1kg 左右，然后送下一工序。

（4）分级、整理、漂洗　将去皮、去核后的果肉进行整理。将破裂分离的果肉拣去，如果肉上带有核屑、核膜和核柄的，必须用剪刀剪去。将整理后的果肉装在有孔的筛子内（每筛不超过 2kg）并放到流动的清水中漂洗，时间越短越好，最好不超过 2min。去皮、去核后的果肉应在 12min 内进行分级整理和漂洗，尽量减少与空气接触的时间。漂洗后即送去装罐，不可积压。以上工序进行的时间愈短愈好，否则会影响果肉色泽。

（5）装罐　装罐量按下面标准添加。

罐号	净重/g	果肉/g	糖水/g
783	312	145~160（12~14 个）	152~167
8113	567	270~290	277~297

（6）注糖水　糖水作为罐头内部的填充液，气温在 20℃时，白糖液用波美度测定为 30%，并用柠檬酸将糖液含酸量调整至 0.2% 左右，糖水注入量每罐为 242g，糖水注入时的温度应不低于 75℃。

（7）排气密封　注入糖水后，随即送入排气箱。排气箱内充满蒸汽，温度达到 90℃左右，罐头在排气箱内通过的时间约为 6~7min，通过排气箱后，罐心温度达到 75℃以上。排气后立即加盖，用封口机密封，封后须检查封口是否良好，密封后 10min 内必须进行杀菌。

（8）杀菌冷却　将杀菌锅内的水煮沸，再将罐头放入，然后把锅内热水重新加温，待水再沸时即计算时间，3min 即完成。整个杀菌过程要求在 10min 内完成。杀菌后吊出罐头，迅速投入冷却池，用流水冷却，使罐心温度降到 30℃以下，降温时间愈短愈好，否则会影响果肉质量。

3. 注意事项

① 必须选用乌叶等优良品种及鲜度高的原料加工。加工流程要快。对杀菌温度和时间要求很严，往往因为误差 1~2min 就会引起果肉变红或胀罐事故。以连续常压杀菌机杀菌较好。杀菌后冷却速度越快越好，有的厂家采用冰降温。

② 含酸较低的荔枝品种，糖水中应加入少量酸，一般成品含酸量应控制在 0.19%~0.22%。过低易胀罐，过高果肉易变红。糖水需随配随用。有的厂家糖水配制后冷却到 40℃以下，然后加酸装罐，这对防止果肉变红有明显效果。

③ 冷藏原料常易引起果肉尖端褐变，果肉肩部变为浅黄色、褐色至浓红褐色，因此最好采用成熟的新鲜荔枝加工。

④ 果肉局部变成褐色主要是果实机械伤引起，因此必须防止荔枝在储运和加

工过程中受到机械伤。

（八）糖水苹果

1. 工艺流程

原料选择→分级→去皮→切块→去果心、果柄和花萼→盐水浸泡→烫漂→装罐→封罐→杀菌→冷却→成品

2. 制作方法

（1）原料选择　选用嫩鲜多汁、成熟度在八成以上、组织紧密、风味正常的果实。用不锈钢水果刀削去轻微机械伤部位。

（2）分级　按果实横径分为 60～67mm、68～75mm、75mm 以上三级，分别用清水洗净。

（3）去皮　削除果皮（厚度约 1.2mm 以内），去皮后迅速浸入盐水中。

（4）切块　用不锈钢水果刀纵切对半，大型果实可切 4 块。切面平滑。

（5）去果心、果柄和花萼　用刀挖净果心、果柄和花萼，消除残留果皮。

（6）盐水浸泡　将切好的果块立即投入 1%～2% 盐水中护色。

（7）烫漂　将果块倒进锅中烫漂，水温为 80～100℃，经 2～8min 捞出，再在 70～80℃ 热水中浸洗去杂，然后取出放入竹篮内，沥去水分。

（8）装罐　装罐量按下面标准添加。

罐号	净重/g	果肉/g	糖水/g
783	300	165～175	125～135
7113	425	235～245	180～190
9116	822	455～465	357～367
玻璃罐	510	270（4 片）	240
15173	2850	1610	1240

（9）封罐　趁热封罐，封罐前罐中心温度不低于 75℃。

（10）杀菌冷却　封罐后即投入沸水中杀菌 15～20min，然后分段冷却。

3. 注意事项

① 原料成熟度要适宜。过生，产品色泽灰暗；过熟，易软烂发毛。

② 苹果去皮后，为防止变色，必须迅速浸于 2% 左右的食盐水中护色。

（九）糖水菠萝（扇块或碎块）

1. 工艺流程

原料选择→洗果→分级、去皮捅心→修整→切片→切块→分选→装罐→排气及密封→杀菌冷却

2. 制作方法

（1）洗果　果实经清水冲洗干净。

（2）分级、去皮捅心　按果实横径以分级机分成五级，并切去果实两端，再按级别去皮捅心。

果实横径/mm	去皮刀筒口径/mm	捅心筒口径/mm
110 以上	90	31～32
101～110	79～85	28～30
91～100	74～78	24～27
81～90	69～73	21～23
75～80	63～68	18～20

（3）修整　去皮捅心后的果肉，以锋利小刀削去残留果皮，再修去果目。

（4）切片　切片厚度为 10～16mm。

（5）切块　片装不合格的片及断裂片，切成块状。分扇块及碎块两种。扇块是按圆片直径大小，每片切成 4～8 等份的扇形块。碎块形状不拘，但最长边不超过 38mm，最短边不少于 15mm。

（6）分选　扇块及碎块边缘允许有雕目、修削、缺刻，但应无果目、斑点、机械伤等缺点，色泽金黄，同罐中的果肉块形、大小、色泽大致均匀。

（7）装罐　装罐量按下表添加。

罐号	净重/g	果肉/g	糖水/g
8113	567	350～390	177～217
9121	850	540～590	260～310
968	454	280～315	139～174

（8）排气及密封　排气密封：中心温度 70～80℃；抽气密封：0.043～0.047MPa。

（9）杀菌及冷却

净重 454g 杀菌公式（抽气）：5min—（15～20min）/100℃（水）冷却。

净重 567g 杀菌公式（抽气）：5min—（20～25min）/100℃（水）冷却。

净重 850g 杀菌公式（抽气）：5min—（25～30min）/100℃（水）冷却。

3. 说明及注意事项

① 果实分级可根据原料品种及生产品种要求调整级距及去皮刀和捅心筒的口径。

② 不符合制圆片的断裂片及小片供制块状。

③ 菠萝皮经刮肉机刮取附着于内皮的果肉，第一次刮下的果肉供制菠萝蜜罐头，第二次刮下的果肉供制菠萝汁。

④ 菠萝肉组织中空气较多，有的品种果肉组织疏松，装罐困难，装罐后应先在真空度 0.087MPa 以上的条件下抽空 10s 再密封，可解决装罐固形物及净重不足的问题，并可提高产品质量。

⑤ 菠萝果肉中含有一种分解蛋白质的蛋白酶，生产过程中直接接触果肉的工人必须戴橡胶手套。

⑥ 毛里求斯、菲律宾等品种，原料含酸量较低，应在注入罐的糖水中加入 0.1%～0.3% 的柠檬酸。

四、水果类罐头的常见问题及解决方法

(一) 水果类罐头的氢胀罐和穿孔腐蚀

一般水果罐头最易发生氢胀罐，主要是因酸与铁皮作用放出氢气而引起的。镀锡薄钢板露铁点或涂料铁涂膜孔隙多，是集中腐蚀穿孔的主要原因。

杨梅、樱桃、草莓等水果罐头是发生氢胀罐及穿孔腐蚀较多的品种。为防止氢胀罐，必须用露铁点少的镀锡薄钢板或涂层完好的抗酸全涂料薄钢板制罐，必要时补涂。

(二) 水果类罐头的变色

许多水果类罐头在加工过程中或在储藏运销期间常发生变色等质量问题。例如，糖水白桃褐变或呈紫罗兰色、橄榄褐色，成熟度低的易呈灰暗色。

糖水梨褐变或变为红色；糖水荔枝变为红色或黄暗色；糖水香蕉褐变或变为红色；糖水枇杷受伤部分褐变；糖水苹果褐变或变为黑色或深绿色；糖水杨梅、草莓、樱桃、红葡萄等带紫罗兰色的水果类原料，内容物易褪色变成紫蓝色。浅色水果用涂料罐或玻璃罐装，也会变为黄色或发生褐变等。

以上变色主要是酶褐变及非酶褐变引起的。非酶褐变包括美拉德反应、抗坏血酸氧化。此外，某些金属离子（如铁、锡、铜等）及花色素苷等也是引起变色的因素。防止变色的措施有以下几点。

(1) 选用花色素苷及单宁含量低的原料品种。

(2) 选用成熟度高的原料加工，如梨、苹果、荔枝、香蕉等原料成熟度越低，其酶活性越大，变色越严重。

(3) 在加工过程中，对梨、桃、苹果、香蕉、李、杏、枇杷等水果去皮或切块后迅速浸泡在水、盐液或稀酸液中护色。此外，苹果和梨抽真空时，要防止真空度波动及果块露出液面。

(4) 桃、杨桃等水果装罐前应根据不同品种要求采用适宜温度和时间进行热烫，以破坏酶的活性和驱除组织气体。苹果、海棠等抽空较好。

(5) 在糖水中加入适量的抗坏血酸，对糖水李子、苹果、桃、枇杷等有防止变色的效果。需注意：抗坏血酸脱氢后可引起空罐腐蚀及非酶性褐变。

(6) 柠檬酸、苹果酸等有机酸能降低罐头内容物 pH，从而降低酶褐变的速度。例如，梨等水果去皮后，特别是用碱液去皮的桃，浸在适宜浓度的柠檬酸中不但有降低 pH、抑制酶褐变和非酶褐变的作用，而且还有螯合酚酶的铜辅基作用。

(7) 缩短加工流程，减少加工过程中的受热温度和时间（包括杀菌）。杀菌和冷却必须快速，以采用连续转动杀菌和冷却机较好。

（8）糖水调制应煮沸，随配随用，避免蔗糖转化。根据实践生产糖水荔枝，在糖水配制后再冷却到 40℃加酸装罐，对防止变红有明显效果。

（9）控制仓库储藏温度。温度低则变色慢。

（10）在加工过程中防止果实与铁、铜等器具及碱接触，加工用水的重金属含量要符合饮用水标准。

（三）细菌性胀罐和败坏

酸度低的荔枝、莱阳梨、香蕉、龙眼等水果罐头常发生细菌性胀罐和败坏事故。防止方法有以下几种。

（1）加入适量酸，降低内容物的 pH（如莱阳梨 pH 在 4 以下）。

（2）防止生产过程微生物污染。

（3）缩短工艺流程，保持原料和半成品的新鲜度。

（4）针对不同品种、罐型采用适宜的杀菌条件。

第二节　果酱类罐头

一、工艺综述

1. 原料及其要求

用于生产果酱的原料均要求果胶及酸含量大，芳香味浓，成熟度适宜（一般成熟度过高，果胶及酸含量就会降低；成熟度过低，则色泽风味差）。用果胶及酸含量小的果实生产果酱时，需外加果胶及酸，或加入富含该种成分的果实以弥补不足。原料需先剔除霉烂、成熟度低等不合格水果，必要时，按大小、成熟度分级；再按不同种类的产品要求，分别经过清洗、去皮（或不去皮）、去核（或不去核）、切块（浆果类及全果糖渍品等原料要保持全果浓缩）、修整（彻底削除斑点、虫害等部分）等处理。果皮粗硬的原料，如苹果、柑橘等，必须除去外皮；去皮、切块后易变色的水果，必须及时浸入稀盐水或酸或酸盐混合液中护色，并尽快加热软化以破坏酶的活性。

2. 配料准备

果酱类罐头使用的配料一般有砂糖、柠檬酸、果胶粉、琼脂等。配料的使用比例和方法因罐头原料的种类和品种而异。一般要求是：果肉（汁）占总量的40%～55%；总糖量占 45%～60%（其中允许使用的淀粉糖浆量控制在总糖量的 20%以下）。必要时，配料中应添加适量柠檬酸及果胶或琼脂。柠檬酸的添加量应以成品含酸量为 0.5%～1%为宜。果胶或琼脂的添加量以使果酱呈徐徐流散状为宜。

配料的准备：

（1）将白砂糖配成 70％～75％ 的浓糖溶液；

（2）将柠檬酸配成 50％ 溶液；

（3）果胶粉按其重量加入 2～4 倍的砂糖（配糖液时应预留部分砂糖），充分混合均匀，再加入相当于果胶粉重量 10～15 倍的水，搅拌加热溶解；

（4）琼脂用 50℃ 温水浸泡软化，洗净杂质，然后加水溶解，加水量为琼脂重量的 19～24 倍（包括浸泡时吸收的水分），溶解后过滤。

3. 加热软化

将果肉放入夹层锅中，再加入水和糖浆液，然后加热软化。软化升温要快，以免长时间加热影响产品的色泽和风味。软化的具体温度和时间应依原料种类及成熟度而定。软化的目的是：破坏酶的活性，防止褐变和果胶水解；便于打浆和糖液渗透；促使果肉组织内果胶的溶出；蒸发掉部分水分，缩短浓缩时间。

4. 加热浓缩

浓缩的目的是：蒸发掉大部分水分，提高果实中具有营养价值的成分含量；杀灭有害微生物，破坏酶的活性，有利于制品保藏；改善果酱的组织形态和风味。浓缩方法分常压浓缩和真空浓缩两种。

（1）常压浓缩　其方法是将软化后的果肉放入夹层锅内加热，开始时应慢慢升温。因果实内含大量的空气和水分，可产生大量的泡沫，容易溢锅；如遇溢锅，可向锅内洒少量冷水，以利正常蒸发。浓缩时要注意经常搅拌，以防止焦锅。浓缩时间以 25～55min 为宜，时间过长，则影响果酱的色、香、味和胶凝力；时间过短，含酸量低的果酱因转化糖不足而易在储存期间产生蔗糖结晶的现象。

（2）真空浓缩　此法所需时间短、温度低，营养成分（尤其是维生素 C）损失少。其方法是使用真空浓缩锅，待真空度达 53kPa 时，用真空泵将物料吸入（物料的温度应不低于 70℃）；加热蒸汽压力保持在 150～200kPa，锅内真空度保持在 86～96kPa，温度保持在 50～60℃；如浓缩过程中泡沫上升剧烈，可稍开启锅内的空气阀，正常后再关闭；物料应淹过加热面，防止焦锅；当接近浓缩终点时，关闭真空泵，如需加入果胶液或琼脂液、淀粉糖浆、柠檬酸等，可在此时或稍早些时候加入，在不停搅拌中将果酱加热到 90～95℃，迅速关闭进气阀并出料。

浓缩成功与否的检验，除凭经验外，一般采用折光计测定（注意温度校正）。

5. 装罐密封

因果酱一般采用常温杀菌，不能杀死耐热微生物，故事先应对容器等进行消毒。果酱类罐头除椰子酱等个别品种可用素铁罐外，大都以玻璃罐或防酸涂料铁罐为容器。铁罐用 95～100℃ 的蒸汽消毒 3～5min，倒罐沥水；玻璃罐用 95～100℃ 的蒸汽消毒 12min，倒罐沥水，装罐时罐温保持 40℃；胶圈用热水浸烫 1min；罐盖用沸水煮 3～5min 或用 75％ 酒精擦拭消毒。

果酱出锅后要求 20min 内分装完，不超过 30min；酱体温度应保持在 80～90℃。封罐后立即杀菌冷却。果酱装罐时，应防止果酱污染罐边及颈部，如有污染，应及时用清洁湿布擦拭干净，以免储存期间瓶口发霉。

6. 杀菌冷却

以常压连续杀菌机为好，一般采用杀菌公式：5min—15min/100℃，杀菌后以50～60℃温水淋浴，再以冷水喷淋分段冷却至38℃。

7. 检验、包装

冷却后的罐头应擦干瓶外水分，检验合格后贴标签装箱，即为成品。

二、果酱类罐头加工工艺

（一）草莓酱

草莓是营养丰富的时令浆果，果实中含有糖、酸、蛋白质及维生素 C，常食草莓或以草莓为原料加工的果酱等可以增进人体健康。

1. 工艺流程

原料挑选→原料预处理→软化、浓缩→装罐、密封→杀菌冷却→检验→贴标签→成品

2. 操作要点

（1）选料　挑选果胶和果酸含量高、八九成熟、果面呈红色或淡红色、香气浓郁的草莓作原料，剔除僵果及成熟度差的果实。

（2）原料预处理　将挑选出来的草莓，用清水洗净，去除蒂把、萼片及腐烂果和杂质等。将洗净的草莓稍加滚压破碎。

（3）软化、浓缩　草莓入锅后以 65～85℃ 的温度软化 30～40min（加入少量水），加入糖浆（预先将需要的糖量溶解成 65% 的糖浆，草莓的量：砂糖的量＝100kg：50kg）；然后升高温度至 85～90℃ 进行浓缩，浓缩液应不沸腾，以保持草莓的色泽和减少维生素 C 的损失；浓缩至接近酱状时，加入海藻酸钠胶液，充分搅拌，继续浓缩 10～15min，然后加入苯甲酸钠溶液（含量为 0.02%，预先用沸水溶解），再熬煮 10min，搅拌均匀即可出锅。

海藻酸钠胶液的制备：用 50℃ 温水，先用氢氧化钠将水的 pH 值调整为 9，加入海藻酸钠粉末或结晶体，边加边搅拌（同方向搅拌），直到添加完，搅匀，静置20min 再搅一次，经反复搅停三四次后即成白色透明的黏胶液（水：海藻酸钠＝100：1）。

（4）装罐、密封　瓶、盖、胶圈使用前加热消毒 5～10min。将草莓酱趁热装入净重 454g 或 300g 的四旋盖瓶中，迅速封罐，封罐时酱体温度应不低于 85℃。如酱体温度过低，封盖后应立即投入沸水中杀菌 5～10min，再分段冷却。

（5）杀菌冷却　采用杀菌公式：5min—20min/100℃。杀菌后迅速冷却到 40℃以下（分段冷却）。

（6）检验、贴标签　检验合格者，贴标签装箱即为成品。

3. 注意事项

从草莓处理到装罐，要严防果实与铁、铜等金属接触。

（二）苹果酱

苹果富含生理活性物质，是著名的保健水果。用苹果制作的果酱细软酸甜、美味可口，且营养极为丰富。

1. 工艺流程

原料挑选→原料预处理→加热软化→打浆→加热浓缩→装罐、密封→杀菌冷却→检验→贴标签→成品

2. 操作要点

（1）原料挑选　苹果的好坏直接影响果酱的质量和风味。要求选择成熟度适宜及果胶、酸含量较大且芳香味浓的苹果。大小无严格要求，罐头加工中的碎果块也可用于制作果酱。

（2）原料预处理　把原料倒入有流动清水的槽内冲洗，注意清洗时间要短，随放随洗。洗净后立即捞出，以免清洗时间过长导致可溶性果糖果酸溶出。把洗净的苹果削皮，挖去核仁部分，去掉果柄，再切块。注意：这一过程一定要在清洁环境中进行，工作人员必须按照食品卫生法的要求穿工作服、戴工作帽，手要洗净。

（3）加热软化　把切好的果块倒入沸水锅中（水要尽量少，加水量约为果肉的1/4～1/5），最好用不锈钢的夹层锅蒸汽加热，若无夹层锅，用大锅熬煮时要用文火，以免煳锅。加热15～20min，使苹果充分软化。

（4）打浆　制泥状酱时软化后用孔径0.7～1.5mm的打浆机打浆；制块状酱时软化后经孔径8～10mm的绞碎机绞碎；然后再立即浓缩，严防积压变质。

（5）配料　原辅料配比：苹果肉100kg，白砂糖70～80kg，淀粉糖浆15～20kg，柠檬酸0.15kg。也可根据产品销售地区群众的口味来调节果浆的酸度和糖度。另外，配料时先将白糖用20％的水溶化，煮沸后过滤，以除去糖中的杂质。

（6）加热浓缩　先将滤好的糖液倒入果浆中，边倒边搅拌，再加热浓缩，当浓缩至固形物达65％时即可出锅。出锅前加入柠檬酸（用少量水化成溶液）搅拌均匀。散装果酱应在出锅前加防腐剂（即0.05％的苯果酸钠或山梨酸钾），加时应先将防腐剂用少量水溶化，再与果浆搅拌均匀。

（7）装罐、密封　最好用250g的四旋盖瓶装。装瓶前应先把瓶内壁洗净、晾干，瓶盖也应事先清洗消毒。果酱出锅后要求20min内分装完，酱体温度应保持在80～90℃，迅速封口。

（8）杀菌冷却　采用杀菌公式：5min—15min/100℃。杀菌后迅速分段淋水冷却到38℃。

（三）桃酱

白桃、黄桃均可制酱，其制作工艺相同，但成品色泽不同。

1. 工艺流程

原料挑选→原料预处理→打浆→加热浓缩→装罐、密封→杀菌冷却→检验→贴标签→成品

2. 操作要点

（1）原料挑选　选择充分成熟、含酸量较高、芳香味浓的桃子作原料。

（2）原料预处理　将原料中的病虫果实、腐烂果实剔去。把好的桃子放在0.5％的明矾水中洗涤脱毛，再用清水冲洗干净，切半、去皮、去核。去皮可采用淋碱去皮法，即将果实浸于10％～15％的氢氧化钠溶液中煮5～10min，脱皮后立即用大量清水漂洗。

（3）打浆　将预处理后的桃块用打浆机绞碎，并立即加热软化，防止变色和果胶水解。

（4）加热浓缩　100kg果肉加砂糖85kg、柠檬酸0.15kg；用部分砂糖配成10％的糖水约15kg，放入果肉中，于夹层锅内加热煮沸20～30min，使果肉充分软化（软化时不断搅动，防止焦锅）；然后将剩余砂糖配成75％糖液，放入果肉中，浓缩至可溶性固形物达65％时加入柠檬酸，搅拌均匀后出锅。

（5）装罐、密封　将桃酱装入经清洗、消毒的玻璃罐内，最上面留适当空隙。在酱体的温度不低于85℃时立即密封，旋紧瓶盖，将罐倒置3min。

（6）杀菌冷却　杀菌公式为：5min—15min/100℃。杀菌后迅速分段淋水冷却到38℃。成品呈现红褐色或琥珀色，均匀一致，具有桃子酱风味。

（四）山楂酱

山楂又称红果，肉厚多汁、酸甜可口、风味浓郁，具有消食健胃、降压降脂、舒张血管、提高免疫力之功效，常被加工成果酱、蜜饯等产品，深受人们喜爱。

1. 工艺流程

原料选择→清洗→去萼片、果梗、核→软化、打浆→浓缩→装瓶→封口→杀菌冷却→成品

2. 操作要点

（1）原料选择　选用充分成熟、色泽好、无病害、无虫蛀的山楂果实。罐头生产中的碎块及山楂汁生产中的山楂渣均可用于果酱生产。

（2）清洗　用水清洗果实，并除去果实中夹带的杂物。

（3）去萼片、果梗和核　削去果梗、萼片，从萼洼处用除核器顶出果核。除核后的山楂再用水冲洗1次，除去果肉中残留的果核。

（4）软化、打浆　将洗净的山楂放入夹层锅中，以每次软化100kg原料为宜，加水30kg，开启蒸汽阀门，将物料加热至沸，适当控制其压力，使物料处于微沸状态，软化20～30min（软化过程中适时搅拌，防止焦煳）。软化后，连同软化山楂所剩汁液均匀投入筛板孔径为0.6～1.5mm的刮板式打浆机中打浆一两次，并除去果核、果柄、花萼等不可食部分，最后得到糊状的山楂果肉浆。在打浆操作中，以每千克鲜山楂出1.2～1.3kg果肉浆较为适宜。此时果肉浆中的可溶性固形物含量≥12.5％。

因山楂果核较硬，打浆时要做到适量均匀投料，并严防木棒等物料接触打浆机刮板，以免出现人身事故和损坏筛板等零部件现象。

（5）浓缩　按100kg山楂浆、50kg白砂糖的比例，将山楂浆与浓度为75％的糖浆于夹层锅中混合均匀，加热浓缩至可溶性固形物达65％时，加入浓度为2％的琼脂液（琼脂用量为原料的0.2％）即可出锅。用夹层锅时，蒸汽压力保持在245kPa，浓缩过程中要不断搅拌。也可直接将打好的果浆置于普通不锈钢锅内，迅速加热熬煮，并不断搅拌，白砂糖按配比分3次加入锅内浓缩。当可溶性固形物含量达到65％以上时，即可出锅。酸度不够时，可在出锅前加柠檬酸调节。

（6）装罐、密封　趁热装瓶，保持果酱温度在85℃以上，装瓶后立即封口，并检查瓶口是否严密。玻璃瓶、瓶盖、胶圈均应提前清洗消毒。

（7）杀菌冷却　采用杀菌公式：5min—15min/100℃。杀菌后，分段冷却至38℃以下。冷却后擦干瓶外水珠，贴标签，装箱，入库。

（五）什锦果酱

什锦果酱是采用多种水果加工制得的混合果酱。

1. 工艺流程

原料挑选→原料预处理→调配→浓缩→装罐、密封→杀菌冷却→检验→贴标签→成品

2. 操作要点

（1）原料挑选　选用八九成熟、无霉烂、无虫蛀的新鲜水果。

（2）原料预处理

① 苹果　选用新鲜多汁、成熟度在八成以上、组织紧密、风味正常的果实。用不锈钢刀削去轻微机械伤部分。削除果皮，厚度约在1.2mm以内。去皮后迅速浸入盐水中，然后切成两半或四半，去除果心、果柄和花萼。处理后的果肉100kg加水20～25kg，于夹层锅中煮沸30min，再以筛板孔径为1.2mm和0.6mm的打浆机分别打浆后备用。

② 橘子　用90℃热水烫约1min，剥皮、分瓣，以筛板孔径为1.2mm和0.6mm的打浆机分别打浆后备用。

③ 山楂　鲜山楂经清洗后，按果实1kg加水3kg的比例调配，在夹层锅中加热，保持微沸，至汁液浓度达5％时即可出锅滤汁备用。

④ 桃　冻桃肉自然解冻，经修整后漂洗一次，然后按桃肉100kg加水20～30kg的比例调配，煮沸约30min，再以筛板孔径为1.2mm及0.6mm的打浆机分别打浆后备用。

（3）调配　按砂糖50kg、苹果浆46kg、橘子浆10kg、桃浆5kg、山楂浆5kg、柠檬酸40g、胭脂红5g（配成5％～10％的溶液备用）的比例调配。

（4）浓缩　将糖液及处理后的4种果浆（汁）及柠檬酸液，逐步吸入真空浓缩锅内，在真空度80kPa以上、温度约65℃条件下加热浓缩，至酱体可溶性固形物达63％时即可吸进色素液，并使锅内真空度逐步降低，温度逐步上升，至酱温达

到 100℃、可溶性固形物达到 65％～66％时出锅装罐。

(5) 装罐、密封　瓶、盖要在使用前消毒，趁热装罐（酱体温度≥85℃），迅速封罐。

(6) 杀菌冷却　采用杀菌公式：3min—15min/100℃。分段冷却到 38℃以下。

(六) 糖浆金橘

金橘含有丰富的维生素 C、金橘苷等成分，对维护心血管功能及防止血管硬化、高血压等疾病有一定的作用。糖浆金橘蜜饯可以理气和胃，并具有酸甜可口的特点。

1. 工艺流程

原料选择→清洗→切割→预煮→浸漂→去籽→糖渍、浓缩→装罐→密封→杀菌冷却→检验→贴标签→成品

2. 操作要点

(1) 原料选择　应选呈淡黄色至橙黄色、甜酸味适度、籽少、果实横径 15mm 以上的成熟金橘，剔除病虫害、腐烂、斑疤、外皮带青色的金橘。

(2) 清洗　用清水洗净金橘表皮上的污染物。

(3) 切割　去除果柄后，用切割器将金橘割 4 条裂口。

(4) 预煮　将果实浸在浓度为 3％的盐水中，在 70～80℃温度下煮 20min。盐水升温至 70～75℃投料，盐水与金橘之比为 4：1。

(5) 浸漂　煮后用流动清水浸漂 12～16h，以洗去苦味。

(6) 去籽　挤压除去籽后，用水洗一次，防止弄破果实。

(7) 糖渍、浓缩　配制浓度为 60％的糖液，使金橘在 90℃的温度下渍 6h，然后倒入夹层锅内，并加入占果重 30％的砂糖，加热煮沸，保持 30～40min。捞起果实，倒入浓度为 60％的冷糖液中浸渍 10h，使可溶性固形物达 45％，再捞出果实，倒入 60％的糖液中，在 90℃温度下浸 12h 以上，然后沥去糖浆。剔除破裂、干瘪等不合格果实。再将果实与糖液在夹层锅中加热煮 20～30min，捞起果实，投入 75％浓度的糖浆中浸渍 12h，使果肉可溶性固形物达 63％以上。然后再移到夹层锅内加热至微沸，使果肉可溶性固形物达 64％，捞起装罐。

(8) 装罐、密封　趁热装罐，装入果肉量为 250g，糖浆为 200g 以上，罐中心温度≥80℃时密封。瓶、盖要在使用前消毒。

(9) 杀菌冷却　采用杀菌公式：3min—10min/100℃。杀菌后，分段冷却至 38℃以下。

(10) 检验、贴标签　检验合格者贴标签即为成品。

(七) 哈密瓜酱

哈密瓜是新疆的一大特产，香甜清脆，营养丰富，驰名中外，但因其产地地处祖国西部，运输不便，且不易保鲜，加工成哈密瓜酱则可使国内外消费者品尝到其

独特的风味。

1. 工艺流程

原料挑选→原料预处理→化糖、真空浓缩→装罐、密封→杀菌冷却→检验、贴标签→成品

2. 操作要点

（1）原料挑选　选择新鲜、无腐烂变质、肉厚、八九成熟的哈密瓜。

（2）原料预处理　将选好的哈密瓜用清水洗去污垢，切分，去皮去瓤（注意去净外皮和籽）；准确称取物料，放入打浆机中打浆并将汁肉分离备用。预处理时间要短，避免原料污染和原料成分氧化。

（3）化糖、真空浓缩　将称好的砂糖投入瓜汁中加热溶解至沸，投入瓜肉，立即将料温升至93℃进行预热固酶2min，然后降温并维持在75℃左右，真空浓缩（真空度为53～67kPa）。酱体经真空浓缩接近产品要求的糖度时，加入氯化钙溶液，使钙离子先均匀分散在酱料中（原料中钙离子含量充足时可不加钙），再加入果胶液，稍候加入柠檬酸。柠檬酸不易过早加入，以免引起果胶分子的降解，影响酱体的黏稠度。原辅料配比为：哈密瓜50kg；白砂糖20kg；果胶0.3kg；氯化钙0.1kg；柠檬酸适量（以调pH＝3.0为度）。

（4）装罐、密封　将瓶、盖预先消毒，趁热装罐，最好采用真空封罐机封罐。装罐时酱体温度不低于70℃。

（5）杀菌冷却　采用杀菌公式：5min—15min/100℃。杀菌后迅速分段淋水冷却至40℃。

（6）检验、贴标签　检验合格者贴标签，即为成品。

（八）红薯酱

我国的红薯资源极为丰富，将其加工成红薯酱可以提高经济价值。

1. 工艺流程

原料挑选→清洗→去皮→切块→磨浆→浓缩→滤渣→配料→浓缩→装罐→杀菌→冷却→成品

2. 操作要点

（1）原料挑选　选用糖分高、淀粉含量低、纤维细、大小均匀的无虫蛀、无霉烂、无发芽的新鲜或冬储红薯。

（2）清洗　原料放入流水槽中进行充分洗涤，沥干。

（3）去皮、切块　选好并洗净的红薯采用人工去皮或碱液去皮的方法去掉红薯表皮。将去皮的红薯用不锈钢刀切成小块，用清水浸泡，以防褐变。

（4）磨浆　将小薯块与水一起用胶体磨磨浆，水的用量尽量少，以防浓缩时不易进行。水的用量以水薯之比为1∶1为宜。

（5）浓缩、滤渣、配料　浆料于真空浓缩锅中加热到71～82℃，保持20min，再继续升温到88℃，逐渐得到浓缩浆液；利用网筛将浓缩浆液滤掉残渣，加入蔗糖、果胶、明矾、柠檬酸，再继续加热到99～100℃，逐渐浓缩至膏状，使固形物

含量达到 68% 以上；最后加入果味香精。其间应注意不断搅拌，以防煳底。

（6）装罐　为了避免红薯酱在高温下发生糖的转化和果胶降解及色泽和风味的恶化，应在浓缩后迅速装罐。先将罐容器清洗干净，经过蒸汽消毒并沥干水分。装罐时酱体温度不低于 85℃，封罐时温度亦应在 80℃ 以上。

（7）杀菌和冷却　将罐置于杀菌锅内进行加热杀菌，温度要求达 100℃，时间为 5～10min。从杀菌锅内取出后应迅速冷却至室温以下，若是玻璃罐则应分段冷却。成品入库储存。

（九）杏酱

杏的果实营养丰富，杏仁含有铁、磷、钙、锌等微量元素，除了供鲜食外，还可以加工成杏酱等制品，市场前景广阔。

1. 工艺流程

原料挑选→原料清洗→切半、挖核、修整→软化、打浆→浓缩→装罐、密封→杀菌、冷却→检验→贴标签→成品

2. 操作要点

（1）原料挑选　选择充分成熟、风味正常的杏肉，除去伤烂不合格果肉和果柄。

（2）清洗、切半、挖核、修整　用流动水洗去果物表面粘染的泥沙、杂物。用不锈钢小刀或切果器沿缝合线纵切为二，挖出果核，修去表面黑点斑疤，浸入 1%～1.5% 盐水中护色。

（3）软化、打浆　按果肉重量加入 10%～20% 的清水，在夹层锅中加热煮沸 5～10min，以果块软化易于打浆为准；再用筛孔径为 0.7～1.5mm 的打浆机打浆 1～3 次。

（4）浓缩　打浆后的果浆放入夹层锅中，按 500kg 果肉、600kg 砂糖（其中 20% 用淀粉糖浆代替）、0.5kg 的柠檬酸进行调配。浓缩至可溶性固形物达 66% 即可出锅。

（5）装罐、密封　铁罐要用抗酸涂料铁制成，事先洗净消毒；四旋瓶及盖、胶圈（垫）用 75% 酒精消毒。趁热装罐（酱体温度≥85℃），并迅速封罐，瓶口无残留果酱。

（6）杀菌、冷却　采用杀菌公式：5min—15min/100℃。杀菌后分段冷却到 38℃ 以下。

（7）检验、贴标签　检验合格者贴标签即为成品。

三、果酱类罐头的常见问题及解决方法

1. 糖的结晶

控制果酱中的含糖量不超过 63%，并保持其转化糖占 30% 左右。转化糖不足

者，可加入适量淀粉糖浆代替砂糖，但用量不能超过砂糖总量的 20%（以重量计）。

2. 物理胀罐

物理胀罐一般是由于排气不足或装填过多、密封温度低或外界气温气压变化等原因导致的。预防方法有以下几种。

（1）果酱装填量勿过满，开罐后顶隙度以保持 3mm 左右为宜。

（2）密封时酱温不应低于 80℃。

（3）采用抽气密封。

3. 变色

果酱变色主要有以下三种情况：原料中所含的单宁、花色素等在酶、氧气的作用下发生氧化变色；原料中的一些成分与金属离子作用生成有色物质而变色；加工中热处理时间控制不当，发生焦糖化作用、美拉德反应而引起变色。防止果酱变色的措施如下。

（1）易变色的果实去皮、切块后，应迅速浸于稀盐或稀酸或酸盐混合液中护色，或添加抗氧化剂（如维生素 C），并尽快加热以破坏酶的活性。

（2）加工过程中防止与铁、铜等金属接触；深色水果，如草莓、杨梅等，不得采用素铁罐。

（3）加工流程要快速，防止加热和浓缩时间过长，特别是浓缩终点到达后，必须迅速出锅装罐、密封、杀菌和冷却，严防积压。

（4）罐头仓储温度不宜太高，以 20℃ 左右为宜。

4. 发霉变质

发霉变质是罐头食品常见的一类质量事故，防止措施有以下几点。

（1）严格剔除霉烂原料，对储放草莓、杨梅等浆果类原料的库房，以 0.2% 过氧醋酸消毒。

（2）原料彻底清洗干净，必要时进行消毒处理。

（3）生产前彻底搞好环境卫生（以福尔马林消毒），车间工器具以 0.5% 过氧醋酸及蒸汽消毒，装罐工序的工器具卫生及操作人员的个人卫生应严格要求。

（4）玻璃罐、胶圈、瓶盖严格按规定进行清洗和消毒。

（5）果酱封口温度应在 80℃ 以上，封口必须严密，严防果酱污染罐口。

（6）果酱生产过程中必须最大限度地缩短工艺间隔，特别是浓缩至装罐、密封和杀菌的过程更应迅速。

复 习 题

1. 我国的水果罐头原料有哪些？

2. 水果罐头的原料处理一般都包括哪些操作？

3. 抽气分为哪两种方法？有哪些注意事项？

4. 糖液的浓度如何计算？如何配制糖液？

5. 排气有哪些方法？排气时需注意些什么？

6. 糖水橘子、糖水菠萝的工艺流程分别是什么？需要哪些注意事项？

7. 水果罐头的氢胀罐和穿孔腐蚀的原因是什么？

8. 哪些品种容易发生氢胀罐和穿孔腐蚀现象？应采取什么措施预防？

9. 水果罐头变色的原因是什么？如何防止变色？

10. 如何防止细菌性胀罐？

11. 果酱产品发生汁液分离是何原因？如何防止？

12. 为何果酱出锅到封口要求在 20min 内完成且酱温保持在 80～90℃？

13. 在制作果酱罐头时，为何要进行果肉的加热软化？软化时为何要求升温时间要短？

14. 果酱生产中加热浓缩的目的是什么？

15. 果酱生产加热浓缩的时间如何确定？加热时间不当会对产品造成怎样的影响？

16. 什么是什锦果酱？其制作工艺是怎样的？

17. 如何防止果酱罐头的糖结晶？

18. 导致果酱罐头物理胀罐的因素有哪些？如何预防？

19. 防止果酱变色的措施有哪些？

参 考 文 献

[1] 无锡轻工业学院，天津轻工业学院合编. 食品工艺学 [M]. 北京：轻工业出版社，1984.

[2] 江建军主编. 罐头生产技术 [M]. 北京：中国轻工业出版社，2000.

[3] 李慧文等编. 罐头制品271例 [M]. 北京：科学技术文献出版社，2003.

[4] 林亲录，邓放明编著. 园艺产品加工学 [M]. 北京：中国农业出版社，2003.

[5] 杨庆亮，于艳琴主编. 果蔬加工技术 [M]. 北京：化学工业出版社，2006.

[6] 赵晨霞主编. 果蔬贮藏加工技术 [M]. 北京：科学出版社，2004.

[7] 薛效贤，薛芹编著. 鲜果品加工技术及工艺配方 [M]. 北京：科学技术文献出版社，2005.

[8] 张中义，张福平主编. 果蔬加工食用技术 [M]. 天津：天津科学技术出版社，1997.

[9] 刘敏，郝中宁等编著. 水果蔬菜贮藏加工技术方法大全 [M]. 北京：地震出版社，1993.

[10] 张欣主编. 果蔬制品安全生产与品质控制 [M]. 北京：化学工业出版社，2005.

[11] 杨邦英. 罐头工业手册 [M]. 北京：中国轻工业出版社，2002.

第八章　其他类罐头

第一节　蔬菜类罐头

一、蔬菜类罐头原料

1. 罐藏蔬菜的种类

蔬菜是人类生存不可缺少的食物，也是人们日常生活中的主要食品。蔬菜中含有丰富的营养物质，特别是含有一般食品所缺乏的维持人体正常新陈代谢所必需的多种维生素和无机盐，对人体的健康具有重大的意义。我国大部分地区处于亚热带和温带，适宜蔬菜的种植，蔬菜资源非常丰富，大力发展蔬菜罐头加工业，有利于调节城乡之间的蔬菜资源、丰富人民生活，同时还可以提高蔬菜资源的附加值，有利于提高农民收入。蔬菜原料种类繁多，可用于罐头原料的蔬菜按可食用部分可以分为以下几类。

(1) 根菜类蔬菜　根菜类蔬菜的食用部分是肉质根或块根，所以又分肉质根菜类和块根菜类。肉质根菜包括萝卜、胡萝卜、大头菜、甘蓝、根用甜菜等；块根菜类有豆薯、葛等。

(2) 茎菜类蔬菜　茎菜类蔬菜的食用部分包括地上茎和地下茎，所以又分地上茎菜类和地下茎菜类。地上茎菜类包括竹笋、芦笋、莴苣笋、榨菜、球茎甘蓝等；地下茎菜类有马铃薯、莲藕、菊芋、荸荠、姜、芋头、慈姑等。

(3) 叶菜类蔬菜　叶菜类蔬菜产品多种多样，所以又分为普通叶菜类、结球叶菜类、辛香叶菜类和鳞茎菜类。普通叶菜类包括小白菜、荠菜、菠菜、芹菜、苋菜等；结球叶菜类包括结球甘蓝、大白菜、结球莴苣、包心芥菜等；辛香叶菜类包括葱、韭菜、芫荽、茴香等；鳞茎菜类包括洋葱、大蒜、百合等。

(4) 花菜类蔬菜　花菜类蔬菜的可食部分是花、花茎或花球，如黄花菜、青花菜、花椰菜、紫菜苔、朝鲜蓟、芥蓝等。

(5) 果菜类蔬菜　果菜类蔬菜可分为茄果类、荚果类和瓠果类；属茄果类的有茄子、番茄、辣椒等；属荚果类的有菜豆、豇豆、刀豆、毛豆、豌豆、眉豆、蚕豆、四棱豆、扁豆等，这一类蔬菜又称豆菜类蔬菜；属瓠果类的有黄瓜、南瓜、冬瓜、丝瓜、瓠瓜、菜瓜、蛇瓜、葫芦等，又称瓜类蔬菜。

（6）食用菌类 食用菌类是指真菌类植物，其子实体或菌核可供人食用，如蘑菇、香菇、草菇、木耳、银耳、猴头菌、竹荪等。

2. 蔬菜类罐头原料的品质要求

大部分蔬菜原料虽然都可以加工，但是加工适应性差别很大。原料选择不当会使产品质量受到影响。选择罐藏蔬菜原料时，应当从蔬菜的品系、成熟度、感官质量等方面来考虑。罐藏用的蔬菜一般要求肉质丰富、质地柔嫩而细致、粗纤维少、可食部分多及色泽良好的品种。

3. 蔬菜罐头的分类

蔬菜罐头按加工方法和要求不同，可以分成下列四种。

（1）清渍类蔬菜罐头 选用新鲜或冷藏良好的原料（包括适于罐藏的脱水蔬菜——莲子、红豆、蚕豆等），经加工处理、预煮（或者不预煮）、漂洗、分选、装罐后，加入稀盐水或糖盐混合液（或沸水、蔬菜汁）而制成的罐头。如清水笋、青刀豆、蘑菇等罐头。特点：基本保持新鲜蔬菜原有的色、形、味。

（2）醋渍类罐头 选用鲜嫩或盐腌蔬菜原料，经加工修整、切块、装罐，再加入香辛配料及醋酸、食盐混合液而制成的罐头。如酸黄瓜、甜酸荞头等罐头。特点：产品含酸量高，所需的杀菌强度低（100℃）。

（3）调味类罐头 选用新鲜蔬菜及其他小配料，经切片（块）、加工烹调（油炸或不油炸）后装罐而制成的罐头。如油焖笋、八宝斋等罐头。

（4）盐渍（酱渍）类罐头 选用新鲜蔬菜，经切块（片）或腌制后装罐，再加入砂糖、食盐、味精等汤汁（或酱）而制成的罐头。如香菜心、雪菜等罐头。特点：产品含盐量高，所需的杀菌强度低（100℃）。

二、工艺综述

1. 原料选择

原料质量是罐藏制品质量的重要保证。要选择成熟度一致，新鲜完好，无病虫害斑、无腐烂的适于罐藏的蔬菜原料。

2. 原料的预处理

（1）分选 剔除不合格的原料，并按个体大小或成熟程度等因素严格分级，达到每批原料品质一致，便于去皮、预煮、装罐等操作。

选择0.5%～1.0%的盐酸溶液浸泡数分钟。洗涤用水一般为常温软水。

（2）去皮与整修 凡表面粗厚坚硬、具有不良风味或加工中容易引起不良后果的都需要去皮。去皮应以除尽外皮和非食用部分为准。去皮方法有手工方法、机械方法、热力方法和化学方法。马铃薯、荸荠、胡萝卜等根茎类蔬菜可用旋皮机或涂有金刚砂的转筒擦皮机去皮；番茄可用热力去皮法；外皮有角质或半纤维组织的运用化学去皮法，即碱液去皮法，可采用氢氧化钠等，使外皮被腐蚀变薄甚至被溶解。去皮后应立即放在流动水中漂洗，再加0.3%～0.5%浓度的柠檬酸或0.1%的盐酸借以消除残留碱液，防止褐变。

整修后需按工艺要求进行必要的切分，去掉核或瓤及种子。

（3）热烫　装罐前需要热烫处理，是指将蔬菜放入蒸汽或沸水中进行短时间的加热处理。其目的是破坏酶的活性，稳定色泽，改善风味；软化组织，便于装罐，脱出水分，保持开罐时固形物的稳定；杀死部分附着在原料上的微生物；排除原料组织中的空气，减弱空气中的氧对镀锡薄铁罐的腐蚀。

（4）漂洗　热烫后应尽快漂洗冷却，以保持脆嫩并能免除余热对营养物质的破坏。

3. 装罐

（1）空罐准备　蔬菜罐头绝大部分属于低酸性食品，但许多品种（青刀豆、蘑菇等）对镀锡薄板的腐蚀及硫化物污染却较严重。各种产品腐蚀的轻重，因原料的种类、品种及加工方法等不同而异。因此，应根据各品种对镀锡薄板腐蚀及硫化物污染程度，有针对性地选用抗蚀、抗硫性能好的镀锡薄板制罐。对铁皮腐蚀要求严格的品种如番茄酱、香菜心，必须采用防酸涂料；花椰菜、甜玉米等含硫蛋白高的品种，必须采用防硫涂料铁罐。

（2）罐液的配制　蔬菜原料装罐时，一般要同时加注盐液。多数蔬菜罐头所用盐液的含盐量为1%～2%。加注盐液可增进产品的风味，填充固形蔬菜切片颗粒之间的空隙，既可排除空隙间的空气，又可增强杀菌及冷却期间的热传递。

配制盐液所用的食盐的纯度必须极高而且不允许含有微量的重金属杂质。若食盐中含微量的铜、铁等，可使罐头蔬菜所含的单宁、花青素、叶绿素形成棕色混合物；若含铁盐与硫化物，可形成颜色发暗的硫化铁，使罐壁发黑，并使蔬菜表面呈灰暗色；若含钙盐、镁盐，可形成白色沉淀，粗化组织。一般要求配制盐液的食盐（NaCl）含量不得低于99%，钙、镁含量（以钙计）不得超过100mg/吨，铁含量不得超过1.5mg/kg，铜含量不得超过1mg/kg。

（3）原料装罐　装罐时应注意以下两点。①必须按产品质量标准要求，将不同色泽、大小、形态的蔬菜分开，然后分别装罐。②大部分蔬菜装罐时必须留有一定的顶隙。顶隙的大小，要根据蔬菜原料的种类、罐型及原料状态而稍有差异，一般装罐时留顶隙6～8mm。

4. 排气

排气时应注意以下几点。

① 加热排气时，应注意排气温度和时间。整番茄、青豌豆等品种，如排气温度过高，易引起罐内物料软烂破裂、净重不足等问题。排气不充分，罐内真空度太低，容易引起罐头突盖、假胀罐及罐内腐蚀等质量问题。一般要求排气至密封过程的罐内中心温度达70～80℃。

② 热传导慢的品种，如整装笋类，则宜装罐前复煮后趁热装罐，并加入沸水

再排气。整番茄等品种，除加入 90℃ 以上的汤汁，还需适当延长加热排气时间。

③ 排气过程须防止蒸汽冷凝水滴入罐内，如四川榨菜等，则宜采用真空抽气的方法或预封后再行排气。

④ 采用抽气密封，应根据罐型、品种、加入汤汁的温度等决定抽真空的程度。带汤汁的品种，抽真空太高了汤汁易被抽出，太低了又会造成罐内真空度太低。一般真空度控制在 40～66.7kPa 为宜。

5. 密封

罐头在排气后，必须立即进行密封，以免罐温下降，蒸汽凝结，空气进入。密封前要注意检查罐盖、橡皮圈、罐口边缘有无缺陷。原料不能粘在罐口上，橡皮圈上不能有杂物，罐口边缘要清洁光滑。封罐机的各部件也要事先做好检查，以保证密封质量。为了防止密封时汁水溢出污染罐外，密封后必须用热水洗净罐壳，并及时进行杀菌，严防积压。

6. 杀菌

蔬菜罐头，除番茄、醋渍类产品外均属低酸性或接近中性的食品，加上原料在土壤中污染耐热性芽孢菌机会较多，必须采用高温杀菌。通过杀菌，一方面可杀灭或抑制罐内的微生物，使罐头在适宜的储藏环境下长期保存而不发生败坏变质；另一方面可杀死致病菌，以免发生食物中毒现象。在杀菌同时，还起到烹煮作用，既增进制品风味，又可使罐头变成熟食。但由于蔬菜组织娇嫩，色泽和风味对热较敏感，如杀菌温度高、时间长，极易引起组织软烂和风味、色泽的恶化，损害制品品质。为此必须注意如下几点：

① 杀菌条件必须根据蔬菜原料的品种、老嫩程度、内容物的 pH、罐内热传导方式的快慢、微生物污染程度、罐头杀菌初温、杀菌设备的种类等条件而定。

② 在不影响产品风味和色泽的前提下，适当降低 pH，使内容物偏酸性，可缩短杀菌的时间。

③ 原料新鲜度越高，工艺流程越快，微生物污染程度轻、罐内热传导快的产品杀菌时间亦可缩短。

④ 对罐内汤汁易于对流传热的产品，如刀豆、蘑菇等，宜采用高温短时间杀菌。连续摇动式杀菌器较间歇静止式杀菌器效果快且质量好。

⑤ 严格执行杀菌工序的操作规程。最重要的是严格保持温度的准确性，特别是高温短时间杀菌，温度稍有误差，对杀菌强度影响很大，所以要保证升、降温度和主杀菌时间的准确。如采用反压降温冷却，则应考虑适当增加杀菌时间。一般延长升温时间 5min 即可。

杀菌的方法有三种：常压杀菌（又称巴氏杀菌）、加压杀菌和高温瞬时杀菌。常压杀菌一般用沸水或蒸汽加热，适用于酸渍类罐头；加压杀菌的杀菌温度控制在 115～120℃，适用于低酸性的大部分蔬菜罐头；高温瞬时杀菌要与密闭的无菌装罐系统相结合，适于菜汁罐头。

7. 冷却

杀菌结束后必须立即冷却，防止余热影响产品品质和营养成分，并严防嗜热性芽孢菌的发育生长。一般冷却至罐中心温度为 38℃ 左右为宜。冷却方式以在杀菌锅内用压缩空气或水反压降温冷却较好。特别是需采用高温短时间杀菌及大罐型的产品，反压冷却不仅冷却速度快，且有防止罐盖突角及减少次品、废品的效果。反压冷却时，进入杀菌器的冷却水压力稍高于器内压力即可，防止过高，以免冲力太大，造成瘪罐。对于玻璃罐装的要分阶段冷却，每阶段温度为 20℃，以免发生破裂。

三、蔬菜类罐头加工工艺

（一）染色青豆罐头

青豆是大豆的嫩果实。它含丰富的蛋白质，并含多种人体必需氨基酸，尤其以赖氨酸含量为高。其制品不含胆固醇，可预防心血管病。染色青豆罐头不仅外观漂亮、惹人喜爱，而且营养价值极高。

1. 工艺流程

选料→剥壳→分级→盐水浮选→石灰液处理→洗涤→盐水浸泡→洗涤→预煮和染色→漂水→洗涤→分选→装罐→注汤→排气→密封→杀菌→冷却→检验→成品

2. 操作要点

（1）选料　挑选膨大饱满，内部种子幼嫩，色泽鲜绿的青豆为原料。

（2）剥壳、分级　手工或剥壳机剥壳。剥壳后，按豆粒直径大小在分级机中分成四种：1 号豆粒直径为 7mm，2 号豆粒为 8mm，3 号豆粒为 9mm，4 号豆粒为 10mm。

（3）盐水浮选　早期采收的 1 号豆用 2～3°Bé 盐水浮选，后期采收的 3～4 号豆用 15°Bé 盐水浮选。上浮豆粒供生产用，下沉豆粒作其他产品配料用。

（4）石灰液处理　1 号豆用 1% 石灰液浸泡 15min，水洗 1 次，再用 5°Bé 盐水浸15min。2～3 号豆用 1% 石灰液浸泡 30min，水洗 1 次，再用 5°Bé 盐水浸 20min。浸盐水后全部水洗 1 次。

（5）预煮和染色　0.05%～0.1% 叶绿素铜钠盐色素液 1 份、豆粒 1.5 份（以重量计），预煮温度 91～93℃，时间 25～35min，煮后在原色液中浸泡 1h。

（6）漂水　用流动水漂洗或 1h 换水 1 次，漂洗 3～4h，选除不合格豆。

（7）洗涤　清水淘洗 1 次。

（8）分选　按豆粒大小和不同号数分开装罐。

（9）汤水配比　2.6% 沸盐水加入柠檬酸 0.015%。

（10）装罐量

罐号	净重	染色青豆	汤汁
7114	425g	255～265g	160～170g

（11）排气及密封　排气密封中心温度 70～80℃。抽气密封真空度 40～46.7kPa。

（12）杀菌及冷却　杀菌公式（排气）：10min—35min—10min/118℃ 冷却，即 10min 内升温到 118℃，然后在 118℃ 下保温 35min，最后反压冷却 10min。

3. 产品特点

色泽翠绿，质地鲜嫩，保持了青豆的风味。

（二）蘑菇罐头

目前，我国蘑菇罐头的年产量在 15 万～16 万吨，年出口量 12 万～13 万吨，占世界贸易量的 1/3。

1. 蘑菇罐头的分类

（1）按内容物分类

① 纽扣菇罐头　指用菇柄长度不超过 5mm 的整蘑菇制成的罐头。

② 整菇罐头　指用菇柄长度不超过 15mm 的整蘑菇制成的罐头（菌盖直径在 30mm 者，菇柄长度不超过菌盖直径 1/2）。

③ 特片菇罐头　指用沿菇轴平行切成 3.5～5.0mm 的蘑菇薄片制成的罐头，其中带柄的规则片不少于 80％。

④ 片菇罐头　指用沿菇轴平行切成 3.5～5.0mm 的蘑菇薄片制成的罐头，其中带柄的规则片不少于 60％。

⑤ 碎片（块）蘑菇罐头　指用形状不规则的碎片（块）蘑菇制成的罐头。

（2）按蘑菇直径大小分类　可分为整菇大、中、小和纽扣菇大、中、小六个等级（菌盖直径大于 25mm 为大，17～25mm 为中，小于 17mm 为小）。

2. 工艺流程

选料→护色→预煮→冷却→分级→挑选、修整→分选→装罐→注汁→密封→杀菌→冷却→成品

3. 操作要点

（1）原料验收　原料呈白色或淡黄色，菌盖完好，无机械伤和病虫害。菌盖直径 18～40mm，菌柄切口良好，不带泥根。菌褶不得发黑。无空心，柄长不超过 15mm。菌盖直径不超过 30mm，菌柄长度不超过直径的 1/2。片状用蘑菇菌盖直径不超过 45mm，碎片用蘑菇菌盖直径不超过 60mm。

（2）护色　将挑选的鲜菇立即用 0.03％～0.05％ 的硫代硫酸钠或亚硫酸氢钠护色液护色，使蘑菇全部淹没在护色液中，护色 2～3min，然后倒去护色液，用流动清水漂洗 1～2h，以除去药物，至水变清为止。若护色液挥发可另换新液。进行长途运输时，原料要放入装有 0.6％食盐或 0.003％亚硫酸氢钠的护色液桶内进行运输，并需注明已护色的时间，以补充护色液的不足。护色所用的工具要求清洁，

在运输中要用薄膜盖好，不使蘑菇暴露在空气中，防止杂质落入。经护色的蘑菇应洁白、无异味、无杂质、无烂脚。

（3）预煮及冷却　取清水煮沸，按水重量的 0.07%～0.1% 放入柠檬酸及蘑菇，当水再次沸腾时计时 8min 左右，以蘑菇开始过心为止，并及时打去水面上的泡沫，捞出后即时放进流动水槽中进行冷却，蘑菇呈淡黄色。

（4）大小分级　用分级机按蘑菇直径大小分为 18～20mm、21～22mm、23～24mm、25～27mm、27mm 以上及 18mm 以下六级。

（5）挑选和修整　分整只及片装两种。有泥根、菇柄过长或起毛及有病虫害、斑点的菇应进行修整。修整后不见菌褶的可作整只或片菇，凡开伞（色不发黑）、脱柄、脱盖、盖不完整及有少量斑点者作碎片菇用。生产片菇宜用直径 19～45mm 的大号菇，以定向切片机纵切成厚 3.5～5.0mm 的片状。装罐前淘洗 1 次。

（6）分选　①整只装：色淡黄、有弹性，菌盖形态完整，修削良好。不同级别分开装罐，同罐中的菇色泽、大小、菇柄长短大致均匀。②片装：同一罐内菇片的厚薄较均匀，片厚 3.5～5mm。③碎片：不规则的碎片块。

（7）汤水配制　加入 2.3%～2.5% 沸盐水和 0.05%～0.1% 柠檬酸，加汁时温度在 80℃ 以上。

（8）装罐　应分为整菇、片菇、碎菇 3 种规格装罐。

（9）注汁　不同净重、规格的蘑菇罐头中蘑菇、汤汁的加入量见表 8-1。

表 8-1　不同净重、规格的蘑菇罐头中蘑菇、汤汁的加入量

罐　号	净重/g	蘑菇/g	汤汁/g
761	198	120～130	68～78
6101	284	155～175	109～129
7110 或 7114	415	235～250	165～180
668	184	112～115	69～72
9124	850	475～495	355～375
15178	3062	2050～2150（碎菇装）	加满
15178	2840	1850～1930（整菇装）	加满
15178	3000	1900（片、碎片）	1200

（10）排气及密封　排气密封中心温度 70～80℃，抽气密封 46.7～53.3kPa。

（11）杀菌及冷却　在 121℃ 的高温高压条件下，根据罐体积大小进行不同时间的杀菌，净重 198g 的杀菌时间为 20min；净重 850g 杀菌时间 30min；净重 2840g、3000g、3062g 的罐头杀菌时间为 40min。采用反压冷却，冷却至 37℃ 左右。

4. 说明及注意事项

（1）蘑菇采收后极易褐变和开伞，应注意严格预防机械损伤，在采收、运输和整个工艺过程中，必须最大限度地减少暴露时间，加工流程越快越好。采收后一定要进行护色处理，不与铁、铜等金属接触。预煮中要快速加热煮透，以破坏酶活

性，并快速冷却。

（2）目前，在生产中趋向于在低浓度即 0.03％以下的焦亚硫酸钠中浸洗护色，如果浓度在 0.03％以上则一定要进行脱硫处理，否则对人体有害且腐蚀罐壁严重。

（3）在生产中最好采用高温短时杀菌，使成品色泽较好。

（三）番茄酱罐头

番茄果实营养丰富，含多种维生素。可制成番茄酱等多种罐头食品。

1. 工艺流程

原料验收→选料与洗涤→修整→破碎去籽→预热→打浆→浓缩→装罐与密封→杀菌与冷却→成品

2. 操作要点

（1）原料验收　要求番茄果实大而整齐，表面光滑，呈大红色，干物质含量高，皮薄，肉厚，籽少。

（2）选料与洗涤　选用成熟红透、新鲜无霉烂的番茄为原料。投入进料水槽预洗，拣净杂质，再经鼓风洗涤机将番茄表面彻底清洗干净。

（3）修整　洗涤后将青果、烂果剔除，并将果蒂周围绿色部分及病虫害、伤裂部分修切干净。

（4）破碎去籽　修整后迅速进入破碎脱籽机处理。

（5）预热　通过破碎机后，迅速通过管式加热器，预热到 75～80℃，以破坏果胶酶的活性。

（6）打浆　预热后及时通过三道打浆机打浆，筛板孔径分别为 1.0mm、0.5mm、0.4mm。要求进料均匀，浆渣畅通，顺利导入带搅拌器的储藏罐中。

（7）浓缩　通过三锅逐渐浓缩至干燥物占 28.9％～29.5％。

（8）装罐与密封　当酱体浓度达到规定要求即干燥物含量达 28.5％～30％时，将酱温加热到 90～95℃消毒并趁热装罐密封。按净重要求 70g、198g、500g 装罐，酱体不要粘留罐口，以免影响密封质量。

（9）杀菌与冷却　密封后立即杀菌，杀菌公式为：70g 5min—15min—10min/100℃；198g 5min—20min—10min/100℃；500g 5min—30min—10min/100℃。杀菌后及时冷却，擦干净入库。

（四）冬笋

冬笋可做美味的菜肴，也常被加工成冬笋罐头。

1. 工艺流程

选料→切头剥壳→分级→预煮→冷却→修整→复煮→清洗→装罐→配汤→排气封口→杀菌→冷却→保温检查→成品

2. 操作要点

（1）选料　采用新鲜、良好、质嫩、肉质呈乳白色或淡黄色及无霉烂、机械伤和病虫害的冬笋。一般要求重 125～1000g，横径在 12cm 以下，表面平整，笋肉厚，无粗纤维，节间短，允许根部轻微损伤，但不得伤及笋肉。原料选取后必须在 16h 内加工完毕，否则影响成品品质。

（2）切头剥壳　用切笋头机或刀切去笋根基部粗老部分和外部的粗皮，再用刀纵向划破笋壳，然后用手从笋尖剥除外壳，保留笋尖和嫩衣。剥壳主要是除去不可食用部分，剥壳可在预煮前进行，但常使嫩脆的笋尖断落，故在预煮后进行较好。

（3）分级　将剥除外壳的竹笋按基部直径分级，以便分别预煮。一般直径在 2～2.5cm 的为大笋，直径在 1.5～1.9cm 的为中笋，直径在 1～1.4cm 的为小笋。

（4）预煮　剥壳后的笋必须及时分级并迅速预煮，以免笋肉变老变色。预煮可除去竹笋苦味，还可防止白色浑浊沉淀。一般采用沸水预煮，预煮水温达 70℃ 左右时将笋放入，水沸后计时，一般大笋煮 50～60min、中笋煮 40～50min、小笋煮 30～40min。预煮时水应淹没笋块。每煮两锅换 1 次水。

（5）冷却　笋煮后急速冷水冷却，2～3h 换水 1 次，并以流动水漂洗 16～24h。

（6）修整　漂洗过程中进一步对笋进行修整，用刀削除伤烂、根部、红斑，切去粗纤维部分。同时用线弓或口面圆钝的小竹片弹刮嫩笋衣和基部节间绒毛，除去残留的笋壳，笋衣务求刮除干净，但要求保留好笋尖。修整完的笋用流动水清洗，洗净残碎笋衣及皮肉，同时选除开权笋及青绿色笋等，并将笋按长短、大小、色泽分开，以便装罐时笋只大致均匀。

（7）复煮　将 0.15% 的柠檬酸水煮沸后，将分级笋分别投入复煮，煮沸 8～12min 后立即以流动水冷却，再清洗 1 次，沥干水分装罐。复煮的目的在于补充第一次预煮的不足，同时进一步避免浑浊物的产生。在复煮时要轻拿轻放，防止笋尖断裂。

（8）装罐　各种罐型均要求笋只长度基本与罐身高度相等。玻璃瓶装罐时需将带笋尖部分整齐排列在罐外圈，短节和无笋尖部分可填充在罐中间，使之美观。称重时，为保证开罐时固形物达到标准，一般应增加 30%。如 500g 装玻璃瓶应称笋只 310g 装罐。800g 装应称笋只 495g 装罐，2950g 装应称笋只 1830g 装罐。

（9）配汤　清水煮沸后加入 1% 的盐、0.08% 的柠檬酸，经细白布过滤，装罐时温度保持在 75℃ 以上。

（10）封口　排气密封，中心温度为 70～80℃；抽气密封，47.95～53.32kPa。

（11）杀菌及冷却　封口后应尽快杀菌。杀菌公式如下：

净重 2950g 杀菌公式（排气）：15min—45min—反压冷却/116℃；

净重 800g 杀菌公式（排气）：10min—40min—10min/116℃；

净重 540g 杀菌公式（排气）：10min—35min—10min/116℃。

以上杀菌后及时冷却至 38℃ 左右。

（12）保温检查　杀菌后的罐头冷却至 38℃ 左右时取出，擦干水分，涂上防锈油，于 25℃ 恒温处理五昼夜，检出废次品，然后包装出售。

3. 注意事项

防止笋罐头白色沉淀及苦味。由于品种和生产季节不同，故有的笋生产后易产生白色沉淀及苦味、色泽发黄等现象。

防止措施有以下两种。①适当延长预煮和漂洗时间，漂洗水必须经常换，防止微生物污染。笋只切半后预煮，也可减少白色沉淀。②18kg装的大罐经杀菌后要换汤处理，白色沉淀可显著减少。

（五）蚕豆罐头

蚕豆为我国特产，具有易栽培、产量高的特性，一年四季均可加工，营养丰富，深受我国人民的喜爱。长江流域普遍栽培，相当一部分加工成罐头，年出口罐头几万吨，其主要市场为世界各地的华人居住区。

1. 工艺流程

原料→浸泡挑选→预煮→分选→配汤→装罐→排气、密封→杀菌及冷却

2. 操作要点

（1）原料及处理　加工罐头用的蚕豆要求发育完全，豆粒饱满，皮色黄或青黄，无病虫害（特别是豆象）。四川红皮蚕豆质量较好。生产前，蚕豆应进行挑选，除去泥沙杂质，剔除小豆、虫蛀豆、黑斑豆及破皮豆、不完整豆。

（2）浸泡挑选　以流动水漂洗干净，再浸泡24～72h，视浸泡程度而定时间，以完全浸泡透但不发芽为准。浸泡期间注意翻动和换水，浸泡完毕时蚕豆增重控制在1.0～1.2倍。然后复选一次。整个处理过程应防止蚕豆与铁器接触，因为蚕豆含有大量的单宁物质，遇铁极易变色。

（3）预煮　在100kg水中加入三聚磷酸钠0.05kg、六偏磷酸钠0.15kg，将其溶解。将蚕豆与水按1∶1的比例煮沸20min，以蚕豆用手捏易碎为度。

（4）分选　选豆粒饱满、皮色黄或青黄、无发黑及斑点的豆装罐。同一罐中的蚕豆色泽、粒形大小应一致均匀。

（5）配汤　先配制磷酸钠溶液：水1.5kg，加三聚磷酸钠50g和六偏磷酸钠150g，加热溶解。将清水、糖、盐、味精置于夹层锅，加热至沸，然后加入先配好的磷酸钠溶液，充分搅拌均匀，过滤备用。

（6）装罐　蚕豆罐头采用涂料罐，装罐量如下。

罐号	净重	蚕豆	精炼花生油
7106	397g	218g	4g

（7）排气、密封　对于汤汁热灌装的蚕豆罐头在95℃下排气6～8min中心温度即可达到75℃以上。抽气密封应在0.04MPa左右的真空度下进行。排气后立即密封。

（8）杀菌及冷却　蚕豆罐头推荐的杀菌公式：15min—90min/121℃，反压冷却。杀菌后迅速冷却，以防品质变坏、色泽发暗，出现"结晶"现象。

（六）清水荸荠

清水荸荠罐头清甜爽口，风味不俗，具有凉血解毒、利尿通便、化湿祛痰、消

食除胀等功效。

1. 工艺流程

原料选择→洗涤→去皮→分级→预煮→漂洗→整理→称重→装罐→注汁→排气→密封→杀菌→冷却→保温→打检→装箱→入库

2. 操作要点

（1）原料选择　加工罐头用荸荠要求品种鲜嫩、粗纤维少、淀粉少、糖分多，允许有少量轻微的自然斑点，无畸形，未抽芽和萎缩，要求横径在 3cm 以上。

（2）洗涤　将荸荠倒入清水池中浸泡 20～30min，再以刷洗机洗去泥沙，漂洗干净，以免削皮时污染上土壤中的细菌。

（3）去皮　有手工去皮和机械去皮两种。①手工去皮：用小刀削除荸荠两端，以削尽芽眼及根为准。再削去周围外皮，切削面平整光滑。削皮的同时挑出有病虫害或黑斑、损伤、腐烂的球茎。②机械去皮：将荸荠在沸水中煮 3～5min（煮至表皮形成 2mm 深的熟白圈）后，倒入去皮机中，一边加适量热水，一边摩擦 3～5min，使外皮基本磨去。取出后用小刀修整，削除残余皮及根蒂。削皮后的荸荠应立即浸于清水中，目的在于洗除残余皮屑及溶出淀粉。

（4）分级　按直径大小将荸荠分成四级，即 20～24mm、25～28mm、29～32mm、32mm 以上。

（5）预煮　按大小级别分别放在 0.4% 柠檬酸液中煮沸约 20min，荸荠与酸液比为 1:1，每次煮后调酸，每煮 3 次更换新液。预煮可以使淀粉糊化，汤汁澄清。预煮后应在流动水中漂洗 1h 左右，可漂去酸和部分杂质，但不可过度，否则会使制品风味平淡。

（6）整理　装罐前要确保无残留外皮、无斑点，切削面要光滑平整，片装要求片的厚度为 3～7mm，按大小级别分别装罐。

（7）装罐　装罐时保持高温，加汤汁时最好加满。荸荠常用素铁罐，涂料罐易使产品风味变差、色泽发红。装罐量如下。

罐号	净重/g	荸荠/g
8113	567	340～350
15173	3005	1970～2008

注：汤汁内常加用 0.05%～0.07% 的柠檬酸，同时加 1.5%～3% 的砂糖。

（8）排气及密封　采用约 95℃、8～10min 的加热排气，也可以采用真空封罐机密封，真空度 0.047～0.053MPa。

（9）杀菌、冷却　荸荠采用高压杀菌，8113 罐建议杀菌公式：15min—20min—15min/118℃；15173 罐杀菌公式：15min—(75～90)min—15min/108℃。

（七）草菇罐头

草菇是国际市场上唯一有"中国蘑菇"之誉的食用菌品种，具有口感爽嫩、异常鲜美等特点，除作为菜肴以外，常被加工成罐头产品。

1. 工艺流程

选料→修整→预煮→分级→加汤汁→装罐→排气、封罐→杀菌、冷却→擦罐、入库

2. 操作要点

(1) 选料 选用菌体新鲜幼嫩、卵圆形、脚苞未破裂、不伸腰、无机械损伤的草菇。剔除伸腰、开伞、破头及色泽不好的不合格菇。草菇生产在炎热的夏季,生长快,很易开伞,加工过程要突出"快"字。采摘后 2~3h 内要及时进行验收、装运和加工。

(2) 修整 剔除杂物及开伞、破头等不合格的草菇,用小刀削除草菇根基部泥沙、草屑,修削面应保持整齐光滑,并以菇的大小分堆。

(3) 预煮 将菇放在清水中洗去泥沙、草屑等杂质,沥干。用夹层锅和铝锅预煮,将草菇放在沸水中预煮两次(水、菇比为 2:1)。第一次煮 5~8min,用冷水漂洗,再换水煮 5~8min,煮后用清水或流动水迅速冷却与漂洗。

(4) 分级 完整菇分大、中、小三级,选出破裂菇做片装用。大级菇横径27~40mm,中级菇横径 21~26mm,小级菇横径 15~20mm。

(5) 加汤汁 精盐 2.5%,柠檬酸 0.1%。装罐时汤温必须在 85℃以上。

(6) 装罐 不同级别的草菇分开装罐。7114 号罐,净重 425g,装草菇 280~290g,然后注满汤汁。

(7) 排气、封罐 封罐后的罐头放入排气箱内加热排气,罐中心温度不低于80℃,然后在封罐机上封罐。若用真空封罐机封罐,真空度应达 46.7~53.3kPa。

(8) 杀菌、冷却 封罐后,放进杀菌锅内杀菌,杀菌温度121℃,时间60min,最后立即反压冷却至室温。

(9) 擦罐、入库 擦干附在罐身上的水分及污物,待检验合格后,放进仓库内储存。

(八) 金针菇罐头

金针菇是古今中外著名的食用菌,制成的罐头食品通常是普通蘑菇罐头价格的4~5倍,是国际市场上的畅销品种,被视为名贵的高级食品。

1. 工艺流程

选料→修整→护色→预煮→冷却→分级→装罐→注汤液→排气→封罐→杀菌→冷却→检验→成品

2. 操作要点

(1) 原料验收与修整 罐藏用金针菇应新鲜幼嫩,菌体完整,菌盖未完全开放并呈淡黄色或金黄色,无病虫害及泥沙等杂质,菌体整齐,切口平整,长短大致均匀。菇盖直径在 1.5cm 以下;菌杆长 10~15cm。整丛的金针菇,剪去菇根,再切去褐色部分,剔除不合格菇,并进行分级。

(2) 护色处理 用 0.05% 焦亚硫酸钠溶液或 0.5% 盐水漂洗两次,再用流动水冲洗多次,洗去残存的焦亚硫酸钠溶液及泥沙等杂质,二氧化硫残留量不超

过 0.002%。

（3）预煮杀青　金针菇洗净后，及时进行杀青处理，以杀死菇体细胞，破坏酶系统，并使组织软化，增强弹性以便于装罐。其做法是：将鲜菇放在 100℃ 的 0.6% 柠檬酸溶液或 5% 食盐沸水中（菇和溶液比为 1.5∶1）预煮 3～5min（从投菇后水沸起计时），以菇体中心熟透为准，切勿煮过度，否则会导致组织软烂而无法装罐。预煮液可使用三次（第二、第三次应适当调节酸或盐的浓度）。

（4）冷却漂洗　杀青后迅速捞起并投入清水中冷却，再投入生理盐水中进行脱色，漂洗时间不宜超过 1h。

（5）拣选分级

① 整装菇 A 级　菇盖直径 1.5cm 以下，未开伞，柄长 15cm 左右，色泽为白色到乳黄色。

② 整装菇 B 级　菇盖直径 2cm 左右，柄长 9cm 以下，基部色泽较深，但不呈褐色。

③ 段装菇　菇柄基部切下的褐色部分分段装，做成"肉絮"罐头，柄段的长短基本一致。

④ 金针菇酱　不合格的菇及菇根等，可用磨浆机打碎做酱。

（6）罐盖打字　按规定，全国统一采用厂代号、年、月、日、班及产品代号顺序排列法打字或印条，字迹要清晰，不得压透。

（7）煮胶圈嵌盖　将胶圈置沸水中煮 1～2h，然后嵌在马口铁盖内，再将上好胶圈的盖置沸水中煮几分钟。

（8）配填充汤液　在锅内加水 10kg、精盐 250g，煮沸后加入柠檬酸 50g，使 pH 为 4 左右，再用绒布或 6 层纱布过滤。

（9）空罐处理　将瓶放在 40～50℃ 水中刷洗干净，移入 60～70℃ 水中洗涤，再分瓶倒入 1/5 瓶的清洁热水冲洗，倒置于盘中，趁热取用，不宜放凉，以免罐汤液排气时炸瓶。

（10）装罐、注汤液　金针菇罐藏容器多选用 500ml 玻璃瓶罐或旋转式玻璃瓶罐。装罐前再次检查空罐是否干净，有无破裂。手工装罐时应注意造型美观。装罐时菇体切口要整齐，加汤料以注满罐体，顶隙留空 1cm 左右。配汤料中加入 1.5%～2% 精盐、0.5% 柠檬酸，在盐水中同时加入不多于 1% 的白砂糖进行调味。加汤料时再在汤料中加入 0.08% 氯化钙，以增加金针菇的硬度，保持形态完整。

（11）排气、封罐　采用加热排气法，当罐头瓶的中心温度达 80℃、汤液涨至瓶口、空气已被基本排除时，及时将罐头放在封口机上封口。真空抽气密封时，要求真空度达到 46.7～53.3kPa。封好口的罐置杀菌篮内保温以准备杀菌。

（12）高温杀菌　将装有罐头瓶的杀菌篮，放于高压灭菌锅内加温或通入蒸汽进行灭菌，在 120℃ 下保持 30min，然后反压冷却。杀菌公式：10min—30min—10min/120℃。

（13）冷却涂漆 杀菌结束后，杀菌时的高温在罐头中仍然存在，继续进行着烹煮作用。因此，需立即进行冷却，使罐头内部温度降到40℃以下。冷却的速度愈快，对金针菇质量的影响愈小。在冷却过程中，为防止罐头变形，宜采用加压冷却。冷却后，将罐盖、罐身的水珠擦去，国产马口铁盖最好涂上防锈漆，以免存放时生锈。

（14）保温打检 冷却至35℃左右的罐头，立即搬入保温培养室，在（37±2)℃下培养5～7天。用自行车钢条逐瓶敲打罐盖，剔除变质、漏气、浊音等废品罐头。合格者贴商标，入库存放。

（九）芦笋罐头

芦笋质嫩味鲜、营养价值全面、风味独特，其加工成的芦笋罐头深受世人喜爱。

1. 工艺流程

选料→清洗→去皮→切段→预煮→冷却→分级→配汤汁→装罐→封罐→杀菌、冷却→擦罐、入库

2. 操作要点

（1）选料 原料的好坏直接关系到芦笋罐头的加工质量。因此，一定严格按照收购标准进行收购。原料进厂后验收员要按照标准进行验收，验收后的原料应及时送入车间加工，并进行处理。一般选用茎长12～16cm，粗细以茎部平均横径1～3.8cm为宜；要求新鲜、良好，不带病虫害、锈斑和损伤，无空心、开裂畸形的芦笋为原料。采收后的芦笋嫩茎应在12h内加工完毕。若短时间内不能加工，为防止嫩茎变质，应进行冷水冷却处理。若需放置1～2天，则必须放入0～2℃的冷库中储藏，并注意采取保湿措施。

（2）清洗 多采用喷淋冲洗或流水洗涤。要求采收后1h内清洗完毕，以减少锈斑点产生。但勿使芦笋在水中浸没时间太长，以免营养成分损失。

（3）去皮 清洗后用刨刀刨去表皮粗老部分，尽量去除粗纤维及棱角，剔除裂痕及虫蛀笋。去皮应在预煮之前进行，因预煮后原料变软不好去皮。去皮要干净、均匀，嫩茎去皮后无明显棱角，保持近于原来的圆度。由于芦笋鳞片间易带有泥沙，因此加工整条带皮芦笋罐头时应将鳞片去除。可用人工去除也可用去鳞机高压水去除。机械去鳞，工作效率高，且去鳞的同时能对嫩茎做进一步冲洗，使原料更清洁。

（4）切段 切成长10.5～11cm带笋尖的笋条，不足10cm者，切成4～6cm长的段，以便分别装罐。切割时断面一定要整齐清洁，不能斜切，不带尾梢。

（5）预煮 按粗细、老嫩、条段的不同分别在90℃（微沸）下预煮，粗条煮3～4min，细条及段煮2～3min，嫩笋尖煮1～2min。预煮可使嫩茎组织柔软，便于装罐，保证罐内固形物重量，并使酶失去活性，还可清除附着在嫩茎上的微生物，稍变弯的嫩茎通过预煮可以变直。预煮用的水以软水为宜，不能使用硬水或呈

碱性的水。水的 pH 值在 6.1 以上时，芦笋就会发生变色。当水的碱度太大时，可用适量柠檬酸调整 pH 值。

预煮一定要适度。预煮过长，嫩茎过于软烂，且易损失香味；预煮不透，则达不到软化的目的。判断预煮是否适度的方法有两种：一种是将预煮的嫩茎的基部水平捏住，如果其头部能弯曲 90°，证明预煮适度；另一种方法是在预煮后的冷却阶段，嫩茎缓慢下沉表示预煮适度，嫩茎上浮表示预煮不透，迅速下沉则表示预煮过度。

（6）冷却　原料预煮后应迅速放入流动的冷水中冷却至 36℃ 以下，使软化过程中止。冷却时间以大约 15min 左右为宜，最长不能超过 30min。冷却时间过长会降低产品的香味。芦笋冷却后应及时装罐，以减少氧化和细菌污染。

（7）分级　整条笋按下列标准分级。巨大级：直径在 2.5cm 以上。特大级：直径在 1.81～2.5cm。大级：直径 1.31～1.8cm。中级：直径 0.96～1.3cm。小级：直径 0.80～0.95cm。段笋和笋尖，一般按粗、中、细及色泽分选。有绿色的笋一般不装罐，但绿色不超过 4cm 的也可留作装罐时搭配用。

（8）配汤汁　配方为预煮水 96kg，加砂糖 2kg、食盐 2kg、柠檬酸 50g。将配制液放在夹层锅内加热煮沸，过滤备用。

（9）装罐　为了保证重量，装罐量应比要求量稍多一些，一般应多出 5%～10%。预装罐时，整条笋的头部一律向上，要轻拿轻放，以免损伤嫩茎及笋尖。装罐芦笋不能在罐内自由窜动，但也不要把罐装得太紧。嫩茎装完后加入调味液，加入时以浸没笋尖为宜。调味液的配比是：清水 100kg，精盐 2.5kg，柠檬酸 20～40g，白糖 1kg。将其加热溶解过滤后即可使用。配调味液用的各种辅料一定要清洁，要随用随配。为了便于排气，调味液的温度不应低于 70℃。

（10）封罐　将装芦笋的罐放在真空封罐机上封罐，真空度应达 39.99～53.32kPa。

（11）杀菌、冷却　封罐后将其放进杀菌锅内，在 121℃ 下杀菌 15min。然后立即反压冷却至常温。

（12）擦罐、入库　用干布擦干罐身和罐盖，入库储存；经检验合格后出厂。

3. 注意事项

① 原料新鲜度十分重要。不及时加工的原料，组织易老化，笋尖会生长变细，风味变劣，甚至发苦。

② 绿色芦笋开罐后变黑，即汁水变暗或呈黑色，笋也同样变色。若在加入罐的盐水中加入适量柠檬酸钙或柠檬酸，在预煮水中加入适量钾明矾，均可防止或减少变黑。

③ 芦笋罐头易发生酸败变质，必须十分重视原料的洗涤，充分洗除土壤中带来的嗜热菌。对工艺过程的卫生和杀菌公式的选择，也应严格要求。

④ 芦笋在预煮、冷却、装罐、杀菌、擦罐等工艺过程中，必须轻拿轻放，严防花蕾松散、嫩叶折断，影响产品质量。

⑤ 条装嫩尖一律向上，高度要求不得露出罐边，段装嫩尖一律放在罐面。

（十）小竹笋罐头

竹笋生长于中国的山谷森林中，为纯天然野生食品，无任何污染，其味甜凉爽、清香脆嫩，且含丰富的氨基酸、维生素及多种微量元素和大量纤维素，具有种植蔬菜无法比拟的食用价值和风味。将竹笋加工成罐头可用于出口创汇。

1. 工艺流程

选料→切根剥壳→分级→预煮→修整→分选→配汤→装罐→排气、封罐→杀菌、冷却→擦罐、保温、检验→出厂

2. 操作要点

（1）选料　剔除呈青绿色的笋肉，剔除节芽、开杈、虫蛀、枯萎、花斑腐烂变质、麻壳及笋根直径超过 35mm 的不合格笋。

（2）切根剥壳　切去根部粗老部分，剥除笋外壳，并保留笋尖部分嫩衣。

（3）分级　按根部直径分成两级，即 16mm 以上和 16mm 以下，并分为空心笋和实心笋。

（4）预煮　剥壳后立即按级预煮。为防止笋肉变色，可在沸水中煮 12～20min；若煮空心笋，可再延长 5～7min。在冷水中急速冷却后，再放在流动水中漂洗 4～8h。

（5）修整　去掉嫩衣、节芽，保留笋尖。用刀切去笋根粗纤维部分，切口整齐，笋体分 30～50mm、51～115mm 两种装罐。最后放在流动水中清洗一次。

（6）分选　按照笋只大小、长短、色泽分别选除开杈笋及青绿色笋。同一罐中笋的大小、色泽应大致均匀。

（7）配汤　先配成 1% 浓度的沸盐水，再加入 0.06% 柠檬酸。

（8）排气、封罐　原料装罐后注满沸盐水。排气、封罐后，放进排气箱加热排气，罐中心温度达 70～80℃。若进行真空封罐，罐内真空度达 40.0～46.7kPa。

（9）杀菌、冷却　在杀菌锅内杀菌，杀菌温度为 106℃，时间 50min 左右。然后立即放入冷水中冷却至 37℃ 左右。

（10）擦罐、保温、检验　用抹布擦干罐身水分，抽样在温度为 35℃ 的库房内储存 5 天，检验合格后出库。

（十一）甜玉米糊罐头

玉米按品质可分为常规玉米和特用玉米两类。特用玉米有甜玉米、糯玉米和爆裂玉米及高赖氨酸玉米、高油玉米和高直链淀粉玉米等。玉米中富含铁、镁等矿物质，而且有较高含量的大米、面粉等主食所缺乏的赖氨酸。玉米可加工成玉米糊、玉米粒、玉米笋等罐头，不仅营养丰富，而且美味可口。

1. 工艺流程

甜玉米原料→去苞叶、花丝→修整→清洗→搓粒→配料→预煮→装罐→排气→密封→杀菌→冷却→保温→贴标签→包装

2. 操作要点

（1）去苞叶、花丝及修整、清洗　首先剥去果穗苞叶，清除残余花丝和杂质。花丝一定要摘除干净，特别是紫红色花丝，如在罐头中残存会影响商品质量。接着用清水将果穗洗净。

（2）搓粒、配料、预煮　搓粒是将清洗干净的玉米穗用杈平刮下玉米浆，再将生玉米浆放入不锈钢锅内，60kg 玉米浆加凉开水 40kg 和已溶化并过滤好的砂糖3kg、精盐 0.5kg、维生素 C 少许混合搅拌均匀，立即预煮。预煮温度控制在100℃，不断搅拌使其均匀受热，煮沸 1～2min 即可装罐。一般 7116 型罐可装425g 玉米糊。

（3）装罐　装罐温度为 70～80℃，顶隙为 6～8mm。为了保证装填准确，应对每罐的净含量称量校对，允许公差为 3%。

（4）真空密封　真空度为 0.02～0.04MPa。密封后要及时将罐外壁的玉米浆清洗干净，因为杀菌后不易除去。密封后杀菌不宜超过 1h。

（5）杀菌、冷却　杀菌公式为：10min—65min—20min/121℃，反压冷却至 40℃以下。

（十二）玉米笋罐头

1. 工艺流程

采笋→剥笋→分选整形→清洗→预煮→装罐→加汤汁→排气→封罐→灭菌、冷却→擦罐、保温检查→装箱

2. 操作要点

（1）采笋　分期分批采收未授粉的玉米果穗，采收的标准为玉米须未抽出或刚抽出。此时玉米笋组织鲜嫩，形态完整，呈圆锥形，笋粒饱满，排列整齐紧密，呈黄色或淡黄色。因为玉米笋非常鲜嫩，容易折断，所以在采收、装卸、运输过程中一定要轻拿轻放。

（2）剥笋　将苞叶、花丝、果柄去除干净。注意不要将笋折断，切忌把笋弄脏，剔除虫咬、变质及异形笋，严格把好卫生关。

（3）分选整形　根据不同的罐型将剥好的玉米笋分级，剔除已授粉、木质化的笋。

（4）清洗　根据不同的罐型将笋修整成 6～10cm 长，然后放入 $CaCl_2$ 和 $NaHSO_3$的混合液中浸泡 2h，进行硬化及硫化处理，最后用清水漂洗干净，切忌用力搅拌。

（5）预煮　预煮的目的是去除玉米笋表面的黏液和青涩味，同时排除组织中的空气，使组织软化，并破坏酶的活性，稳定色泽，杀死表面附着的微生物。经预煮还可舒直轻微的弯曲，便于装罐。预煮时笋尖向上，浸入 95～100℃ 的开水中煮5～7min，笋尖部位适当减少热浸时间，避免预煮过度，然后整个浸泡在冷水中冷却 1～1.5min。

（6）装罐　将冷却的玉米笋按等级分别装入玻璃罐，要注意外观整齐一致。

（7）加汤汁　汤汁配方：食盐 1%，白糖 2%，维生素 C（或柠檬酸）0.2%。

将各种配料混合，溶解后过滤，加热至沸腾，然后将 80～90℃ 的汤汁注入笋罐内，汤汁以浸没笋尖为宜。

（8）排气　加汤汁后的罐头需在 90℃ 条件下排气 12～15min。

（9）封罐　排气完毕后迅速封盖，以保持罐内较高的真空度。

（10）灭菌、冷却　高压灭菌，杀菌公式：5min—25min—5min/118℃；降压分段冷却至 35℃ 左右。

（11）擦罐、保温检查　冷却后立即擦去罐头表面的水分，放进 37℃ 的保温库中保温五昼夜。经质量检查合格后即可装箱入库。

（12）装箱　将检验合格的玉米笋罐头贴上商标，装箱入库。

四、蔬菜类罐头的常见问题及解决方法

罐头食品在加工过程中由于技术操作不当或储存条件不适宜，致使罐头在储存期间发生质量变化。主要表现为胀罐、平盖酸坏、变色和铁罐腐蚀。

（一）胀罐

有些蔬菜罐头生产后，在储藏运销期间，常常发生罐头两端或一端底盖凸起膨胀。这种胀罐，从罐头外表看，可以分为软胀和硬胀两种。软胀包括物理胀罐及初期的氢胀罐或初期的微生物胀罐。硬胀主要是微生物胀罐，也包括严重的氢胀罐。

1. 物理胀罐

物理性胀罐主要是由于罐内食品装的太多太紧或排气不良及杀菌时降压速度过快而造成的。如小型罐的香菜心、整番茄、番茄酱等产品，常发生这种现象。防止物理胀罐的方法，除适当控制装罐量、提高装罐和排气温度、减慢杀菌时降压速度外，还要注意罐盖用铁厚度及膨胀圈的抗压强度。此外，储藏温度太高或罐头运销到海拔太高的地区，以及罐头严重碰伤等，也会引起物理胀罐。在储藏运销期间也要注意这些因素。

2. 氢胀罐

如荸荠、杂色酱菜、番茄酱等罐头，常会发生氢胀罐。发生氢胀罐的罐头，开罐后虽然有时内容物尚未失去食用价值，但是不符合产品标准。

防止措施主要是抑制罐内壁的腐蚀及防止涂料脱落。

3. 微生物胀罐

引起微生物胀罐的原因主要是杀菌操作不当或杀菌温度和时间不够，没有达到杀灭最耐热的腐败微生物的要求，致使腐败微生物尚能继续活动、繁殖而产生气体，发生胀罐。防止微生物胀罐的措施有以下几种。

（1）采用新鲜度高的原料，严格注意生产过程的卫生条件，防止原料、半成品污染。

（2）在保证罐头产品质量的前提下，原料的热处理及罐头杀菌必须充分。笋

类、荸荠等罐头在加工过程要适当酸化处理。如竹笋漂洗用水调节 pH 为 4.2～4.5，荸荠在预煮时加柠檬酸或在汤汁中加适量柠檬酸，均可提高杀菌效果。

（3）罐头的密封性能要好，防止泄漏。杀菌后的罐头要冷却透。

（二）平盖酸坏

平盖酸坏是由嗜热性酸败菌（或称平酸菌）所引起的，它属于兼性厌气性细菌，能分解碳水化合物而产生酸类物质如乳酸、甲酸及乙酸等，但不产生气体。发生酸坏的罐头外形一般正常，但开罐后因内容物变酸、汁液浑浊而不能食用。

大部分罐头酸坏的原因，主要是原料及半成品污染和积压或杀菌不足引起的。防止罐头酸坏的措施有以下几种。

（1）注意原料的新鲜卫生，加工前应将原料充分洗涤干净，尽量缩短工艺流程，严防半成品积压和污染。

（2）对加工所用工具、器具、机械设备及管道、泵、冷却池等必须严格消毒，防止耐热性细菌滋生。

（3）注意罐头密封质量，采用合理的杀菌公式。杀菌后要迅速冷却，防止冷却不透的罐头装箱或堆成大堆而影响罐内温度下降。

（4）及时抽取生产样品进行检验（一般于 55℃ 保温 5 天）。培养检验酸败菌，并经常对原料、半成品、密封后杀菌前的罐头、车间工具设备等进行耐热芽孢菌检验，以指导生产。

（三）罐头内容物的变色

蔬菜罐头在加工和储藏过程中，常发生变色。变色的原因，大体上分为酶褐变和非酶褐变。此外，还包括黄酮类化合物、类胡萝卜素、叶绿素等天然色素的变色、硫化变色等。

防止内容物变色的措施有以下几种。

（1）芦笋、莲藕等应选用含花色素苷、单宁低的原料品种加工。

（2）对绿色蔬菜原料，如刀豆、青豆、黄瓜等，应尽量减少工艺过程中的受热时间。

（3）马铃薯、莲藕等去皮后必须采用清水或稀食盐液或稀酸液等护色液短时间浸泡护色。

（4）对具酶褐变的蔬菜原料，如蘑菇、荸荠、马铃薯等，必须进行热烫处理，以破坏酶的活力。

（5）采用柠檬酸稀释液预煮或在汤汁中加入适量的抗坏血酸或柠檬酸。

（6）加工过程中防止原料、半成品与铁、铜等工器具接触，并防止加工用水中这些金属离子的含量偏高。

（7）如原料采用碱液去皮，则必须漂洗，除净残余碱液。

（8）罐头储藏室应保持低温。

（四）罐头内部的腐蚀

蔬菜罐头常会出现罐头内部腐蚀现象，防止措施有以下几种。

（1）根据各种蔬菜罐头品种对罐头内壁腐蚀程度，针对性地选用抗蚀性能好的镀锡薄板制罐，并严格防止空罐生产过程中损伤锡层或涂料层。

（2）排气或抽气要充分，以提高罐内真空度。

（3）选用新鲜度高、硝酸根及亚硝酸根离子较低的原料，并彻底清洗，减少农药残留量。

（4）在不影响产品色泽和风味的前提下，适当延长预煮和漂洗时间。采用亚硫酸及盐类等护色品种，必须漂洗脱除残余二氧化硫及酸。

（5）提高杀菌温度，缩短杀菌时间，杀菌后迅速冷却至罐温 37℃ 左右。

（6）罐头储藏期间，要严格控制储藏温度和空气相对湿度。蔬菜罐头储存的适宜温度为 10～15℃，空气相对湿度为 70%～75%。

第二节　其他类罐头

一、整玉米罐头

1. 工艺流程

原料验收→冷却→分级→剥壳去穗须→切段→漂洗→预煮→冷却→装袋→封口→杀菌→冷却→干燥→成品

2. 操作要点

（1）原料验收　玉米原料要求颗粒饱满，采用淡黄色转金黄色的乳熟期玉米，允许外带苞叶 3～4 张。有病虫害和花斑的玉米及严重脱粒和干瘪玉米不得投产。

（2）冷却　为了最大限度地降低甜玉米收获时的田间热，提高甜玉米的加工品质，延长加工时间，可采用机械预冷或 4℃ 冷水循环冷却等方式对甜玉米进行冷却。对于来不及加工的原料应进行冷藏，以便生产出更高品质的产品。

（3）分级　选择形状、籽粒色泽、饱满程度一致的原料进行加工。

（4）剥壳去穗须　将玉米剥去苞叶，并除尽玉米须。

（5）切段　切除玉米棒两端，每棒长度基本一致，控制在 16～18cm。切段操作时，应保证切面平整，除自然的切碎籽粒外，刀口周围籽粒应无压碎。

（6）漂洗　用流动水清洗玉米表面，要求玉米表面无花丝、污渍，清洗要迅速。

（7）预煮及冷却　将玉米放入沸水或蒸汽中进行短时间的加热，以破坏玉米组织中酶的活性，杀死部分微生物，排除玉米组织中的部分气体以使组织收缩，保证固形物的要求，减少脆性及破损粒。一般预煮温度为 80～100℃，时间为 10～15min。为了使产品的色泽更加鲜艳，可以在预煮水中加入 0.1% 的柠檬酸、1% 的食盐。预煮后要立即进行冷却，因为残留的热量会影响玉米品质，如颜色变暗、干耗增大，同时也会给微生物的繁殖提供条件。可用 16～20℃ 的清水喷淋或浸泡原料 2～5min。使表面温度降至 50～60℃，以保证装袋温度在 50℃ 以下。

（8）装袋及封口　将冷却后的玉米放入蒸煮袋中，操作要迅速，并且应将玉米推至蒸煮袋底部，切勿将杂质滞留在封口处。可采用真空封口，要求内容物离袋口 3～4cm，一般真空度为 0.08～0.09MPa，抽真空时间为 10～20s。

（9）杀菌与冷却　采用 10min—20min/121℃ 对产品进行杀菌。袋内水分在加热时会膨胀，为防止破袋，要采用反压杀菌，压力达到 0.2MPa。冷却时要保持压力稳定，直至冷却到 40℃。

（10）干燥　杀菌冷却后袋外有水分，采用手工擦干或热风烘干，以免造成袋外微生物繁殖，影响外观质量。同时挑出真空度不够、封口有缺陷及褐变的产品。

（11）成品包装　为避免软包装成品在储藏、运输及销售过程中的损坏，须进行软包装的外包装，可采用纸袋或聚乙烯塑料袋，然后进行纸箱包装。

二、糖水莲子罐头

莲子盛产于湖南、湖北、江西等省，营养丰富，医食兼用，远销东南亚和欧洲国家。利用莲子可以加工成独特风味的糖水莲子罐头。

1. 工艺流程

原料选择→浸泡→去衣→预煮→冷却→去莲心→分选→装罐→注糖浆→排气→密封→杀菌→冷却→检验→成品

2. 操作要点

（1）选料　加工莲子罐头时应选用颗粒完整、大小均匀的莲子，剔除虫蛀、斑疤、霉烂及边莲、碎莲等不合格的莲子。

（2）浸泡　将莲子放入清水中浸泡 10～20h，按室温高低控制，以浸透不裂口为准。

（3）去衣　将莲子放入 2%～3% 氢氧化钠溶液中煮沸 1～2min，不断翻动，使其均匀（以表膜易脱除为准）。然后立即捞出，边冲水边搓擦外衣，防止摩擦过度。流动水漂洗约 30min，洗净碱液。或用搓洗机脱皮，长柄刷子搅皮均可。以莲皮全部脱落为度。

（4）预煮　0.1%～0.2% 柠檬酸液加热至 60～70℃，投入莲子，升温至 95～98℃，时间 3～8min，以煮至酥软为准。莲子与液体之比为 1:2。再用 70～80℃ 热水浸洗 15min。

（5）冷却　莲子煮好后最好分段冷却，防止破碎。

（6）去莲心　用直径约 1～2mm 的圆头竹签，对准莲蒂突出点，捅去莲心。用流动水漂洗 1 次。

（7）分选　①选除斑点黑嘴、虫蛀变色、烂心、破碎的莲子。②完整莲子与半片莲分开装罐。③色黄白，同罐中莲子色泽、大小大致均匀。

（8）糖液配制　糖液浓度35％～37％，煮沸后加入0.1％的柠檬酸，过滤。

（9）装罐量

罐号	净重	莲子	糖液
7114	425g	165～170g	255～260g

注：糖液注入罐内时温度不低于85℃。

（10）排气及密封　排气密封：中心温度75～80℃。抽气密封：真空度0.053MPa。

（11）杀菌及冷却　杀菌公式（排气）：15min—45min—15min/100℃，冷却至室温。

三、清水白果罐头

白果，学名银杏，其种仁营养丰富、品味甘美，乃果中之珍品，既可熟食又可生食。白果果实或罐头制品具有极佳的医疗保健作用。

1. 工艺流程

白果选择→烘干→带壳预煮→晾干→轧壳→剥壳→去内衣膜→盐水预煮→装罐→加汤汁→排气、密封→杀菌、冷却→保温打检→成品

2. 操作要点

（1）白果选择　选用收储的一二级（300～400粒/kg）白果，带壳含水量在52％以下，无虫害、霉烂变质及干瘪现象。

（2）烘干　将白果摊于漏孔容器中并置于烘房中，在70～75℃温度下烘15～19h。烘至小头端呈米色，内衣膜大部分已与果肉分离；大头端呈浅咖啡色，衣膜起皱，内衣膜与外壳有明显间隙，果肉呈乳黄色。白果含水量（以带壳计）以约35％～38％为度。

（3）预煮、晾干　将白果投入沸水中，煮8min左右（沸时计时），以煮至果肉有弹性、呈蜡黄色为度。预煮中应不断搅动以使其受热均匀，预煮后及时摊开晾干，使壳变脆。

（4）轧壳与剥壳　将预煮并晾干的白果用轧壳机轧1～2次，要求壳碎、肉不碎，然后手工剥去外壳并剔除霉烂、虫蛀果。

（5）去内衣膜　用蒸汽去衣膜机去内衣膜。

（6）盐水预煮　去衣后的果肉于2％盐水中煮沸8min，清水淘洗，去衣膜及碎肉。预煮过程中白果必须淹没于食盐溶液中，白果与食盐水的比例为2∶3。

（7）装罐量

罐号	净重	白果果肉	汤汁
7106	397g	165g	注满

注：汤汁含柠檬酸0.05％。

（8）排气、密封　排气密封，罐中心温度 65℃ 以上；或抽气密封，真空度 0.047～0.053MPa。

（9）杀菌、冷却　用杀菌公式：10min—35min—10min/115℃。杀菌后反压冷却至 37～40℃。

3. 注意事项

应严格掌握杀菌时间和温度。杀菌强度增强或升温、冷却速度过快均会引起成品裂果数量增加，严重时淀粉大量析出，致使汤汁浑浊。

复 习 题

1. 简述蔬菜罐头对原料的要求。

2. 蔬菜罐头按加工方法和要求不同可以分为哪几类？

3. 蔬菜罐头加工过程中常用的原料去皮方法有哪几种？请举例说明。

4. 热烫的目的是什么？

5. 为什么热烫后要立即漂洗？

6. 为什么配制盐液所用的食盐的纯度必须极高而且不允许含有微量的重金属杂质？

7. 杀菌方式有哪几种？各适用于哪种类型蔬菜罐头？试举例说明。

8. 蘑菇罐头生产中是如何护色的？

9. 如何防止冬笋罐头产生白色沉淀及苦味？

10. 如何防止蔬菜罐头的平盖酸坏？

11. 导致蔬菜罐头内容物变色的原因是什么？如何防止？

参 考 文 献

［1］ 无锡轻工业学院，天津轻工业学院合编. 食品工艺学. 北京：轻工业出版社，1984.

［2］ 田呈瑞编著. 蔬菜加工技术. 北京：中国轻工业出版社，2000.

［3］ 张平真主编. 蔬菜贮运保鲜及加工. 北京：中国农业出版社，2002.

［4］ 张德权，艾启俊主编. 蔬菜深加工新技术. 北京：化学工业出版社，2002.

［5］ 江建军主编. 罐头生产技术. 北京：中国轻工业出版社，2000.

［6］ 李慧文等编. 罐头制品（上）271 例. 北京：科学技术文献出版社，2003.

［7］ 李慧文等编. 罐头制品（下）323 例. 北京：科学技术文献出版社，2003.

［8］ 张中义，张福平主编. 果蔬加工实用技术. 天津：天津科学技术出版社，1997.

［9］ 刘敏，郝中宁等编著. 水果蔬菜贮藏加工技术方法大全. 北京：地震出版社，1993.

［10］ 华中农业大学主编. 蔬菜贮藏加工学. 北京：农业出版社，1991.

［11］ 张欣主编. 果蔬制品安全生产与品质控制. 北京：化学工业出版社，2005.

［12］ 赵晨霞主编. 果蔬贮藏加工技术. 北京：科学出版社，2004.

［13］ 林亲录，邓放明编著. 园艺产品加工学. 北京：中国农业出版社，2003.

第九章 罐头食品的检查、
包装和储运

我国罐头食品生产的品种约有 800 种，常年生产的出口品种约有 400 余种。原轻工业部制定的部颁标准有 193 种。根据《中华人民共和国标准化法》及其《实施条例》有关规定，经过 10 多年的清理整顿，截止到 2002 年已制定罐头基础性国家标准 9 种、行业标准 2 种，产品质量国家标准 18 种、行业标准 96 种、军需罐头标准 92 种。标准编号前为 GB 表示国家标准；QB 为原中国轻工总会批准的行业标准；GLB 为军需罐头标准；无编号的标准系原轻工业部部颁标准，由于目前生产数量很少，已经废止。本章将介绍罐头食品的一些共同性指标及常规检查项目，并对罐头食品的包装和储运作简单叙述。具体检验方面，只列出了有关的检测标准。

第一节 罐头食品质量标准共同性指标

一、等级分类说明

国家标准和行业标准质量指标一般分成三个等级，即优级品、一级品、合格品。原轻工业部规定生产出口罐头质量不应低于一级品，生产内销罐头质量不应低于合格品。企业制定企业标准时，如国家标准或行业标准有相同的罐头品种，则所有质量指标不应低于国家标准或行业标准。

二、微生物指标

所有罐头食品规定："应符合罐头食品商业无菌要求。"即应达到以下两方面的要求：①罐头食品在正常储藏条件下不能繁殖微生物；②罐头食品不含由微生物产生的且含量上达到有毒的任何物质。

三、重金属限量指标

罐头食品重金属的限量指标见表 9-1。

表 9-1　重金属限量指标/(mg/kg)

罐头名称	铅	铜	锡	砷	汞
果蔬类罐头	≤1.0	≤5.0	≤200	≤0.5	
肉禽类罐头	≤1.0	≤5.0	≤200	≤0.5	≤0.1
水产类罐头	≤1.0	≤10	≤200	≤1.0	≤0.5
蘑菇罐头	≤1.0	≤10	≤200	≤0.5	≤0.1
番茄酱罐头	≤1.0	≤10	≤200	≤0.5	

四、影响罐头质量的其他指标及质量缺陷

（一）影响罐头质量的其他指标

1. 净含量和固形物偏差

净含量和固形物偏差统一规定如下，但每批产品平均重量应不低于标明重量。

（1）净含量偏差　罐头食品净含量在 200g 以下，允许偏差±4.5%；罐头食品净含量在 210～799g，允许偏差±3.0%；罐头食品净含量在 800～1000g，允许偏差±1.9%；罐头食品净含量在 1000g 以上，允许偏差±1.5%。

（2）固形物偏差　罐头固形物含量在 425g 以下，允许偏差±11.0%；罐头固形物含量在 246～500g，允许偏差±8.9%；罐头固形物含量在 1600g 以上，允许偏差±4.0%。果蔬类罐头为防止铁皮氧化腐蚀和内容物变色，净重正公差超过规定者，不做检验标验标准。清水、盐水类蔬菜罐头，如销售国家和地区只要求固形物含量达到标准，无净重要求者，每罐在规定公差范围内，允许每批平均低于净含量。

2. 真空度

罐头成品必须有一定的真空度，以适应气温、海拔较高的销售地区。工厂应予以测定，包装前应逐罐打检，剔除不良罐。

3. pH

为了提高水果罐头质量，使产品内容物有一定的酸度，并提高杀菌效果，糖水水果、果酱罐头的 pH 规定如下。

糖水橘子罐头	pH 3.2～4.0	糖水桃子罐头	pH 3.4～4.0
糖水菠萝罐头	pH 3.2～4.0	糖水杏子罐头	pH 3.2～3.6
糖水荔枝罐头	pH 3.7～4.1	什锦水果罐头	pH 3.6～4.1
糖水龙眼罐头	pH 3.8～4.3	草莓酱罐头	pH 3.2～3.8
糖水梨罐头	pH 3.7～4.2	杏子酱罐头	pH 3.1～3.5

4. 罐头食品的保质期

在正常储运条件下，水产、肉、禽类罐头的保质期不短于 24 个月，果蔬类罐

头不短于 15 个月，果汁、虾、贝、蟹类、番茄酱罐头不短于 12 个月。

企业可根据生产品种、条件、包装容器具体情况，在不短于以上时间的情况下自行确定保质期限。

5. 罐头食品的保存期

内销罐头不规定保存期。出口罐头在正常储运条件下，规定肉、禽、水产类罐头的保存期为 3 年，果蔬类罐头 2 年。超过以上保存期限，发生质量问题由外贸出口公司负责。如果外商、客户要求延长保存期，原则上不应同意。如对方坚持要求，应在合同上注明超出的期间内质量出现问题，应由对方负全部责任。

（二）罐头的质量缺陷

罐头质量缺陷从宏观上可分为严重缺陷和一般缺陷。

严重缺陷指罐头质量严重损害、变质，已经对人体产生了相当的危害。如：有明显异味；硫化铁明显污染内容物；有有害杂质，如碎玻璃、头发、昆虫、金属屑；pH 不符合规定；易拉盖切线及铆钉裂漏。

一般缺陷指罐头质量虽然不符合规定指标，但质量损害较小，对人体产生的危害亦较小。如：有一般杂质，如棉线、畜禽毛、合成纤维丝，有黑暗斑点或锅垢碎屑，有明显的番茄皮或籽；感官评价明显不符合技术要求，有数量限制的超标；净重负公差超过允许公差；可溶性固形物、干燥物含量或固形物含量低于规定指标；糖水浓度不符合要求。

五、镀锡薄钢板（马口铁）的使用和空罐标准的规定

（1）不露铁黑点　指肉眼易见，经化学检验不露铁的黑、褐、赤等斑点、麻点。不严重影响罐头外观质量者，允许使用。

（2）支架擦伤　指在涂料铁烘制过程中，素铁面因接触输送支架所造成的不露铁擦伤。允许使用，如发现特殊严重者，可以用于制作罐身。

（3）锡斑、蓝斑　指锡层表面的蓝灰锡花、斑，允许使用。

（4）露铁点　指肉眼易见，已破坏锡层、露出铁基板，经化学检验有露铁反应者。在保证罐外不生锈、罐内硫化铁不超过标准规定的前提下，经采取涂料、印铁等措施，允许使用。

（5）擦伤及划痕　指锡面及涂料膜上受外力损伤的缺陷。工厂生产操作应避免擦伤现象，在保证罐头成品涂膜不脱落及硫化铁不超过标准规定的前提下允许使用。严重的不允许使用。

（6）各种罐型的外高、外长和外宽的规定　各种罐型的外高及异型罐的外长、外宽各允许有 ±0.3mm 公差，有加强圈的大型罐外高允许有 ±2mm 公差。各种圆罐、椭圆罐内径允许有 ±0.15mm 公差。

六、罐头食品中的常见质量问题

（1）淤血、淤伤　指因屠宰时放血不良，血液停滞在肉体组织内或因外伤引起局部血管壁破裂以致血液沉积的现象。肉类产品允许少量存在。

（2）色素肉　指由于生理作用所产生的带有色素的肉块（如猪的奶脯附近皮下脂肪组织和家禽的肛门括约肌）。

（3）血管毛　指禽类产品肉块表面的管状羽毛，不包括隐于皮肤内且经加热后显露而影响美观的皮下隐毛。

（4）机械伤　指果蔬原料因受外界的机械作用，局部组织受到破坏，与空气接触后显著变色的部位。轻微损伤不作机械伤论。

（5）破裂　果蔬表皮或果肉已显著裂开者称为破裂。稍有开裂但不影响美观的不作破裂论。

（6）皱皮　果蔬表皮收缩，呈现条纹状皱纹者称为皱皮。但由于果蔬原料在生长期间或因品种关系形成的皱纹不作皱皮论。

（7）斑点　指果蔬在生长过程中因外因作用引起表面的黑色斑点或浸入内层的斑点。自然斑点不作斑点论。

（8）处理不良　果蔬因切削或处理不当，引起成品显著凹凸不平、厚薄不均、籽巢未去尽、边缘不整齐等，已失去应有形态者。

（9）汁液析出　指室温在 $15\sim20℃$ 条件下，取果酱样品 $15\sim20g$，置于干燥的平面搪瓷器皿上，在 1min 内汁液很快自酱体中流出，即为汁液析出。

（10）流散　指室温在 $15\sim20℃$ 条件下，取果酱样品 $15\sim20g$，置于干燥的平面搪瓷器皿上，在 1min 内酱体很快地向四面扩散，即为流散。

（11）杂质　凡不属该产品应有的内容物，都称为杂质。贝壳类罐头因其体内含沙，在加工时无法除尽，但食感不显著者不作杂质论。

（12）致病菌　致病菌包括沙门菌属、志贺菌属、致病的葡萄球菌、致病的链球菌、肉毒梭状芽孢杆菌。

（13）低温杀菌的肉禽产品　指杀菌温度不到 100℃ 的低温杀菌、低温保藏的罐头（如在 $82\sim83℃$ 杀菌 4h 的低温大罐型火腿及培根罐头）。

（14）胀罐（胖听）　指罐头在保温、常温及储存时底或盖的凸起现象。凡物理性的膨胀称假胀罐（假胀罐的罐头不得用外力使之复原，应予以剔除）。

（15）瘪罐　指罐外显著的瘪陷现象。不影响密封及贴上商标纸后不影响外观者，不作瘪罐论。

（16）铁舌　指因封口线处封口不良而露在封口线外的部分。凡露出部分不明显、不呈锐角状，且不影响外观、不漏气者，可允许存在。

（17）突角　指罐头底或盖处出现部分角状凸起，称为突角。在盖面中心的小拉起现象不作突角论。

（18）锈斑　指罐头表面无明显脱锡现象的黄褐色斑点。罐身锈斑未污染商标纸和底、盖及卷边缝隙处经揩拭后不显著的黄锈允许存在。

（19）涂料脱落　罐壁内涂料成片状脱落或涂料已与马口铁分离尚未脱落者，不允许存在。但少量点状和线状腐蚀允许存在。

（20）硫化铁　指开罐后罐壁所产生的易于擦落的点状或线状黑色斑点，不允许存在。但少数罐头罐内硫化铁斑点在不污染内容物的情况下允许少量存在。

（21）硫化斑　指开罐后罐壁内所产生的有色斑。罐内硫化斑允许存在，但色泽较深、面积布满罐壁者，不允许存在。

（22）内流胶　罐头在封口处有下列情况之一者称为内流胶。

① 胶圈已落入内容物或已流下并离开罐边。

② 胶圈离开罐边不明显，但面积较宽。因开罐而挤出的橡胶不作内流胶论。

（23）氧化圈　指开罐后在罐内两端液面处发生的暗色腐蚀圈，允许存在。工厂生产时应尽量防止氧化圈。

第二节　罐头食品的检查与检验

罐头杀菌后，出厂前必须经过一系列严格的检验，经确认无质量问题后才允许出厂。一般说来，罐头的检验应包括如下项目。

1. 常规检验项目

指每批产品必检的项目，包括外观检查、保温检查、感官评价、部分理化指标（净重、固形物含量、糖水浓度、氯化钠、脂肪、水分、蛋白质等）和微生物指标。

2. 非常规检验项目

指非逐批检验的项目，如重金属、亚硝酸盐、3,9-苯并芘等化学指标。

3. 适当处理

指不破坏包装容器，从整批罐头中剔除个别不合格品的挑拣过程（QB 1006—90）。

一、罐头的检查

罐头在杀菌冷却后，经保温或储藏后必须经过检查，衡量其各种指标是否符合标准、是否符合商品要求，并确定成品质量和等级。检查的项目和方法很多，简单介绍如下。

（一）外观检查

外观检查的重点是检查双重卷边缝状态，观察双重卷边缝是否紧密结合及是否有露舌、夹边、起皱断裂等现象；检查罐头底盖是否向内凹入；还要检查罐头的密封性，具体方法是：将罐头放在 80℃ 的温水中，若有气泡冒出，即可判断罐头漏气。

（二）保温检查

罐头食品如因杀菌不充分或其他原因致使微生物残存时，遇到适宜的温度就会生长繁殖而使罐头食品变质。除平酸菌外，大多数腐败菌都会产生气体而使罐头膨胀。根据这个原理，给微生物创造一个适宜生长繁殖的温度，并放置足够的时间，观察罐头底盖是否膨胀、真空度是否降低，以鉴别罐头是否达到了商业杀菌的要求。这种方法称为罐头的保温检查。根据目前罐头工厂生产工艺、卫生条件、生产技术和设备水平，保温检查是罐头生产中不可忽视的技术措施。在生产条件较好、生产较稳定的情况下，可以采取抽样保温检查。

一般采用 37℃ 和 55℃ 两种温度进行保温检查。前者主要检查普通腐败菌是否存在，后者主要检查耐热菌是否存在。罐头食品保温检查的具体方法如下。

（1）抽样保温检查　按规定进行抽样，保温方法如表 9-2 所示。

表 9-2　不同罐头种类的保温方法

罐 头 种 类	温度/℃	时间/天
低酸性罐头食品	37±1	10
酸性罐头食品	30±1	10
销往热带地区(40℃以上)的低酸性罐头食品	55±1	5～7

（2）全部产品保温方法

① 肉类、禽类、肉菜类及水产罐头，全部经（37±2）℃保温 7 天。室内温度上下四周应均匀一致。如罐头自杀菌锅内取出，冷却至 40℃ 左右即送入保温室，则保温时间可缩短为 5 天。

② 糖水水果类、蔬菜类及果汁类罐头须在温度不低于 20℃ 情况下常温处理 7 天，如温度超过 25℃ 时，可缩短为 5 天。

③ 含糖量在 50％ 以上的浓缩果汁、果酱、糖浆水果类罐头及干制品罐头和杀菌温度不到 100℃ 的肉类、禽类罐头，可以不进行保温及常温处理。

④ 凡某工厂的某种产品，按上一年度统计，全年平均胀罐率在 0.05％（包括假胀罐）以下者，经省（市、自治区）工业、贸易、检验三方同意，该产品可实行暂不保温，按规定进行抽样保温检查。但在不保温期间每季度应抽一班产品进行保温，如果胀罐率超过 0.05％ 和外贸库存成品胀罐率超过 0.05％ 时均应立即恢复保温。

保温检查操作中要注意的问题：罐头按品种、生产日期、班次分别规整堆放；罐头与墙壁、散热器间要有一定的距离；保温室内相对湿度不得超过 80％；做好温度和湿度记录，并经常检查罐头外形变化，如发现异常情况，要及时向车间和检验部门汇报。

（三）敲音检查

将保温后的罐头或储藏后的罐头排列成行，用敲音棒逐个敲打罐头底盖，从其发出的声音来鉴别罐头的好坏。发音清脆的真空度较高，是正常罐头；发音浑浊的真空度较低，可能有质量问题。

声音浑浊的原因有：排气不充分；装罐量过大；密封不好，罐头漏气；罐内残存的细菌因生长繁殖产生气体；罐内壁酸腐蚀，产生氢气；原料不新鲜，杀菌时容易被分解产生气体，降低了罐头的真空度；气温与气压变化导致真空度下降等。

（四）罐头真空度检查

正常罐头的真空度一般为 27.1～50.8kPa，大型罐可适当低些。真空度一般采用真空表下端针尖直接插入罐盖中心进行测定。

（五）开罐检查

要想了解罐内食品状态的变化必须进行开罐检查。

1. 取样

开罐检查用的罐头必须经过取样，取样应具有代表性。根据原轻工业部统一规定，可采用下列方式采取样品。

① 按杀菌锅取样，每杀菌锅取 1 罐。但每批每个品种不得少于 2 罐。

② 按生产班次取样，取样数为 1/3000；尾数超过 1000 罐者增取 1 罐，但每班次每个品种取样数不得少于 3 罐。

③ 某些产品生产量较大，则按班次产量总罐数 20 000 罐为基数，按 1/3000 取样，超过 20 000 罐以上的，可按 1/10 000 取样；尾数超过 1000 罐者，增取 1 罐。

④ 个别产品生产量过小，同品种同规格者可合并班次取样，但合并班次总罐数不超过 5000 罐。每生产班次取样数不少于 1 罐；合并班次后取样不少于 3 罐。

除按规定取样外，还可根据质量是否稳定、过去发生质量问题的多少、储藏时间长短和储藏条件等，适当增减取样数量。

取样的罐头全部进行感官、重量和细菌检查，并以取样总罐数的 1/10 进行化学检验（每次不得少于 1 罐）。

2. 罐头食品净重和固形物含量的测定方法（GB/T 10786—2006）

（1）圆筛的规格

① 净含量小于 1.5kg 的罐头，用直径 200mm 的圆筛。

② 净含量等于或大于 1.5kg 的罐头，用直径 300mm 的圆筛。

③ 圆筛用不锈钢丝织成，其直径为 1mm，孔眼为 2.8mm×2.8mm。

（2）测定步骤

① 净含量　擦净罐头外壁，用天平称取罐头总质量。畜肉、禽及水产类罐头

需将罐头加热，使凝冻溶化后开罐。果蔬类罐头不经加热，直接开罐。内容物倒出后，将空罐洗净、擦干后称重。按式（9-1）计算净含量：

$$m = m_3 - m_2 \tag{9-1}$$

式中　m——净含量；

　　　m_3——罐头总质量；

　　　m_2——空罐质量。

② 固形物含量

a. 水果、蔬菜类罐头。开罐后，将内容物倾倒在预先称重的圆筛上，不搅动产品，倾斜筛子，沥干 2min 后，将圆筛和沥干物一并称重。按式（9-2）计算固形物的质量分数，其数值以％表示。

$$X_1 = \frac{m_5 - m_4}{m_7} \times 100\% \tag{9-2}$$

式中　X_1——固形物的质量分数，％；

　　　m_5——果肉或蔬菜沥干物加圆筛质量，g；

　　　m_4——圆筛质量，g；

　　　m_7——罐头标明净含量，g。

注：带有小配料的蔬菜罐头，称量沥干物时应扣除小配料。

b. 畜肉禽罐头、水产类罐头和黏稠的粥类罐头。将罐头在（50±5）℃的水浴中加热 10～20min 或在 100℃水中加热 2～7min（视罐头大小而定），使凝冻的汤汁溶化，开罐后将内容物倾倒在预先称重的圆筛上，圆筛下方配接漏斗，架于容量合适的量筒上，不搅动产品，倾斜圆筛，沥干 3min（黏稠的粥类罐头沥干 5min）后，将筛子和沥干物一并称量（g）。将量筒静置 5min，使油与汤汁分为两层，量取油层的毫升数乘以密度 0.9，即得油层重量（g）。可按式（9-3）计算固形物的质量分数，其数值以％表示。

$$X_2 = \frac{(m_5 - m_4) + m_6}{m_7} \times 100\% \tag{9-3}$$

式中　X_2——固形物的质量分数，％；

　　　m_5——沥干物加圆筛质量，g；

　　　m_4——圆筛质量，g；

　　　m_6——油脂质量，g；

　　　m_7——罐头标明净含量，g。

3. 罐头食品的感官评价（GB/T 10786—2006）

（1）工具　白瓷盘、匙、不锈钢圆筛（不锈钢丝直径 1mm、筛孔 2.8mm×2.8mm）、烧杯、量筒、开罐刀等。

（2）组织与形态检验

① 畜肉、禽、水产类罐头先加热至汤汁溶化（有些罐头如午餐肉、凤尾鱼等

不经加热），然后将内容物倒入白瓷盘中，观察其组织、形态是否符合标准。

② 糖水水果类及蔬菜类罐头在室温下打开，先滤去汤汁，然后将内容物倒入白瓷盘中，观察组织、形态是否符合标准。

③ 糖浆类罐头开罐后，将内容物平倾于不锈钢圆筛中，静置 3min，观察组织、形态是否符合标准。

④ 果酱类罐头在室温（15～20℃）下开罐后，用匙取果酱（约20g）置于干燥的白瓷盘上，在 1min 内视其酱体有无流散和汁液析出现象。

⑤ 果汁类罐头打开后内容物倒在玻璃容器内静置 30min 后，观察其沉淀程度、分层情况和油圈现象。

⑥ 其他类罐头参照上述类似的方法。

（3）色泽检验

① 畜肉、禽、水产类罐头　在白瓷盘中观察其色泽是否符合标准，将汤汁注入量筒中，静置 3min 后，观察其色泽和澄清程度。

② 糖水水果类及蔬菜类罐头　在白瓷盘中观察其色泽是否符合标准，将汁液倒在烧杯中，观察其汁液是否清亮透明、有无夹杂物及引起浑浊之果肉碎屑。

③ 糖浆类罐头　将糖浆全部倒入白瓷盘中，观察其是否浑浊、有无胶冻、有无大量果屑及夹杂物存在。将不锈钢圆筛上的果肉倒入盘内，观察其色泽是否符合标准。

④ 果酱类罐头及番茄酱罐头　将酱体全部倒入白瓷盘中，随即观察其色泽是否符合标准。

⑤ 果汁类罐头　倒在玻璃容器中静置 30min 后，观察其色泽是否符合标准。

（4）滋味和气味检验

① 畜肉、禽及水产类罐头　检验其是否具有该产品应有的滋味与气味，有无哈喇味及异味。

② 果蔬类罐头　检验其是否具有与原果、蔬菜相近似之香味。果汁类罐头应先嗅其香味（浓缩果汁应稀释至规定浓度），然后评定酸甜是否适口。

③ 参加感官评价人员须有正常的味觉与嗅觉，感官评价过程不得超过 2h。

二、罐头食品的其他检测项目

罐头食品的其他检测项目主要涉及常规检测项目中除固形物含量和感官评价外的所有常规检测项目及非常规检验项目的各项指标。具体的主要包括以下几种。

（1）罐头食品的营养检测　如：罐头中蛋白质的测定；蔗糖的测定；淀粉的测定；还原糖的测定；脂肪的测定；抗坏血酸的测定。

（2）罐头食品的一些规定指标测定　如：罐头食品中干燥物的测定；罐头食品中可溶性固形物含量的测定；罐头食品的 pH 测定。

(3) 罐头食品有害物的检测 如：各种重金属的检测及亚硝酸盐和亚硫酸盐的检测。

(4) 罐头食品微生物的检测 如：菌落总数的测定；罐头食品致病菌的测定（肉毒梭状芽孢杆菌、致病性葡萄球菌、致病性链球菌、致病性肠道杆菌等）。

(5) 适当处理 即不破坏包装容器，从整批罐头中剔除个别不合格品的挑拣过程（QB 1006—90）。

这些指标的测定大多能够在国家标准中找到。下面列出相关罐头需检测指标的国家标准，以方便各位读者查询。

① 罐头食品中干燥物的测定、罐头食品中可溶性固形物含量的测定、罐头食品的 pH 测定（GB/T 10786—2006）。

② 罐头食品中蛋白质的测定（GB/T 5009.5—2003）。

③ 罐头食品中脂肪的测定（GB/T 5009.6—2003）。

④ 罐头食品中还原糖的测定（GB/T 5009.7—2003）。

⑤ 罐头食品中蔗糖的测定（GB/T 5009.8—2003）。

⑥ 罐头食品中淀粉的测定（GB/T 5009.9—2003）。

⑦ 罐头食品中还原型抗坏血酸的测定（GB/T 5009.159—2003）。

⑧ 罐头食品中总砷及无机砷的测定（GB/T 5009.11—2003）。

⑨ 罐头食品中铅的测定（GB/T 5009.12—2003）。

⑩ 罐头食品中铜的测定（GB/T 5009.13—2003）。

⑪ 罐头食品中镉的测定（GB/T 5009.15—2003）。

⑫ 罐头食品中锡的测定（GB/T 5009.16—2003）。

⑬ 罐头食品中总汞及有机汞的测定（GB/T 5009.17—2003）。

⑭ 罐头食品中亚硝酸盐与硝酸盐的测定（GB/T 5009.33—2003）。

⑮ 菌落总数测定（GB/T 4789.2—2003）。

第三节 罐头的包装和储运

(一) 擦罐、去油和防锈

罐头封罐后，表面常附油污或其他汁液，虽经洗涤，但杀菌之后仍然有少量油质和带有腐蚀性的汁液。一般在杀菌冷却之后应立即用洗罐机清洗，然后擦干罐头表面的水渍。

去油可采用化学方法或热水清洗。洗罐时溶液温度应保持在 60～90℃，处理后立即用热水洗净，烘干后擦去罐头表面的水渍。

罐头经保温储藏后必须用干毛巾或干布擦去粘在罐头表面的灰尘污物，涂上一层防锈油，以防止水分附着于罐头表面，避免罐头接触空气氧化而达到防锈目的。

（二）罐头食品包装、标志、运输和储存标准（QB/T 3600—1999）

1. 包装

（1）主要包装材料规格要求

① 纸箱　应符合 GB 12308 规定的要求。

② 打包带　采用宽度为 12mm、厚度 0.8mm、拉伸强度不小于 78.4MPa（799kgf/cm²）的塑料打包带。

③ 草纸板（黄纸板）　采用 420g/m² 或 530g/m² 草纸板，也可采用 180g/m² 高强度瓦楞原纸，pH 为 7～8，含水率为（11±3）%，干耐破强度不应小于 784kPa。

④ 商标纸　用 80～90g/m²、1 号单面胶版印刷涂料纸（铜版纸）。

⑤ 封箱带　应采用双向拉伸聚丙烯胶黏带或有同等效力的其他材料制成的胶黏带，其宽度应大于 50mm。

⑥ 采用聚乙烯醇或有同等效力的其他黏合剂。

（2）包装要求

① 马口铁罐头表面需清洁、无锈斑、封口完整、卷边处无铁舌、不漏气、不胖罐、无变形。

② 罐头外贴以商标纸（或用印铁商标），商标纸需清洁、完整、牢固而整齐地贴在罐外。商标纸与罐身内高相等，其负公差不得超过 2mm（大包装罐头的商标纸可以印成小型商标贴在罐身上）。

③ 箱内罐头排列整齐不松动。每箱按罐型分别装 4 罐、6 罐、12 罐、24 罐、36 罐、48 罐、72 罐、96 罐、100 罐。

④ 马口铁罐头箱内衬垫材料应符合 GB 12308 的要求。

⑤ 玻璃瓶罐头箱内衬垫材料，四周用瓦楞纸隔垫，两层罐头间、纸箱底盖处加衬草纸板。

2. 标志

（1）内销罐头标志　内销罐头应按 GB 7718 的规定标明产品名称、配料表（指原料及辅料）、净含量、固形物含量、厂名、厂址、生产日期（在罐盖上用清晰的明码标注）、保质期、产品标准代号、质量等级和商标。

（2）出口罐头标志　出口罐头可按外贸合同或出口经营单位的具体要求标注，但转内销的产品必须按内销罐头标注。

（3）纸箱标志　应符合 GB 12308 规定。

3. 运输

① 运输工具必须清洁干燥，不得与有毒物品混装、混运。需长途运输的车船必须遮盖。

② 运输温度应控制在 0～38℃之间，避免骤然升降。

③ 搬运一般不得在雨天进行，如遇特殊情况，必须用不透水的防雨布严密

遮盖。

④ 搬运中必须轻拿轻放，不得使用有损纸箱的工具，不得抛摔。

4. 储存

① 储存仓库应有防潮措施，远离火源，保持清洁。

② 储存仓库温度以 20℃ 左右为宜，避免温度骤然升降。仓库内应通风良好，相对湿度一般不超过 75％，在雨季应做好罐头的防潮、防锈、防霉工作。

③ 罐头成品箱不得露天堆放或与潮湿地面直接接触。底层仓库内堆放罐头成品时应用垫板垫起，垫板与地面间距离在 150mm 以上，箱与墙壁之间距离在 500mm 以上。

④ 成品箱在托盘上的排列方式按 GB 12308 规定执行。

⑤ 罐头成品在储存过程中，不得接触和靠近潮湿、有腐蚀性或易于发潮的货物，不得与有毒的化学药品及有害物质放在一起。

复 习 题

1. 我国罐头标准都有哪些？

2. 我国国家标准是如何规定重金属和微生物指标的？

3. 我国罐头食品检验的检验项目有哪些？

4. 可溶性固形物含量的测定方法——折光计法的原理是什么？

5. 罐头食品的感官检验一般包括哪些方面？

6. 罐头食品中常见有害指标都有哪些？

7. 什么是罐头食品的保温检查？保温检查的具体方法都有哪些？

8. 如何对低酸性罐头食品、酸性罐头食品、销往热带地区（40℃ 以上）的低酸性罐头食品进行保温检查？

9. 正常罐头的真空度一般为多少？如何进行测定？

10. 罐头食品包装、标志、运输和储存都涉及哪些标准？

参 考 文 献

[1] 杨邦英主编. 罐头工业手册. 北京：中国轻工业出版社，2002.

[2] 李雅飞等编. 食品罐藏工艺学. 上海：上海交通大学出版社，1987.

[3] 赵晋府主编. 食品工艺学. 北京：中国轻工业出版社，2002.

附　　录

实验一　罐头的物理与感官评价

一、目的与要求

通过物理、感官方法判断罐头食品的品质，对生产过程进行合理的技术监督。

二、实验器具与材料

（1）实验器具　不锈钢工作台，专用真空度表，糖度计，托盘天平，游标卡尺，开罐刀，金属丝筛网，不锈钢餐具，带算蒸锅，电炉，大烧杯，量筒等。

（2）实验材料　糖水菠萝罐头，苹果酱罐头，青豆罐头，油焖笋罐头，午餐肉罐头，红烧扣肉罐头，茄汁沙丁鱼罐头。

三、实验步骤

1. 检验容器外观

（1）带标检验　观察商标纸及罐盖硬印是否符合规定，罐盖有无膨胀现象，罐外壁是否清洁。

（2）撕标检验　撕下商标观察罐接缝处和卷边是否正常，卷边有无铁舌、裂缝或流胶现象。罐身、罐底、罐盖有无锈斑，有无凹瘪变形。

（3）卡尺检验　用游标卡尺检查卷边是否符合规定，量取罐径和罐高。

2. 检验真空度

用专门真空度表测定罐头真空度。

3. 检验糖度或可溶性固形物含量

用糖度计（折光计）进行罐头糖汁的糖度（可溶性固形物）检验。

4. 重量检验

擦净罐身外壁，用天平称取实罐毛重。然后将罐头开启，将内容物平倾在已知重量的金属丝筛网上，筛网置于插在量筒上的大径漏斗上，这样罐头中的汁液漏过筛孔流进量筒中，静置3min后，将筛网及固形物一并称重，将空罐洗净擦干，进行称重。对于肉禽、水产类罐头，需先进行加热使内容物化开，再开罐倾至筛网上。

净重＝实罐毛重－空罐重；固体物重＝筛网及固体物重－筛重；

汁液重＝净重－固体物重；固形物重＝固体物重＋油脂量。

5. 组织和形态检查

（1）水果蔬菜类罐头　在室温下打开罐头，滤去汤汁，将固形物置于白瓷盘中，观察其形态结构；汤汁置于量筒中，观察有无杂物、是否澄清及是否出现沉淀、分层现象。

（2）果酱类罐头　在室温下打开罐头，用匙取适量果酱置于白瓷盘上，在1min内观察酱体有无流散和汁液析出现象，观察色泽是否正常。

（3）肉禽水产类罐头　将罐头加热至汤汁溶化，打开罐，内容物倒于白瓷盘中，观察其组织、形态和结构（午餐肉、凤尾鱼等罐头不加热，开罐直接观察）。

6. 气味、滋味和质地检验

通过闻嗅、品尝来评定罐头的气味、滋味和口感，为罐头总体品质打分。

$$总分＝形态得分×20\%＋色泽得分×20\%＋气味得分×20\%＋$$
$$滋味得分×30\%＋口感得分×10\%$$

品质评定的等级划分：优，90分以上；良，80～90分；合格，60～70分；不合格：60分以下。

罐头名称	形态	色泽	气味	滋味	口感	总分	备注

四、复习题

1. 简述罐头食品物理和感官评价的步骤。

2. 品尝结果的准确性与哪些因素有关？品尝者应注意哪些事项？

实验二　五香猪蹄软罐头加工

一、目的和要求

1. 加深理解肉类罐头的保藏原理。

2. 掌握五香猪蹄软罐头的生产工艺。

二、材料与仪器

1. 实验材料

猪蹄、香料、味精、酱油。

2. 主要设备及仪器

喷印机、过滤机、蛋白质测定仪、全自动真空封口机、杀菌锅、CMC罐头中心温度测定仪等设备。

三、工艺流程

原料验收→清洗→处理→卤制→装袋→封口→杀菌、冷却→保温→检验→成品

四、实验方法与步骤

（1）原料验收　应采用新鲜、来自非疫区、健康良好、宰前宰后经兽医检验合格的猪蹄，表皮无机械伤、色斑，形态完整，基本无猪毛，每只猪蹄重量为 0.45～0.65kg。猪蹄必须经冷却排酸，不允许采用配种猪、产过小猪的母猪、黄膘猪和质量不符合 GB 9959.1 的原料。如是解冻猪蹄，须在流动水中解冻，水温 20～30℃，时间 4～6h；水温 10～20℃，时间 5～8h。以解冻至中心温度为 2～8℃为准。

（2）清洗与去毛　在热水中清洗猪蹄，去除残毛，用刀刮除污物。

（3）配料与卤制　每 100kg 猪蹄按以下比例进行：白糖 2kg、黄酒 1.2kg、混合香料 0.15kg、精盐 4kg、生姜 0.6kg、糖色 0.5kg、味精 0.45kg、丁香 0.08kg、酱油 2.5kg、烟熏剂 0.2kg，用水将上述配料调整到 100kg。将各种香料装入 80 目滤布袋中，在盛有水的不锈钢夹层锅中加热，微沸保持 30min，加入其他调料煮沸溶解后用 120 目不锈钢滤网过滤取汁，加入猪蹄，保持 40min，在卤制时轻轻搅拌，以使风味一致、色泽均匀。

（4）装袋　用刀将猪蹄从中间（缝）切成两半，要求切面形态完整，并防止骨头破碎而损坏包装袋。每袋装 510g，要求称量准确，搭配均匀。

（5）封口　罐装后应及时用真空封口机在 0.09MPa 下进行封袋。封袋应平整严密、无皱纹，不得有裂纹、孔隙和复合层分离等不合格现象。

（6）杀菌、冷却　采用反压水杀菌，杀菌公式：10min—40min—15min/121℃，封口至杀菌时间不得超过 40min。杀菌结束后应及时将罐中心温度冷却到 45℃，擦净袋外水珠和污物。

实验三　原汁猪肉罐头加工

一、原理与目的

加深理解肉类罐头的保藏原理，掌握清蒸原汁肉类罐头的生产工艺。

二、仪器与设备

剔骨刀、扒皮刀、不锈钢刀、台秤、冷柜、蒸煮锅、工作台、盆子、封罐机、杀菌锅、绞肉机。

三、原辅材料

3 级或 4 级新鲜猪肉、白胡椒、猪皮、精盐。

四、生产工艺

原料验收→解冻→原料整理→切块→拌料→装罐→排气密封→杀菌冷却→成品

五、操作要点

（1）原料验收　经兽医检验合格、冷却排酸的 3～4 级猪肉，不允许用配种猪、黄膘猪、老母猪及冷冻两次或质量不好的肉。

（2）原料整理　包括剔骨、去皮、整理分段。

（3）切块　去皮、去骨、去过多的肥膘（控制肥膘厚度为 1～1.5cm），切成 3.5～5cm 的小方块，每块重约 50～70g。

（4）拌料　肉块（包括 4.5％的猪皮粒或猪皮胶液）100kg，加精盐 0.8kg、白胡椒 0.05kg。

（5）排气密封　加热排气先经预封，中心温度不低于 65℃。真空密封，真空度为 53.33kPa。

（6）杀菌　采用杀菌公式：15min—60min—20min/121℃；或 15min—70min—反压冷却，反压冷却压力为 0.111～0.121MPa。

六、复习题

1. 如何采用反压冷却？

2. 加入猪皮粒的作用是什么？

附：（1）猪皮粒的制作　最好采用新鲜的背部猪皮，清洗后放于沸水中煮 10min，取出置于冷水中冷却，用刀刮去皮下脂肪及皮面污垢并拔出毛根，切成 5～7cm 宽的长条，与－2～－5℃冷柜中冻结 2h，取出后上绞肉机绞碎，绞板孔径为 2～3mm，绞碎后置于冷柜中备用。

（2）猪皮胶液的制备　将煮后冷却的猪皮去脂去污后，猪皮与水按 1：2 的比例在微沸情况下熬煮，至浓度为 14％～16％即可过滤使用。

实验四　五香牛肉软罐头加工

一、目的和要求

1. 加深理解肉类罐头的保藏原理。

2. 掌握肉类罐头的生产工艺。

二、材料与仪器

1. 材料

新鲜牛肉、丁香、桂皮、茴香、草果、陈皮、肉果、砂仁、花椒、生姜粉、辣椒粉、亚硝酸钠、卡拉胶、红酱油、食盐、绍酒、白糖、味精、酱色。

2. 仪器

真空滚揉机、真空包装机、杀菌锅。

三、工艺流程

原料解冻→整理切块→汤汁调味→间歇滚揉→预煮冷却→原汁腌制→秤量包装→抽空封合→高温杀菌

四、配方

预煮时每锅肉块 200kg。1 吨冻牛肉所需配料如下。

香辛料类：丁香 150g，桂皮 100g，茴香 100g，草果 100g，陈皮 100g，肉果 75g，砂仁 50g，花椒 50g。用布袋包裹，扎紧袋口，连续使用五次后更换。生姜粉 750g，辣椒粉 450g。

调味料：红酱油（19°Bé）5kg，食盐 26.5kg，绍酒 8kg，白糖 62kg，味精 1.75kg，酱色 250g，亚硝酸钠 45g，卡拉胶 900g。

实验五　茄汁鲤鱼罐头加工

一、目的与要求

1. 加深理解肉类罐头的保藏原理。

2. 掌握茄汁鲤鱼罐头的生产工艺。

二、材料与方法

1. 实验材料

新鲜鲤鱼、食盐、白糖、番茄酱、洋葱、胡椒粉、丁香、八角茴香、小茴香、花生油、淀粉、鸡蛋、面粉。

2. 工艺流程

原料验收→原料处理→盐渍、脱腥→拌粉→油炸→加茄汁、调味→装袋、封口→杀菌→冷却→保温→成品

3. 操作要点

（1）原料验收　采用新（冰）鲜或冷冻良好的鲤鱼，鱼体完整，气味正常，眼球干净，角膜明亮，鳃呈鲜红色，肌肉富有弹性，骨肉紧密连接，鱼条重在 500g 以上。

（2）原料处理　鲜鱼以清水洗净；冻鱼以流动水解冻，以解冻完全、质量不变为准，冷冻水温应控制在 10～15℃。去鳞、去头尾、去鳍、剖腹去内脏，洗净腹腔内的黑膜及血污，水温控制在 20℃以下，切成 1.5～2cm 厚、长 5cm 的鱼块。

（3）盐渍　将处理好的鱼块清洗干净，放入 6％～8％的盐溶液中腌渍 10min 左右，进行脱腥处理（盐溶液与鱼块重量之比为 1.5：1）。浸泡后将鱼段捞出沥

水，沥至不滴水即可。

（4）拌粉　将沥干的鱼块拌粉挂糊，拌粉时力求均匀。每30kg鱼段拌标准粉350g。

（5）油炸　将拌好粉的鱼块进行油炸，油炸时间控制在2min左右，炸至鱼块表面呈金黄色即可捞起，捞起后将油沥干，油的温度控制在170～190℃，鱼块和油的比例约为1：10。脱水率控制在15%～17%。

（6）加茄汁、调味　将油炸好的鱼块，趁热浸入配好的茄汁中浸泡10min左右，茄汁温度不低于70℃，取出沥干。

（7）装罐　采用符合《GB/T 10785—89 开顶金属圆罐规格系列》规定之7116号抗硫抗酸两用涂料马口铁罐。空罐必须清洁，无锈斑，封底完好，不漏气。罐盖无突角，罐身不应有棱角、凹瘪等变形，接缝完整，卷边处无铁舌，无涂料脱落现象。空罐应洗净，用85℃以上的热水或蒸汽消毒，倒置沥干备用。油炸后的鱼块应尽早装罐，不得积压。每罐装罐量为256g，鱼段195g。每罐不多于4块。鱼块竖装，排列整齐。

（8）封口　罐盖应冲洗干净，消毒备用。在95℃排气12min，或在真空度46.67～53.33kPa下密封。封罐后的罐头，应用洗涤水和清水进行清洗，洗净附着在罐外的鱼肉残渣和油迹，然后装入杀菌篮杀菌。

（9）杀菌、冷却　杀菌公式为20min—30min—20min/121℃。杀菌后冷却至37℃以下，擦干袋外水分，平整码放。

4. 香料水的配制

按照表1的配方，香料调配好后投入锅里在清水中煮沸1～1.5h，过滤备用。

表1　香料水的配制配方

成分	白糖	精盐	洋葱末	丁香	八角茴香	花椒	胡椒	小茴香
用量/(g/kg 水)	20	25	200	2	1.5	2	1.5	1

5. 洋葱油的配制

称取精炼花生油500g，加热后放入切碎的洋葱末250g，慢火熬至洋葱末呈黄褐色，过滤备用。

实验六　糖水橘子罐头加工

一、目的和要求

1. 加深理解水果类高酸食品的罐藏原理。

2. 了解掌握糖水水果类罐头的制作工艺。

二、原理

糖水水果罐头是水果经处理后装入罐中，再注入一定浓度的糖液并密封杀菌而制成的。制品较好地保持了原料固有的形态和风味；由于经排气、杀菌等工序及罐内较高的酸性环境，产品具有一定的储藏期。

糖水橘子罐头制作的关键点是橘子囊衣的去除。囊衣为包裹橘子囊瓣的壁，有外表皮和内表皮组成，中间由果胶物质粘连。内表皮薄而透明并紧紧包裹橘瓣，不影响口感且有利于保持橘瓣的形状，而外表皮由于影响橘瓣外观且口感不佳，一般加工中都要除去。

橘子囊衣的去除方法主要有酶制剂法和化学药品处理法两种。酶制剂法是利用果胶酶在适当的 pH 和温度条件下，对瓤囊内外表皮之间的原果胶进行分解，从而使内外皮黏着力减弱，外表皮软化，再以清水冲洗即可达到脱掉外表皮即囊衣的目的。该法操作简便，橘子风味好，但生产能力低，目前生产上应用得不多。化学药品法是利用酸、碱的作用促使内外表皮间的原果胶分解，并分解部分纤维素，从而使囊衣脱除。化学药品法又可分为酸处理法、碱处理法和酸碱混合处理法。其中碱处理法和酸碱处理法在生产上应用较多。

本实验采用两种化学药品法去除囊衣，比较不同去囊衣方法对产品质量的影响。

三、实验仪器及实验材料

1. 实验仪器

糖度计、托盘天平、剪刀、夹层锅、封罐机、灭菌锅、空罐、方盘等。

2. 实验材料

新鲜橘子、白糖、柠檬酸、碱、盐酸等。

四、工艺流程

原料验收→选果分级→热烫→去皮→去络→去囊衣→清水漂洗→整理→分选→再次漂洗→装罐→注入糖水→排气密封→杀菌→冷却

五、操作步骤

（1）选果分级　剔出霉果、烂果，按果实大小分级后投入水槽洗净泥污，再放入 0.1% 的高锰酸钾水溶液中浸泡 3～5min。

（2）烫橘、剥皮和分瓣　将以上处理过的橘子放入 95～100℃ 的热水中热烫 25～45s，趁热剥皮，然后冷却，将整果进行掰瓣。

（3）去络和去囊衣　将掰好的橘瓣室温放置片刻，使表面稍干燥，然后小心撕去脉络。去囊衣的工序按以下两种方法进行。碱处理法：配制 1% 的氢氧化钠溶液，将橘瓣放入浸泡 30～40s，取出后用流动清水漂洗。也可用 1% 的柠檬酸中和余碱后漂洗。酸碱处理法：将橘瓣先放入 0.2% HCl 溶液中浸泡 10min，用清水漂洗后再放入 45℃ 0.1% 的氢氧化钠溶液中处理 3min，清水漂洗干净。

（4）整理　将去囊衣的橘瓣置于水中，除去残余囊衣、核及脉络，整理外形，剔除断瓣、软烂和畸形橘瓣，再用清水漂洗一次。

（5）糖液调配　白砂糖调制成40%浓度的糖液，添加柠檬酸调节糖液糖酸比，调至 pH 为 3.5～4.5。

（6）装罐注液　每罐加入要求重量的橘瓣，注入温度不低于75℃的糖液。

（7）排气密封　可用加热排气或抽空排气。加热排气密封时罐中心温度不低于65～70℃，真空度应达到40～53.33kPa。

（8）杀菌和冷却　根据罐体积的大小，一般采用100℃下10～30min 的杀菌条件，杀菌后立即冷却到38℃左右。

六、复习题

1. 酶制剂法去囊衣和化学药品处理法去囊衣各有什么优缺点？

2. 为什么糖水橘子罐头易发生白色沉淀？应采取什么防止措施？

实验七　糖水梨罐头加工

一、目的和要求

1. 加深理解水果类高酸食品的罐藏原理。

2. 了解掌握糖水水果类罐头的制作工艺。

二、实验原理

梨果肉内部含有空气易变色，因此，梨经去皮修整后在装罐前采用减压抽空处理，利用真空泵造成真空状态，用糖水或盐水做抽空液，使梨果肉内部空气释放出来，抽空处理后再在柠檬酸溶液中热烫，可以防止糖水梨罐头梨果肉变色。因此，抽空处理和热烫是本实验的关键步骤。由上可知，只要抑制儿茶酚酶的活性或驱除空气，就可防止梨果肉变色。梨果肉抽空处理就是用真空渗入法把糖水或盐水渗入梨果肉组织内部，驱除空气，达到护色目的。抑制儿茶酚酶活性可以用亚硫酸盐处理。亚硫酸盐对多酚氧化酶有很强的抑制能力，当二氧化硫浓度达10mg/kg 时，酶的活性几乎完全被抑制，柠檬酸是使用最广泛的食用酸，对酚酶有降低 pH 和络合酚酶铜辅基的作用，食盐中的氯离子有阻止酚酶对底物的作用，从而减缓褐变。

三、实验仪器及实验材料

1. 实验仪器

糖度计、托盘天平、小刀、真空设备、夹层锅、封罐机、灭菌锅、空罐、方盘等。

2. 实验材料

新鲜梨、白糖、柠檬酸、无水亚硫酸盐等。

四、工艺流程

原料清洗→去皮→切半、去籽巢及蒂把→修理→洗涤→抽空处理→热烫→冷却→分选→装罐→排气密封→杀菌→冷却→检验

采用亚硫酸盐护色的糖水梨罐头制作的实验过程为：

原料清洗→去皮→切半、去籽巢及蒂把→护色→预煮→护色液中冷却→漂洗→整理分选→装罐→排气密封→杀菌冷却→检验。

护色液组成配方：无水亚硫酸钠 0.03%、食盐 2%，用柠檬酸调 pH 为 5.5。预煮液组成配方：无水亚硫酸钠 0.01%、食盐 2%，用柠檬酸调 pH 为 3.5。二氧化硫在梨果肉中的残留量应符合食品卫生标准。

实验八 芦笋罐头加工

一、目的与要求

1. 加深理解芦笋的罐藏原理。

2. 了解掌握芦笋罐头的制作工艺。

二、材料与仪器

芦笋、过氧醋酸、次氯酸钠、柠檬酸、苯甲酸钠、酸度计、杀菌锅、封口机。

三、工艺流程

原料→清洗→消毒→预煮→酸化→封口→杀菌

四、操作要点

（1）消毒液的配置和使用　将过氧醋酸甲、乙液按 10∶8（体积比）混合后，放置 1 天，然后对其进行标定，标定值一般在 20% 左右。若该值过低，检查原液是否失效，否则需要更换原液。将标定好的溶液稀释至 0.2% 待用。

（2）酸化　本实验将酸化与产品风味调配在一起，其配方是：柠檬酸 0.3%、盐 3%、味精 0.3%、苯甲酸钠 0.1%。此时酸化调配的 pH 为 2.3。将消毒、预煮过的芦笋与料液按 1∶5 投入酸化调配液中，常温真空浸渍，真空度 0.9～0.95MPa，每次抽空时间 25min，反复抽空 3～4 次，然后浸泡，直到溶液 pH 达到 3.9 并不再上升为止。此时，取出芦笋少量，打成浆，测定 pH，若测定值在 4.5 以下，即完成酸化。值得注意的是，芦笋在酸化过程中要避免污染，浸渍罐应是密封的。

（3）包装杀菌　将酸化好的芦笋 200g 真空包装于透明的蒸煮袋中，采用常压、100℃、恒温 25min 的条件杀菌，快速冷却至室温。

实验九　苹果酱罐头加工

一、目的和要求

1. 加深理解果酱制作过程中凝胶的形成机理。

2. 掌握果酱加工的一般工艺过程。

二、原理

果胶是由部分酯化的半乳糖醛酸以 α-1,4 糖苷键连接而成的植物多聚糖，其在水果果实中大量存在。根据分子中甲酯化程度的不同，果胶可分为高甲氧基果胶（甲氧基含量在 7％以上）和低甲氧基果胶（甲氧基含量等于或低于 7％）。果胶具有凝胶特性，其水溶液属于亲水胶体。高甲氧基果胶溶液在加入一定量的糖和酸后，就能形成凝胶，且凝胶强度与果胶分子量、酯化程度成正比；低甲氧基果胶溶液在有钙、镁等高价离子存在的情况下，无需糖、酸就可发生凝胶。

果酱主要就是利用果胶的凝胶特性加工制作的。当原料中果胶含量不足时，可添加适当的果胶和柠檬酸，使成品含酸量达 0.5％～1％，果胶含量达 0.4％～0.9％。

三、原料与仪器

1. 原料

苹果、白砂糖、山梨酸钾、柠檬酸等。

2. 仪器

削果刀、打浆机、夹层锅、空罐、封罐机等。

四、配料与工艺流程

（1）配料　苹果 100kg，75％糖液 120kg，柠檬酸 230g，山梨酸钾 80g。

（2）工艺流程　原料验收→清洗→削皮→切半→去核和果柄→破碎→熬煮→配料浓缩→装罐密封→杀菌冷却。

五、操作步骤

（1）原料选择　选择充分成熟及无虫蛀、无腐烂的新鲜果实。

（2）原料处理　将苹果洗净后去皮、去核，切成小块，倒入夹层锅内。

（3）熬煮与配料浓缩　向锅内加入 1/2 的水，打开蒸汽进行加热熬煮，并不断搅拌，待其成为浆状时，倒出过筛。然后将过筛的果浆再倒入夹层锅，加入糖液，搅拌下加热浓缩至可溶性固形物含量达 60％～63％时，加入山梨酸钾溶液，继续搅拌浓缩至可溶性固形物含量达 63％以上，温度达到 105℃时出锅冷却。

（4）装罐密封　趁热装罐、密封，酱体温度不低于 85℃。

（5）杀菌冷却　将罐放入 100℃沸水中杀菌 15～20min，取出分段冷却。

六、复习题

果酱类罐头生产中常出现哪些质量问题？如何防止？

实验十　蘑菇罐头加工

一、目的和要求

1. 加深理解蔬菜罐藏的基本原理。

2. 掌握食用菌加工的一般工艺过程。

二、材料与设备

1. 材料

大球盖菇，湖南省东安县大江口村提供；食盐，湖南省湘衡盐矿生产。

2. 设备

洗槽、夹层锅、排气封罐设备、杀菌锅、锅炉等。

三、工艺流程

蘑菇采运→护色→分级→去菌脚→洗涤→切片→预煮→装罐→排气→杀菌→冷却→检验→成品

四、操作要点

（1）原料采运、护色　在菇棚中选开伞的菇体且带菌脚，拔起后立即投入0.6％的食盐水或0.6％～0.8％的柠檬酸溶液中护色，浸泡时间约180s。捞起后放入塑料袋内再装箱，4～6h内运到加工厂。在采收运输过程中，要做到避免损伤、快装快运。

（2）分级　按大球盖菇直径大小分为30～40mm、30mm以下、40mm以上3个级别。分级过程中，注意去掉病虫菇、损伤菇、脱盖菇、开伞菇及超大菇。

（3）去菌脚、洗涤　去菌脚，去泥土杂物，在水槽中洗净。

（4）预煮　预煮水中加入0.2％柠檬酸，水温保持在80℃以上，预煮时间为6～8min，以煮透为好，菇片透明为准。预煮液与原料的比例为1.5∶1，预煮完成后，迅速用流水冷却。

（5）装罐　原料的装罐量为净重的60％，食盐浓度为2.5％，盐水配好后加入0.1％柠檬酸煮沸，用绒布过滤，填充液温度保持在80℃以上。原料装入后，加满填充液，并按规定留出顶隙。

（6）排气、密封　采用热力排气，罐中心温度达到80℃时密封。

（7）杀菌、冷却　425g装杀菌公式为：10min—45min—15min/118℃，杀菌后迅速冷却至40℃左右。

（8）检验　冷却后的罐头人工检查外观，看是否密封及有无缺口、毛边、开裂、碰伤等缺陷。抽取一定数量的样品按保温检验的要求进行保温检查。

实验十一　八宝粥罐头加工

一、目的与要求

1. 加深理解八宝粥罐头制作工艺。

2. 了解掌握八宝粥罐头操作要点。

二、材料

主要原料：糯米，青稞，南美藜，人参果，花生，赤小豆，薏苡仁，白糖，乙基麦芽酚等。

三、工艺流程

糯米、人参果、南美藜、赤小豆、花生、青稞等→挑选→清洗→浸泡→配料→装罐→注液→封口→杀菌糊化→冷却→检验→贴标签→装箱→入库

四、操作要点

（1）原料处理　糯米、南美藜、人参果、赤小豆等挑选去杂，用清水淘洗干净，加水浸泡，沥干备用。花生仁选择无霉烂、脂肪氧化籽仁，经烘烤去红衣，淘洗干净，加水浸泡，沥干备用。青稞除去霉烂变质的，淘洗干净，加水浸泡，预煮备用。

（2）配料　糯米 0.4kg，青稞 0.3kg，南美藜 0.2kg，人参果 0.05kg，花生 0.05kg，赤小豆 0.1kg，薏苡仁 0.1kg，白糖 0.8kg，水 8kg。

（3）装罐、注液　各种原料按照一定的配比称量后，装入 383g 马口铁罐，注 85℃ 以上的糖液。原料固形物与糖水的比例为 1：4，观察最终产品稀稠度、体态，以确定固液比。糖水浓度按照产品净重的 5％～5.5％ 添加砂糖，根据成品甜度确定其砂糖用量。适当添加乙基麦芽酚作为增香剂。

（4）封口、杀菌糊化　装罐后，趁热封口，在 121℃ 杀菌温度下杀菌糊化 60min。观察产品保存性和口感、软硬及是否化渣等。